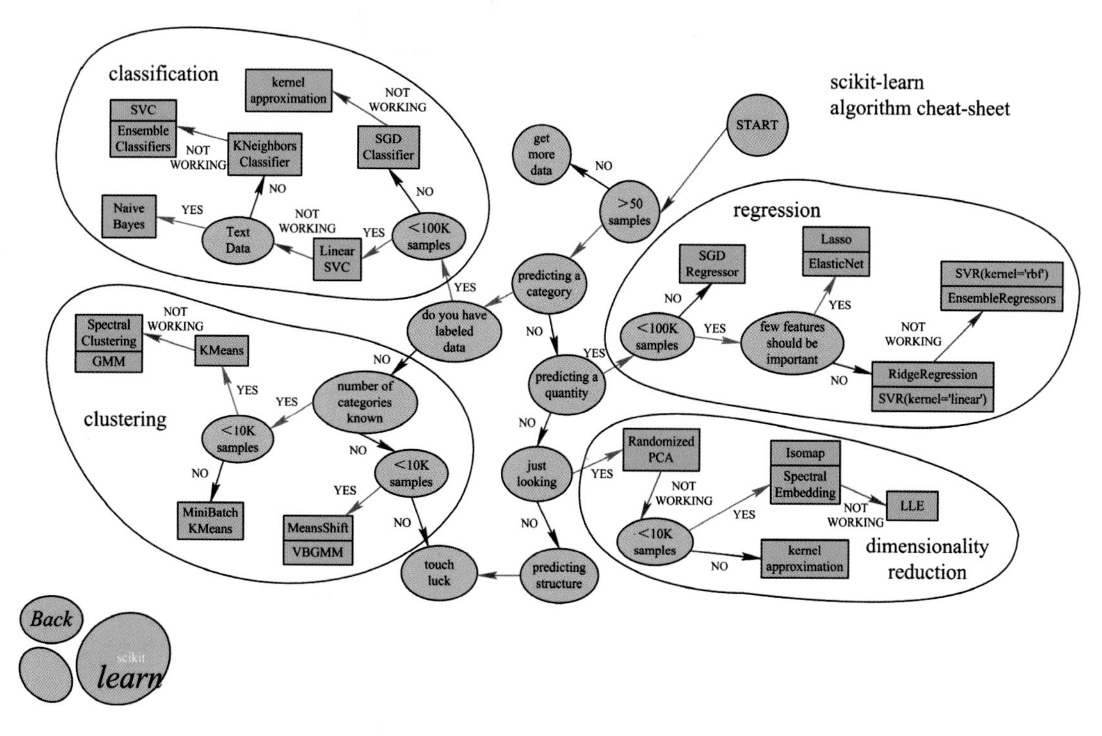

图 7-1　scikit-learn 模型选择建议

(图片来源于：https://scikit-learn.org/stable/tutorial/machine_learning_map/index.html)

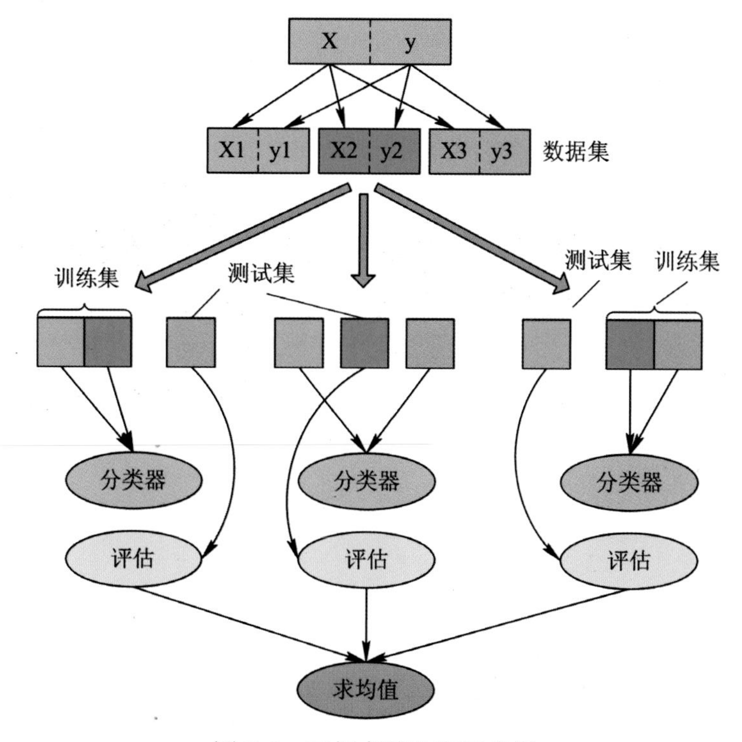

图 7-2　三折交叉验证示意图

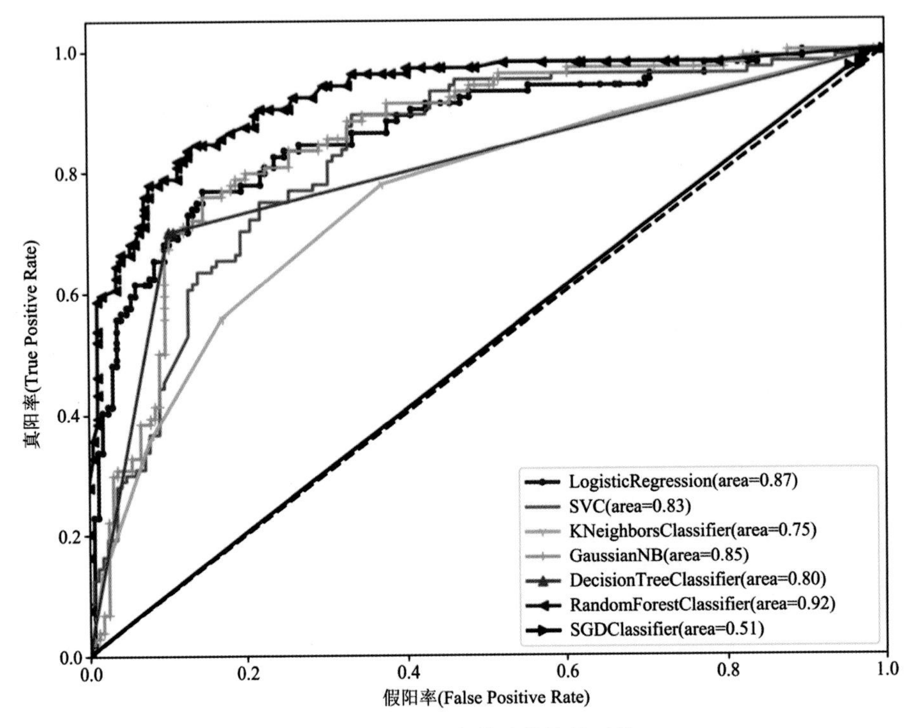

图 7-14　不同分类算法的效果对比

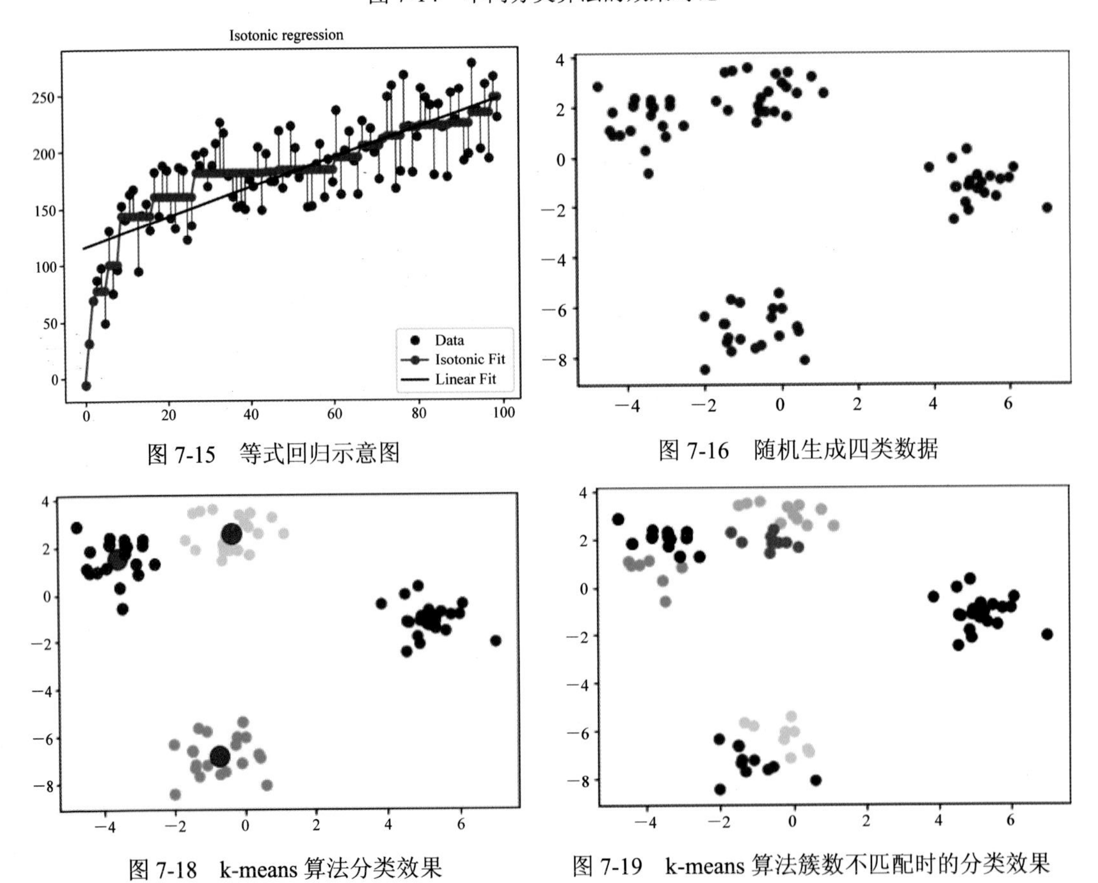

图 7-15　等式回归示意图

图 7-16　随机生成四类数据

图 7-18　k-means 算法分类效果

图 7-19　k-means 算法簇数不匹配时的分类效果

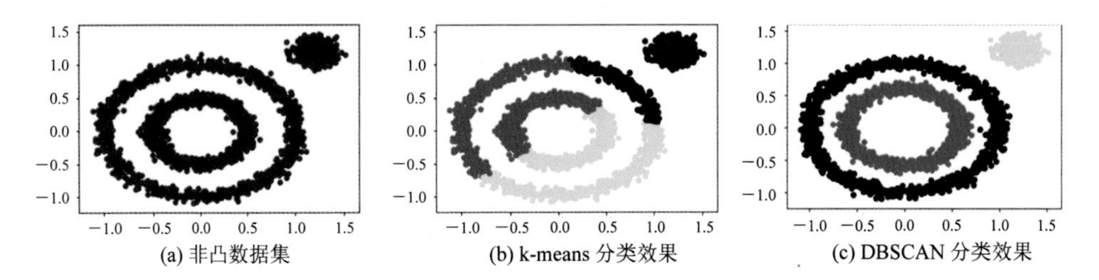

(a) 非凸数据集　(b) k-means 分类效果　(c) DBSCAN 分类效果

图 7-20　DBSCAN 分类算法示意图

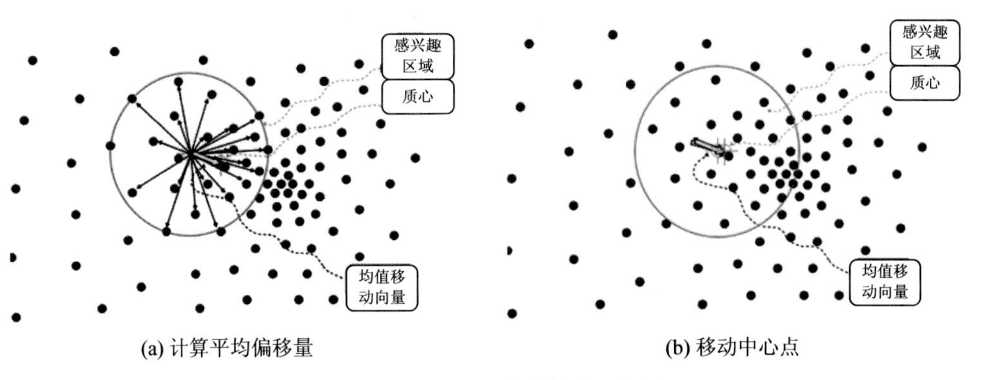

(a) 计算平均偏移量　(b) 移动中心点

图 7-21　Mean shift 分类算法示意图

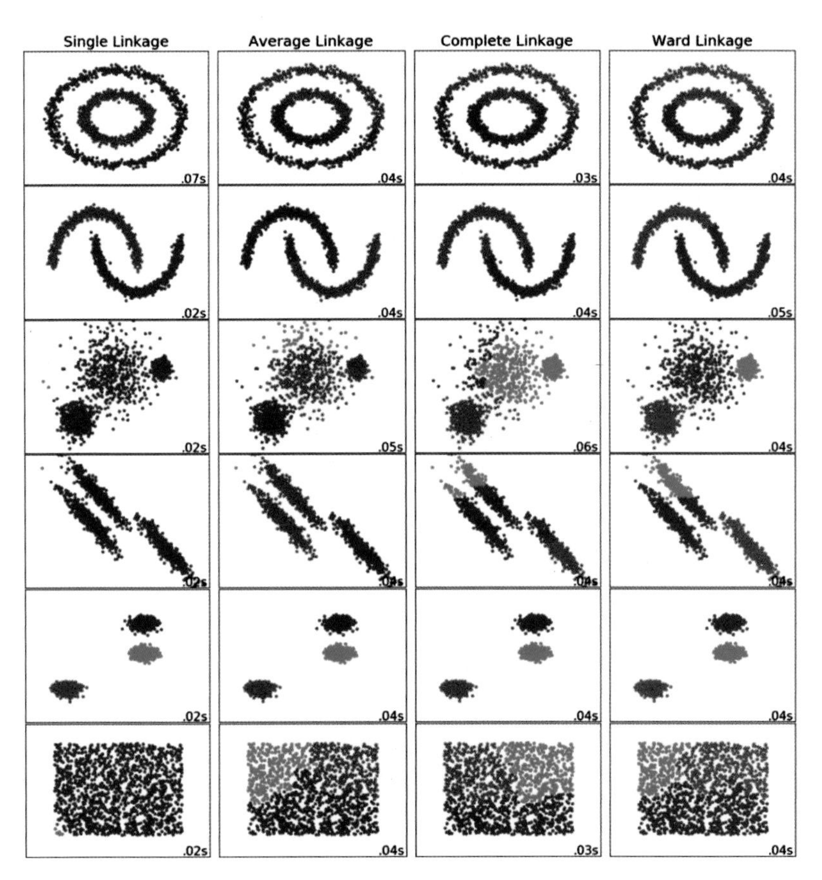

图 7-22　不同距离度量方法的分类效果和时间

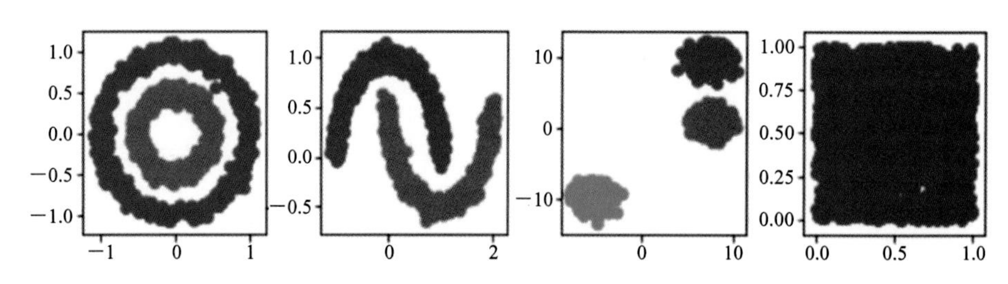

图 7-23　四种随机数据集

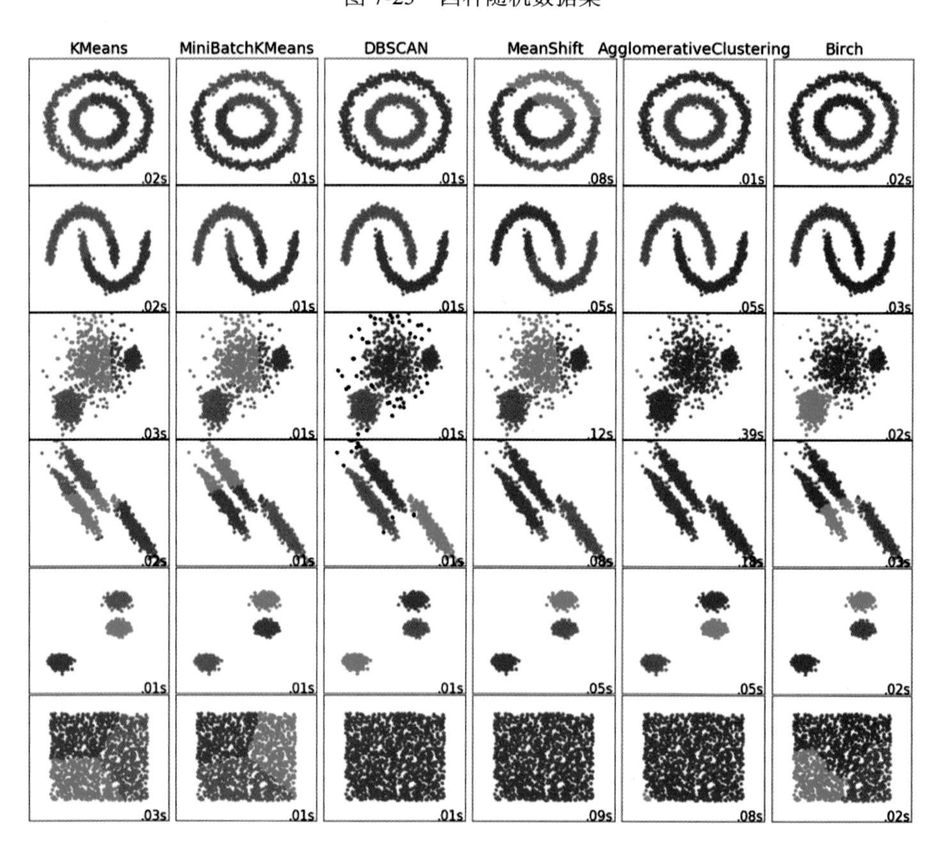

图 7-24　不同聚类算法在不同数据集上的表现

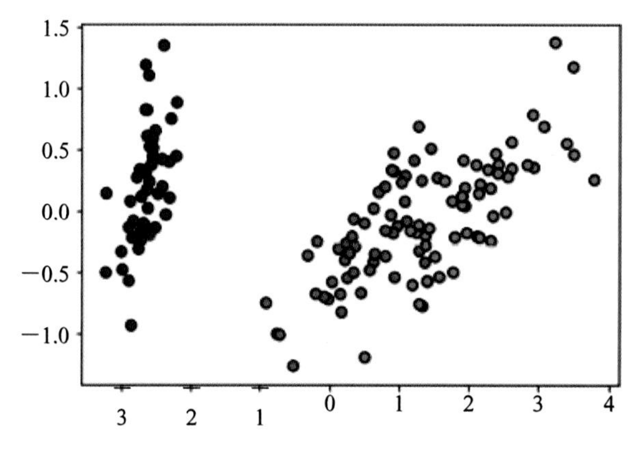

图 7-25　使用主成分分析法对鸢尾花数据集降维

大数据教育丛书

Python大数据基础

主　编　张　晓

副主编　赵晓南　李　宁　张小芳

西安电子科技大学出版社

内 容 简 介

本书介绍了大数据处理中的数据采集、数据存储、数据预处理、数据分析与挖掘等内容，还介绍了使用 Python 语言进行大数据处理的方法。全书共 8 章。第 1 章简要介绍大数据的概念、大数据处理的过程和涉及的不同方面，以及使用 Python 解决大数据问题的优势。第 2 章介绍如何安装和准备 Python 编程环境，包括编译器、集成开发环境（IDE）的安装，以及第三方包的管理和安装方法。第 3 章介绍获取数据的方法，即如何使用爬虫技术从网站获取网页，并通过解析网页获取其中的数据。第 4 章介绍数据存储和使用的方法，包括操作常见类型文件的方法，以及操作关系型数据库和 NoSQL 数据库的方法。第 5 章介绍如何使用 NumPy 和 Pandas 操作数组、矩阵以及如何使用其中的随机数功能。第 6 章介绍数据预处理的概念，并介绍数据清洗、数据集成、数据转换和数据规约的方法。第 7 章介绍数据挖掘的常见模型，并介绍利用 scikit-learn 进行有监督分类、回归预测以及聚类分析的方法。第 8 章介绍数据可视化基础，包括可视化的过程和如何选择合适的图表，并介绍了利用 Matplotlib 绘制常见的图表。

本书的第 1、2 章是基础，第 3～8 章分别介绍了大数据处理的某一环节。这些章节的内容相互独立，读者在自学时可根据兴趣和时间调整学习顺序。

本书适合本科院校大数据专业的学生使用。

图书在版编目(CIP)数据

Python 大数据基础 / 张晓主编. —西安：西安电子科技大学出版社，2020.5

ISBN 978-7-5606-5667-0

Ⅰ. ① P…　Ⅱ. ① 张…　Ⅲ. ① 软件工具—程序设计　Ⅳ. ① TP311.561

中国版本图书馆 CIP 数据核字(2020)第 070729 号

策划编辑　明政珠

责任编辑　祝婷婷　阎　彬

出版发行　西安电子科技大学出版社(西安市太白南路 2 号)

电　　话　(029)88242885　88201467　　邮　　编　710071

网　　址　www.xduph.com　　电子邮箱　xdupfxb001@163.com

经　　销　新华书店

印刷单位　陕西精工印务有限公司

版　　次　2020 年 5 月第 1 版　2020 年 5 月第 1 次印刷

开　　本　787 毫米×1092 毫米　1/16　印 张 17.5　彩插 2

字　　数　412 千字

印　　数　1～3000 册

定　　价　41.00 元

ISBN 978 - 7 - 5606 - 5667 - 0 / TP

XDUP 5969001-1

如有印装问题可调换

前　言

随着信息化和物联网的发展，在不同的领域都积累了海量的数据。数据已经成为各企业、机构、组织的宝贵财富，通过对这些数据进行分析和挖掘，可发现潜在的规律，并用于指导各企业、机构、组织活动的优化。例如，对于企业而言，通过对交易和库存等数据的深入挖掘和分析，可为企业经营提供决策支持；对于政府而言，通过对出行和拥堵等数据的分析，可优化道路、公交线路和红绿灯的设计。大数据的获取、处理和可视化技术，将给企业、政府和其他组织或个人带来可观的经济效益。

我国目前大数据相关的人才缺口较大，为了满足日益增长的大数据处理人才需求，国内已有近三百所高校先后设立了大数据专业。2016 年 2 月，北京大学等三所高校首次成功申请到“数据科学与大数据技术”本科新专业。2017 年 3 月，第二批 32 所高校获批设立该专业。到 2018 年 3 月，教育部共批准了 248 所学校设立该专业。“数据科学与大数据技术”专业围绕大数据相关的数据存储与管理、系统开发、数据分析与挖掘等内容，培养的学生是能够从事数据科学与大数据技术研发及系统规划、分析、设计、实施、运维等工作的“复合型、创新型、引领型”人才。Python 语言易于学习和使用，已经广泛应用于大数据处理领域。本书围绕大数据处理相关的关键任务，讲解如何使用 Python 语言进行数据采集、数据存储及数据挖掘与分析。

本书系统地讲解了大数据处理相关的过程，并通过 Python 程序的例子讲解了如何使用 Python 语言对数据进行采集、存储、分析及可视化。本书的章节设计以目标为导向，首先介绍大数据处理各个环节要做什么事情，然后讲解如何使用 Python 达到对应的目标。第 1 章介绍了大数据处理的过程，以及为什么要用 Python 来处理大数据。第 2 章介绍了 Python 编程环境和入门知识。第 3～8 章分别介绍了大数据处理相关的数据获取、数据存储、数学基础、数据预处理、数据挖掘与分析，以及数据可视化等内容。这部分的内容对应大数据处理的不同环节，读者可以按照顺序依次学习，也可以根据需要学习对应的章节。读者可以根据本书的内容按图索骥，设计并实现针对具体大数据处理问题的相关方案。

本书有配套的课件、代码和课后练习题答案，有需要的读者可登录出版社网站，免费下载。书中给出的例子和数据文件都保存在 source 目录下对应章节的子目录下。打开网址 https://github.com/zhangxiao2000/Pythonbigdata，可获取本书中的所有程序代码。

最后，要感谢编辑的辛苦工作，感谢西安电子科技大学出版社的帮助，感谢为本书提供素材的李恒、凌玉龙、张勇、刘赟和杜科星等同学。

编　者

2020 年 1 月

目　录

第 1 章　大数据基础

随着人类社会信息化的高速发展，各行各业都积累了大量的数据。如何采集、存储和利用这些数据已成为一个重要的课题。本章首先介绍大数据的基本概念、大数据处理的过程和涉及的各个环节，然后介绍使用 Python 解决大数据问题的优势。

本章重点、难点和需要掌握的内容：

- 了解大数据的概念和特征；
- 了解大数据处理涉及的过程及内容；
- 了解 Python 在解决大数据处理问题方面的优势。

1.1　什么是大数据

伴随着人类文明的发展，人类记录、传播和处理数据的能力在不断提升。从殷墟的甲骨文、春秋时期的竹简、东汉出现的造纸术，到现代的磁盘和光盘，人类存储数据的密度和效率都有了极大的提升。从家书抵万金到随处可见的视频电话，人类传播数据和信息的速度也有了质的飞越。以前人们获取新闻的途径仅限于报刊、电视和收音机，而现在越来越多的人通过自媒体、微博、朋友圈从被动的信息接收者转变为信息的发布和传播者。在以电子计算机为代表的现代信息技术出现后，数据的处理速度以指数级增长。数据已经成为个人、企业和社会重要的财富，成为了继物质和能源之外的又一种重要战略资源。

随着互联网、物联网和智能终端的发展，信息的增长非常迅速。据 Facebook 统计，Facebook 每天产生 4PB 的数据，包含 100 亿条消息，以及 3.5 亿张照片和 1 亿小时的视频浏览。此外，在 Instagram 上，用户每天要分享 9500 万张照片和视频；Twitter 用户每天要发送 5 亿条信息。目前全球每天有 50 亿次搜索，其中 35 亿次搜索来自 Google，占全球搜索量的 70%，相当于每秒处理 4 万多次搜索。2018 年，全球每天发送和接收的商业和消费者电子邮件的总数超过 2811 亿。据 IDC 发布的《数据时代 2025》报告显示，全球每年产生的数据将从 2018 年的 33 ZB 增长到 175 ZB，相当于每天产生 491 EB 的数据。如何保存、传输和处理这些规模巨大的数据不仅是工程上的问题，也引起了学术界和工业界的广泛关注。

梅宏院士在《大数据：发展现状与未来趋势》的报告中提到，“大数据”这一概念最早公开出现于 1998 年，美国高性能计算公司 SGI 的首席科学家约翰·马西(John Mashey)在一个国际会议报告中指出：随着数据量的快速增长，必将出现数据难理解、难获取、难处理和难组织等四个难题，并用“Big Data(大数据)”来描述这一挑战，在计算领域引发思考。

大数据泛指无法在可容忍的时间内用传统信息技术和软硬件工具对其进行获取、管理和处理的巨量数据集合，需要可伸缩的计算体系结构来支持其存储、处理和分析。一般来说，大数据具备四大特征，即数据量大(Volume)、数据种类多样(Variety)、实时性强(Velocity)以及价值大(Value)。这四个特性也常被简称为四个 V。

数据量大(Volume)是指传统的集中式存储系统和服务器已经无法处理的巨大的数据量。当前数据量呈指数增长，一个自动驾驶汽车一天产生的数据量就可以达到 4 TB；新浪微博用户数超过 2.5 亿，高峰时每天生成几亿条微博。

数据种类多样(Variety)是指数据格式多种多样。在过去，大部分应用关注于结构化数据，这些数据非常适合表格或关系数据库，比如财务数据。现在很多数据既包括结构化数据，也包括非结构化的文本、图片、视频和文档等。

实时性强(Velocity)是指数据的生成速度快，传播速度也快，更需要实时处理生成的数据。比如通过社交媒体一条消息可以在几分钟内传遍全国，而量化投资交易系统需要根据财报或其他来源的消息在毫秒级别决定是否买卖股票。

价值大(Value)在这里有两种解读：一种是价值大。大数据可以优化公司运营流程，如滴滴可以预测用户需求，根据供需关系动态调整运价。大数据是实现智慧城市的基础，通过大数据可以遏制犯罪并及时发现网络犯罪，也可以通过大数据监测流行病、人口迁移与流动。另一种是大数据的价值密度低，大数据虽然数量巨大，但是其中有很多都是没有意义的。要对海量无用的、复杂的数据做深度分析，从其中挖掘出有价值的信息。

2004 年，谷歌公司先后发表了三篇论文，分别介绍了支撑其业务的分布式文件系统(GFS)、大数据存储系统 BigTable 和大数据处理模式 MapReduce。2010 年雅虎公司仿照其思路设计并实现了 Hadoop 并开源，目前 Hadoop 已成为大数据处理的主流开源平台。2014 年后大数据相关的概念体系逐渐成形，大数据相关的技术和产品不断发展，形成了包括基础设施、开源平台与工具、数据分析与应用在内的大数据生态系统。

Python 语言起源于 1989 年，它基于 C 语言，并具备了基础的类、函数、异常处理等功能特性，同时具备很强的可扩展性。Python 语言的魅力在于让程序员可以花更多的时间用于思考程序的逻辑，而不是思考具体的实现细节。Python 提供了丰富的第三方库，它们实现或封装了很多功能。这又进一步提高了 Python 语言程序开发的效率。

2008 年发布的 NumPy、SciPy 和 2009 年发布的 Pandas 是数据分析与科学计算的三剑客。NumPy(Numeric Python)是 Python 科学计算的基础工具包，也是 Python 做数据计算的关键库之一，同时又是很多第三方库的依赖库。SciPy(Scientific Computing Tools for Python)是一组专门解决科学和工程计算不同场景的主题工具包，它提供的主要功能侧重于数学、函数等，例如积分和微分方程求解。Pandas(Python Data Analysis Library)是一个用于 Python 数据分析的库，它的主要作用是进行数据分析和预处理。

除了数据分析与预处理功能以外，Python 还有很多与机器学习和人工智能相关的第三方库。scikit-learn 是一个著名的机器学习库，里面封装了常用的机器学习算法。机器学习任务通常包括分类(Classification)和回归(Regression)，常用的分类器包括 SVM、KNN、贝叶斯、线性回归、逻辑回归、决策树、随机森林、XGBoost、GBDT、Boosting、神经网络 NN 等。在进行机器学习任务时，并不需要每个人都实现所有的算法，只需要简单地调用

scikit-learn 里的模块就可以实现大多数机器学习任务。PyTorch 是 Facebook 在 2016 年发布的，它基于 Torch 框架而来，为深度学习的普及做出了重要的贡献，目前是用于做学术研究的首选方案。TenserFlow 是 2015 年谷歌研发的第二代人工智能学习系统，被广泛应用于各种机器学习算法的编程实现。

1.2　大数据处理涉及哪些方面

大数据处理主要包括数据收集、数据预处理、数据存储、数据处理与分析、数据展示、数据可视化、数据应用等环节。大数据处理过程是一个从大量数据中挖掘和发现有价值信息的过程。数据质量、算法效率、计算能力等都对大数据的处理效率有很大的影响。通常，一个好的大数据产品要有大量的数据规模、快速的数据处理、精确的数据分析与预测、优秀的可视化图表以及简练易懂的结果解释。

图 1-1 展示了大数据处理所涉及的系统架构及相关概念。数据采集是大数据处理系统的基础，数据来源于传感器、用户行为日志以及其他的业务数据。数据存储包括将数据存放在文件系统、关系型数据库、NoSQL 数据库等。数据处理一般采用 Hadoop 和 Spark 等大数据处理平台。数据挖掘与分析过程通过不同的数据挖掘算法分析数据并得出结果，目前已有较多成熟的算法和库。数据可视化是将挖掘结果通过图形等易于人类理解的方式展现出来。在大数据处理系统中，针对不同的数据规模或类型，数据存储、数据处理平台和数据分析工具都有多种选择，但基本上都是利用一种或多种现有的大数据存储或处理平台。

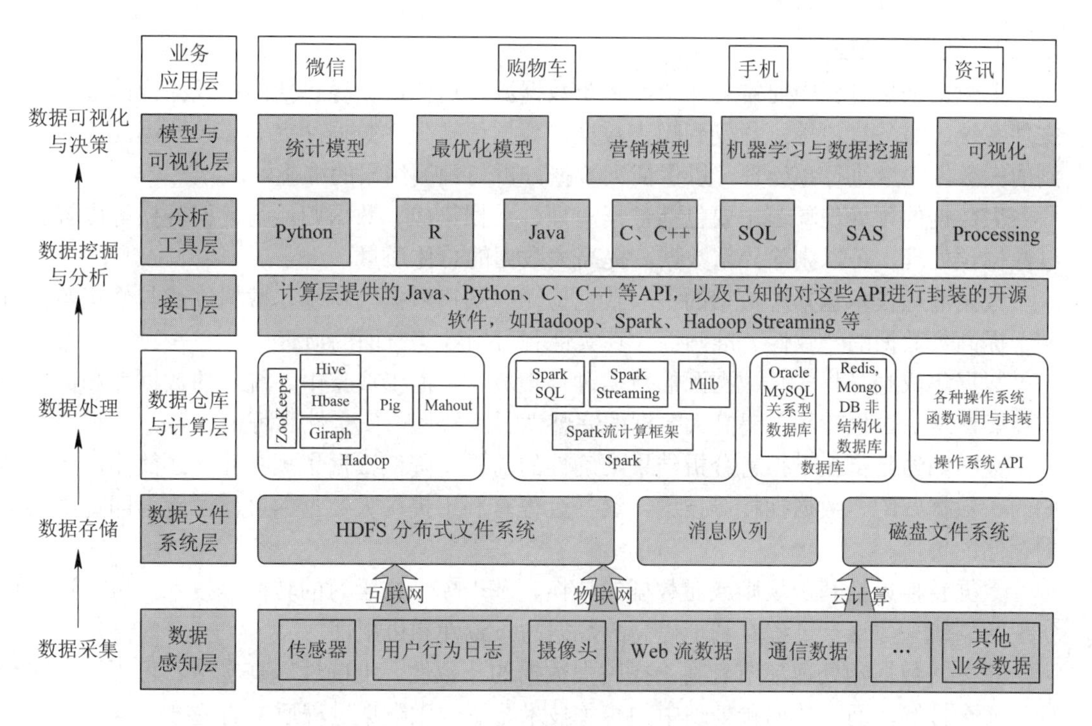

图 1-1　大数据处理系统架构及相关概念

对于一个具体的大数据处理问题，通常从提出问题到找到解决方案一般分为数据采集、数据预处理、数据处理与分析和数据可视化与应用四个步骤。图 1-2 显示了现实问题和大数据处理的关系，以及大数据处理中的几个主要过程。下面依次说明不同过程的处理内容，并简要介绍如何用 Python 进行相关的工作。

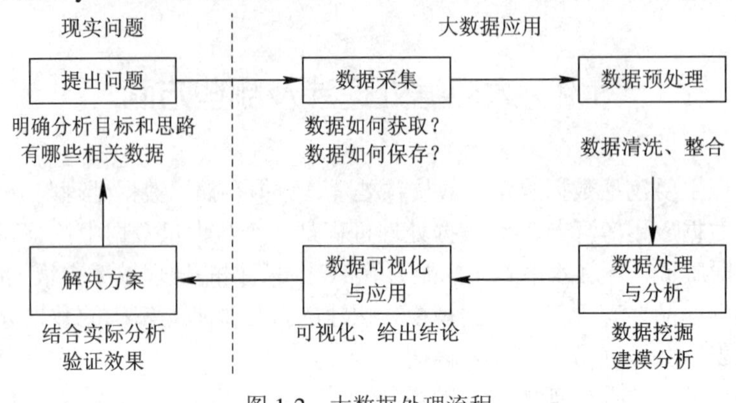

图 1-2 大数据处理流程

1. 数据采集

数据是大数据处理的基础。数据来源包括公开数据库、传感器、Web 和其他业务数据。在数据采集(也称数据收集)过程中，数据源的数据质量和采集频度会影响大数据的质量，包括数据真实性、完整性、一致性和准确性。对于传感器数据来说，结合传感器提供的 API，定期读取其内容并存入指定数据库或文件中即可。对于用户行为日志，则需要通过正则表达式分析(re 模块)区分日志的特征并抓取有价值的日志进行保存。对于 Web 数据，多采用网络爬虫方式进行数据采集。

2. 数据预处理

大数据采集过程中通常有一个或多个数据源，这些数据源包括同构或异构的数据库、文件系统、服务接口等，易受到噪声数据、数据值缺失、数据冲突等影响，因此需对收集到的大数据集合进行预处理，以保证大数据分析与预测结果的准确性。

大数据的预处理环节主要包括数据清理、数据集成、数据归约与数据转换等内容。通过数据预处理，可以剔除异常数据，提高大数据的总体质量。

数据清理技术包括对数据的不一致性检测、噪声数据的识别、数据过滤与修正等，有利于提高大数据的一致性、准确性、真实性和可用性等方面的质量。

数据集成则是将多个数据源的数据进行集成，从而形成集中、统一的数据库和数据立方体等，这一过程有利于提高大数据的完整性、一致性、安全性和可用性等。

数据归约是指在不损害分析结果准确性的前提下降低数据集规模并使之简化，包括维归约、数据归约、数据抽样等技术，这一过程有利于提高大数据的价值密度，即提高大数据存储的价值。

数据转换包括基于规则或元数据的转换、基于模型与学习的转换等技术，可通过转换实现数据统一，这一过程有利于提高大数据的一致性和可用性。

总之，数据预处理环节有利于提高大数据的一致性、准确性、真实性、可用性、完整性、安全性等，而大数据预处理中的相关技术是影响大数据过程质量的关键因素。

3．数据处理与分析

1) 数据处理

大数据的分布式处理技术与存储形式、业务数据类型等相关，针对大数据处理的主要计算模型有 MapReduce 分布式计算框架、分布式内存计算系统、分布式流计算系统等。MapReduce 是一个批处理的分布式计算框架，可对海量数据进行并行分析与处理，它适合对各种结构化、非结构化数据的处理。分布式内存计算系统可有效减少数据读写和移动的开销，提高大数据处理性能。分布式流计算系统则是对数据流进行实时处理，以保障大数据的时效性和价值性。

总之，无论哪种大数据分布式处理与计算系统，都有利于提高大数据的价值性、可用性、时效性和准确性。大数据的类型和存储形式决定了其所采用的数据处理系统，而数据处理系统的性能与优劣直接影响大数据处理的价值性、可用性、时效性和准确性。因此在进行大数据处理时，要根据大数据类型选择合适的存储形式和数据处理系统，以实现大数据处理的最优化。

2) 数据分析

大数据分析技术主要包括已有数据的分布式统计分析技术和未知数据的分布式挖掘、深度学习技术。分布式统计分析可由数据处理技术完成，分布式挖掘和深度学习技术则在大数据分析阶段完成，包括聚类与分类、关联分析、深度学习等，可挖掘大数据集合中的数据关联性，形成对事物的描述模式或属性规则，可通过构建机器学习模型和海量训练数据提升数据分析与预测的准确性。

数据分析是大数据处理与应用的关键环节，它决定了大数据集合的价值性和可用性，以及分析预测结果的准确性。在数据分析环节，应根据大数据应用情境与决策需求，选择合适的数据分析技术，提高大数据分析结果的可用性、价值性和准确性。

4．数据可视化与应用

数据可视化是指将大数据分析与预测结果以计算机图形或图像的直观方式显示给用户，并可与用户进行交互式处理。数据可视化技术有利于发现大量业务数据中隐含的规律性信息，以支持管理决策。数据可视化环节可大大提高大数据分析结果的直观性，便于用户理解与使用。数据可视化也是大数据可用性和易于理解性的关键因素。

大数据应用是指将经过分析处理后挖掘得到的大数据结果应用于管理决策、战略规划等，它是对大数据分析结果的检验与验证。大数据应用直接体现了大数据分析处理结果的价值性和可用性。大数据应用对大数据的分析处理具有引导作用。

在大数据采集、处理等一系列操作之前，通过对应用情境的充分调研、对管理决策需求信息的深入分析，可明确大数据处理与分析的目标，从而为大数据采集、存储、处理、分析等过程提供明确的方向，并保障大数据分析结果的可用性、价值性和对用户需求的满足。

1.3　为什么用 Python 解决大数据的问题

大数据领域有很多流行的语言，包括 Java、SAS、R 语言和 Python。当遇到一个大数据处理的问题时，需要选择使用一种或几种语言进行处理。选择语言是一个重要的决定，不同语言的可用资源不同，开发难易度也不同，而且项目开始后，很难在不同的语言之间进行移植。目前，Python 已经是最流行的大数据处理语言。

在大数据处理方面，Python 有很多优势。Python 语言易于学习和使用，入门快，编码时间较短。与其他语言相比，即使对于非计算机专业的学生而言，Python 也很容易学习。Python 语言拥有充足的学习资源、大量的开源代码和社区，这些资源意味着可以从其他开发人员那里和从代码中学习，这也进一步降低了学习的难度。

当解决同样的问题时，Python 程序相比其他语言经常是最简短的。它自动识别和关联数据类型，并使用基于缩进的嵌套结构来表示代码段。Python 语言可以安装在商用机器、笔记本电脑、云端、个人电脑上，支持多种操作系统。早期的 Python 被认为比 Java 和 Scala 等一些同类产品慢，但随着 Anaconda 平台的发展，它的运行和处理速度与同类产品相近。因此，Python 语言在开发与执行方面都很高效。

官方提供的 Python 环境需要通过安装扩展包实现数据分析和科学计算等功能。Anaconda 是一个开源的 Python 发行版本，它已经内置了数据处理与分析相关的常用扩展库，使用非常方便，其中内置的扩展库包括：

NumPy：用于 Python 中的科学计算。它适用于线性代数、傅里叶变换和随机数运算等运算。它非常适合作为通用数据的多维容器，可以和许多不同的数据库进行交互并进行数据集成。

Pandas：一个 Python 数据分析库，提供一系列函数来处理数据结构和操作，如操作数值表和时间序列。其中的主要数据结构 DataFrame 可看做类似于 Excel 的二维数据表。

SciPy：用于科学和技术计算的图书馆。SciPy 包含用于常见数据科学和工程任务的模块，如线性代数、插值、FFT、信号和图像处理、ODE 求解器。

scikit-learn：机器学习和数据挖掘库，包括分类、回归和聚类算法，如随机森林、梯度增强、k 均值等。

除此之外，还有像 Cython 这样的其他库将代码转换为在 C 环境中运行，它可加快运行速度。PyMySQL 连接 MySQL 数据库，提取数据和执行查询。BeautifulSoup 读取和分析 XML 和 HTML 类型的数据类型。Matplotlib 库提供了丰富的数据可视化功能。

在深度学习和神经网络方面，Python 也有相应的软件包支持，主要包括以下软件包：

Tensorflow：由 Google 团队开发的用于深度神经网络研究的机器学习库。其数据流图和灵活的架构允许使用单个 API 在桌面、服务器或移动设备中的多个 CPU 或 GPU 中操作和计算数据。

PyBrain：是基于 Python 的强化学习、人工智能和神经网络库的简称。PyBrain 为机器学习任务提供简单但功能强大的算法，以及使用各种预定义环境测试和比较算法的能力。

Hadoop：是目前最受欢迎的开源大数据平台。PyDoop 包提供对 Hadoop 的 HDFS API 的访问，可以用它编写 Hadoop MapReduce 程序和应用程序。使用 Python 提供的 HDFS API，可以访问 HDFS 文件系统，从而可以读取、写入和获取有关文件、目录和全局文件系统属性的信息。PyDoop 还提供了 MapReduce API，可以通过最少的编程工作来解决复杂的问题，这个 API 可用于无缝应用高级数据科学概念，如“计数器”和“记录读取器”。

Python 是一种非常流行的语言。不同部门的业务人员经过简单的培训即可使用该语言围绕同一目标进行数据分析工作。相比于让计算机专业的人员理解不同部门的业务流程和需求，在进行跨部门的数据交流和分析任务时，这种方式更加高效。总体而言，对企业和数据科学家来说，Python 是一个便捷的高级语言，可快速上手进行数据分析和处理工作。

1.4　关于编程的注意事项

本书的目的是教会读者使用 Python 进行数据采集、处理和分析，需要读者编写 Python 程序。本书受篇幅限制，在书中仅给出关键部分的代码，完整的代码大家可在配套网站上下载和使用。

书上得来终觉浅，绝知此事要躬行。程序设计相关知识的学习更是如此。如果没有对真正的数据集进行分析和处理，则将无法理解大数据处理的流程和难点。自己动手编写代码是深入理解计算机相关知识的最佳途径。

练　习　题

1. 什么是大数据？它有什么特征？
2. 大数据处理涉及哪几个方面？
3. 数据采集阶段要完成什么内容？
4. Python 中有哪些库可以用于大数据的处理与分析？
5. 在大数据处理方面，Python 语言有哪些优势？

第 2 章　Python 环境的准备

学习的最好方法是自己动手解决遇到的具体问题，正所谓实践出真知。本章首先介绍 Python 的运行环境，主要是 Python 解释器和一些常用的库，然后介绍常用的集成开发环境。

本章重点、难点和需要掌握的内容：

- 掌握 Pycharm、Anaconda 和 Jupyter Notebook 的特点及其安装方式；
- 了解 pip 和 conda 各自的特点、适用范围及其异同；
- 掌握 pip 和 conda 常用的安装、升级、卸载第三方包的命令；
- 掌握 Anaconda 常用的环境管理命令；
- 了解常用的 NumPy、Pandas、Matplotlib 等包各自的使用范围。

2.1　Python 环境的准备

配置 Python 环境的方法有很多种，这里介绍最常用的两种方式：直接安装 Python 和安装 Anaconda。

2.1.1　Python

从 Python 的官网[①]上可以下载 Python 运行所需的安装包。Python 的安装包分为 2.7 和 3.x 两个版本，这两个版本互不兼容，其中 Python 2.7 在 2020 年后会停止更新和维护，所以本书使用 Python 3.x 的版本。

Python 的 Windows 安装包分为 64 位和 32 位两类，其次又可以细分为 Embeddable zip、Executable installer 和 Web-based installer 三种。Embeddable zip 是嵌入式版本，可以集成到其他应用中，下载后需要设置路径等内容。Executable installer 是可执行文件(*.exe)方式安装，和各种常用的 Windows 安装软件(例如微信、Google 浏览器)的安装方式类似，建议下载这个安装包。而 Web-based installer 体积最小，但是在安装的过程中需要从网上下载所需的文件，安装需要的时间相比前面两种方式会更长一些。图 2-1 显示了官网上的 Python 的安装文件。

---

① Python 官网 https://www.python.org/。

Version	Operating System	Description	MD5 Sum	File Size	GPG
Gzipped source tarball	Source release		2ee10f25e3d1b14215d56c3882486fcf	22973527	SIG
XZ compressed source tarball	Source release		93df27aec0cd18d6d42173e601ffbbfd	17108364	SIG
macOS 64-bit/32-bit installer	Mac OS X	for Mac OS X 10.6 and later	5a95572715e0d600de28d6232c656954	34479513	SIG
macOS 64-bit installer	Mac OS X	for OS X 10.9 and later	4ca0e30f48be690bfe80111daee9509a	27839889	SIG
Windows help file	Windows		7740b11d249bca16364f4a45b40c5676	8090273	SIG
Windows x86-64 embeddable zip file	Windows	for AMD64/EM64T/x64	854ac011983b4c799379a3baa3a040ec	7018568	SIG
Windows x86-64 executable installer	Windows	for AMD64/EM64T/x64	a2b79563476e9aa47f11899a53349383	26190920	SIG
Windows x86-64 web-based installer	Windows	for AMD64/EM64T/x64	047d19d2569c963b8253a9b2e52395ef	1362888	SIG
Windows x86 embeddable zip file	Windows		70df01e7b0c1b7042aabb5a3c1e2fbd5	6526486	SIG
Windows x86 executable installer	Windows		ebf1644cdc1eeeebacc92afa949cfc01	25424128	SIG
Windows x86 web-based installer	Windows		d3944e218a45d982f0abcd93b151273a	1324632	SIG

图 2-1　Python 的安装文件

双击下载的 Executable installer 安装包，根据安装向导的指导进行安装。在第一个界面最好选中“Add Python 3.7 to PATH”复选框，这样就不需要自己配置 Python 的环境变量，在以后执行 Python 程序的时候会更方便。

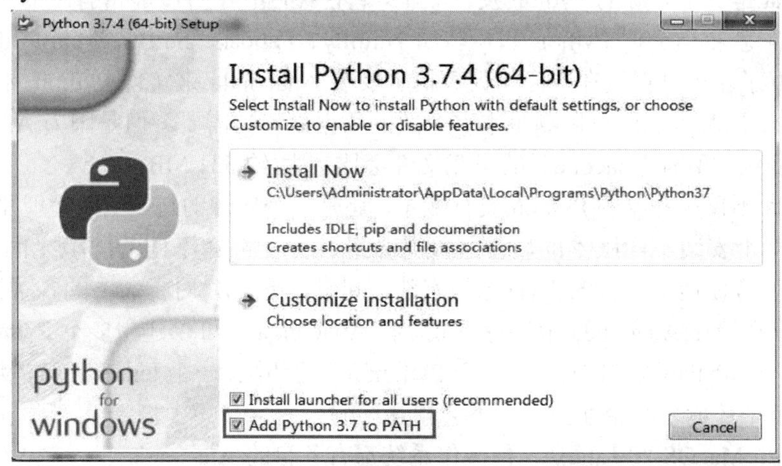

图 2-2　Python 安装

单击“Install Now”，很快就可以完成安装。从 Windows 的开始按钮打开“命令提示符”，输入“Python”，如果安装过程正常，并且配置了 Python 环境变量，就会出现以下提示：

```
C:\Users\zhangxiao>Python
Python 3.7.4 (tags/v3.7.4:e09359112e, Jul  8 2019, 20:34:20) [MSC v.1916 64 bit (AMD64)] on win32
Type "help", "copyright", "credits" or "license" for more information.
>>>
```

从该提示中可以看到 Python 的版本号是 3.7.4，安装的是 64 位版的程序。这个提示界面就是 Python 交互方式的界面，输入“print("hello world!")”并按回车键，就会在交互式页面上打印 print 的结果。

```
>>> print("hello world!")
hello world!
>>>
```

Python 也支持以解释方式运行程序，将 print("hello world!")程序保存在一个名为 hello.py 的文本文件(完整代码参考 hello.py)中，并在“命令提示符”中进入到 hello.py 文件所在的路径，然后输入“python hello.py”就可以看到程序运行的结果了。

```
E:\pythonworkspace\python 环境准备>python hello.py
hello world!

E:\pythonworkspace\python 环境准备>
```

2.1.2　Anaconda

Python 可以通过各种扩展包来实现不同的功能，为了使用数据处理等功能，我们必须安装数据处理功能对应的扩展包。如果使用前一节介绍的安装方式安装 Python，那么就只能一个一个的安装各种扩展包，安装起来不仅比较痛苦，而且还需要考虑兼容性，要去 Python 官网选择对应的版本下载安装，费时费力。

Anaconda 是一个开源的 Python 发行版本，它已经内置了许多非常有用的第三方库，装上 Anaconda，就相当于把 Python 和一些如 NumPy、Pandas、SciPy、Matplotlib 等常用的库自动安装好了。可以直接在自己的计算机上安装 Anaconda 来实现 Python 环境的准备，安装 Anaconda 后基本上就可以满足本书介绍的数据处理的需要。但是因为 Anaconda 包含了大量的扩展包，所有 Anaconda 的下载文件会比较大(约 531 MB)。

Anaconda 不仅是开源的 Python 发行版本，还是一个开源的包、环境管理器，我们可以在同一个机器上安装不同版本的软件包及其依赖，并能够在不同的环境之间切换。使用 Anaconda 可以方便地进行包的管理(包的安装、卸载、更新)，对于需要的各种 Python 的第三方包，可以直接在 Anaconda 中进行下载。在 Anaconda 中可以建立多个 Python 环境，比如可以建立一个 Python 2.7 的环境、一个 Python 3.7 的环境、一个 tenserflow(深度学习平台)的环境，这三个环境之间相互独立，不会相互影响。

Windows、MacOS 和 Linux 三种操作系统都有各自的 Anaconda 包。在 Windows 环境下安装 Anaconda，和上一节讲的一样，我们下载和安装 Anaconda 时也需要选择 3.x 的版本。图 2-3 是 Anaconda 的下载界面。

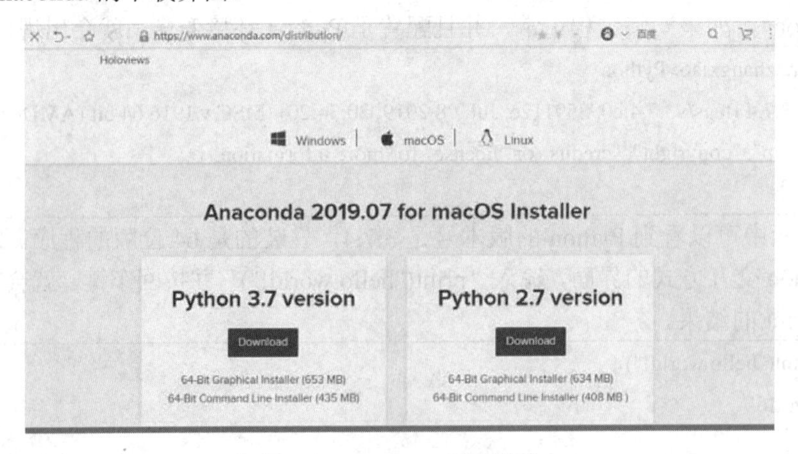

图 2-3　Anaconda 下载界面

下载好安装包之后，安装流程和普通的 Windows 安装程序是一样的，因为在 Anaconda 的安装过程中下载的文件比较多，所以安装时间会长一点。安装好之后可以在 Anaconda 下面看到 Anacona Navigator、Anaconda Prompt、Spyder、Jupyter Notebook 等快捷方式，如图 2-4 所示。

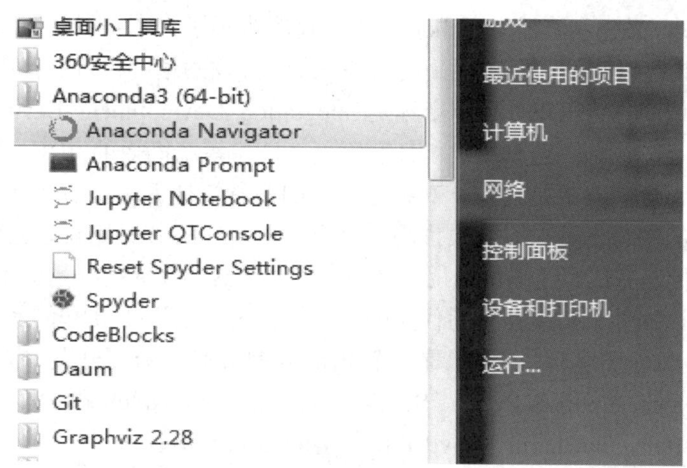

图 2-4 Anaconda 软件界面

如果没有这些软件或者想要安装一些新的软件可以点击“Anacona Navigator”，进入如图 2-5 所示的页面，选择自己需要的软件进行下载。

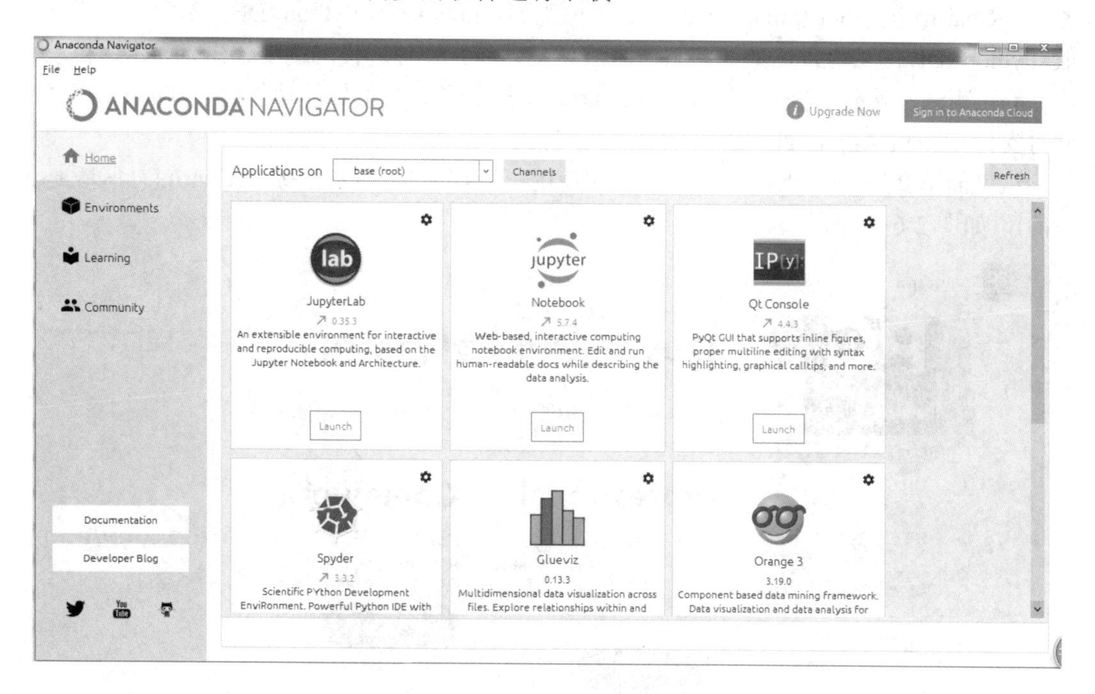

图 2-5 Anaconda 中下载软件

如果我们需要安装 Python 的第三方扩展包，可以在 Anaconda Prompt 中执行 conda install 包名，或 pip install 包名命令。具体的使用 pip 和 conda 下载安装第三方扩展包的命令会在后面包的管理和维护部分章节中详细介绍。

2.2 集成开发环境

“工欲善其事，必先利其器”，Python 的学习过程少不了文本编辑器或者集成开发环境，这些 Python 工具可以帮助开发者提高使用 Python 开发的速度，进而提高效率。

集成开发环境简称为 IDE，英文全称是 Integration Development Environment，一般以代码编辑器为核心，包括一系列周边组件和附属功能。一个高效的 IDE，除了提供普通文本编辑功能之外，更重要的是提供针对特定语言的各种快捷编辑功能，让程序员尽可能快捷、舒适、清晰的浏览、输入、修改代码。对于一个现代的 IDE 来说，语法着色、错误提示、代码折叠、代码完成、代码块定位、重构，与调试器、版本控制系统(VCS)的集成等都是重要的功能，以插件、扩展系统为代表的可定制框架，是现代 IDE 的另一个流行趋势。

在准备好 Python 环境后，需要配置一个 Python 的 IDE 以方便开发。常用的 Python IDE 有 PyCharm、Spyder、Eclipse+Pydev、Sublime Text、Jupyter Notebook 等。接下来简单介绍一下常用的三个 IDE，PyCharm、Spyder 和 Jupyter Notebook。

2.2.1 PyCharm

PyCharm 是由 JetBrains 公司开发的一款类似 Eclipse 的 Python IDE。PyCharm 具备一般 Python IDE 的功能，比如：调试、语法高亮、项目管理、代码跳转、智能提示、自动完成、单元测试、版本控制等。另外，PyCharm 还提供了一些很好的功能用于 Django 开发，同时支持 Google App Engine。

这里简单介绍一下 PyCharm 的安装和使用。从官网[①]下载社区版 PyCharm(社区版是免费的)，如图 2-6 所示。

图 2-6 PyCharm 下载界面

① https://www.jetbrains.com/pycharm/。

安装好 PyCharm 后，点击“Create New Project”，创建一个新项目，然后选择 Python 解释器，这里选择 Anaconda 中的 Python.exe，如图 2-7 所示。

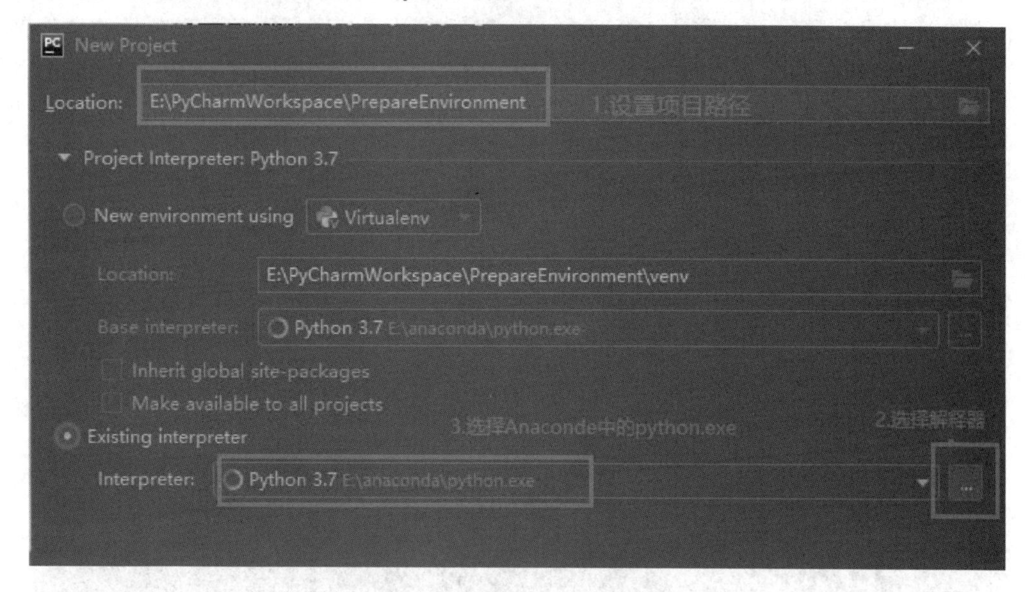

图 2-7　选择 Python 解释器

新建一个 Python 文件：hello.py，编写代码，在空白处右击，进行运行，结果如图 2-8 所示。其中 hello.py 中代码的功能是绘制 x 取值在[−2*pi,2*pi]之间的 sin 函数的图形，其中使用到了 NumPy 和 Matplotlib 两个包，如果是直接安装 Python，那么就需要先下载 NumPy 和 Matplotlib 两个第三方包之后才可以运行这个程序，完整的代码参考 PrepareEnvironment 文件中的 hello.py。

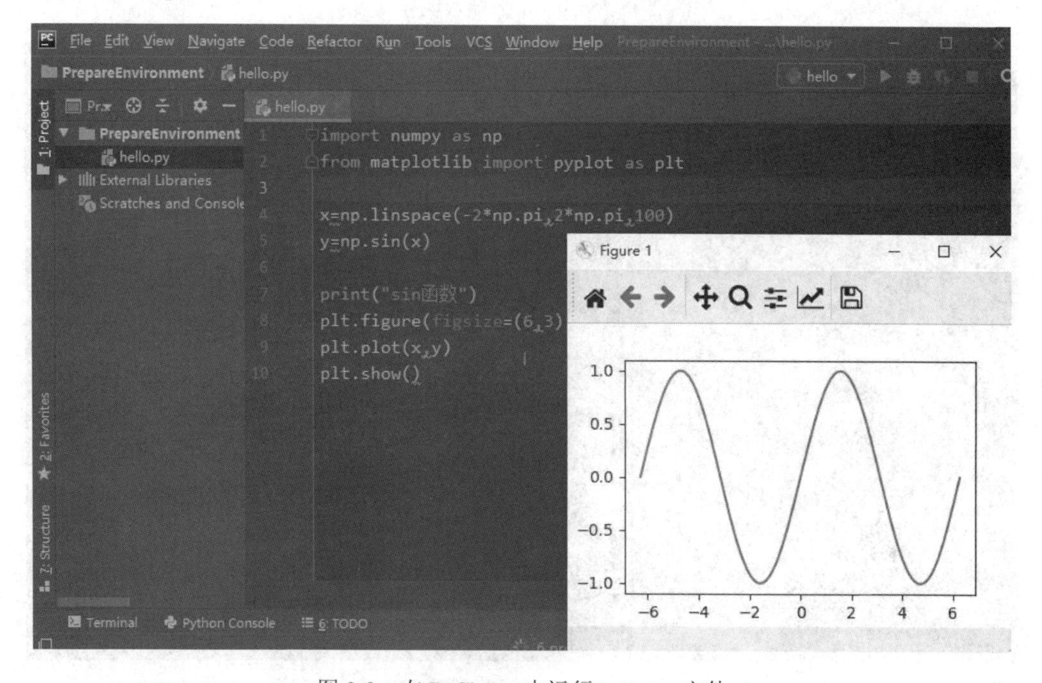

图 2-8　在 PyCharm 中运行 hello.py 文件

对于已经存在的 Python 项目，可以将其导入 PyCharm 中进行修改、运行等操作。本书第 5 章大数据数学基础中的代码在“source/4.大数据数学基础”目录中，现在介绍将其导入到 PyCharm 中的步骤：首先点击 File→Open，然后在弹窗中选择需要导入项目的文件夹，即“source/4.大数据数学基础”目录，如图 2-9 所示，至此就可以运行其中的 Python 文件了。图 2-10 展示了“source/4.大数据数学基础”目录中的各个文件及 array.py 的运行结果。

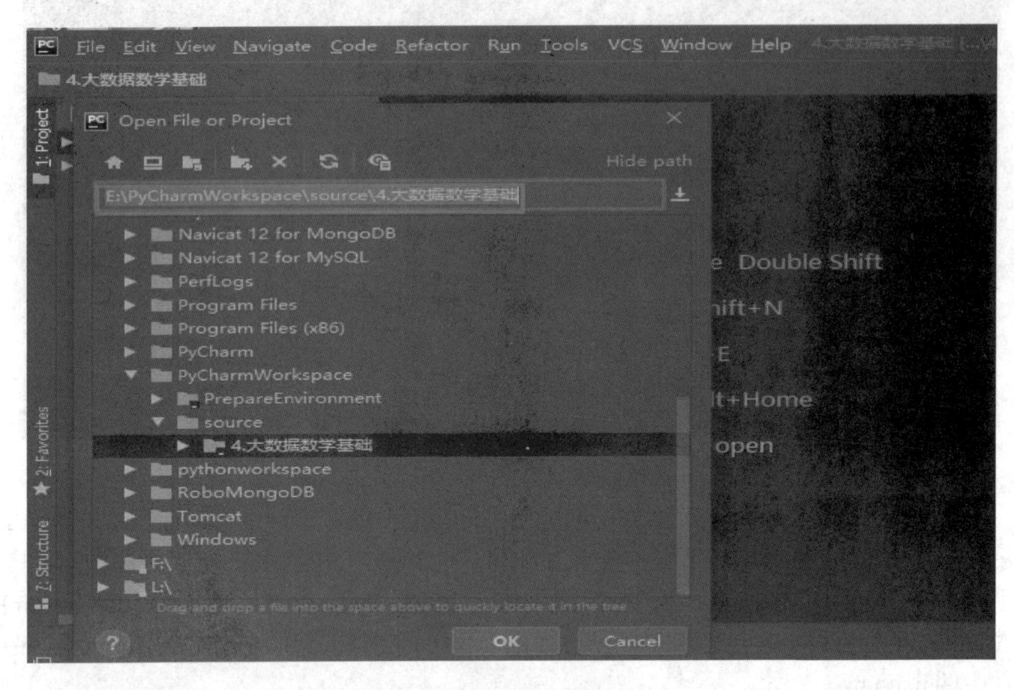

图 2-9　PyCharm 中导入现存项目

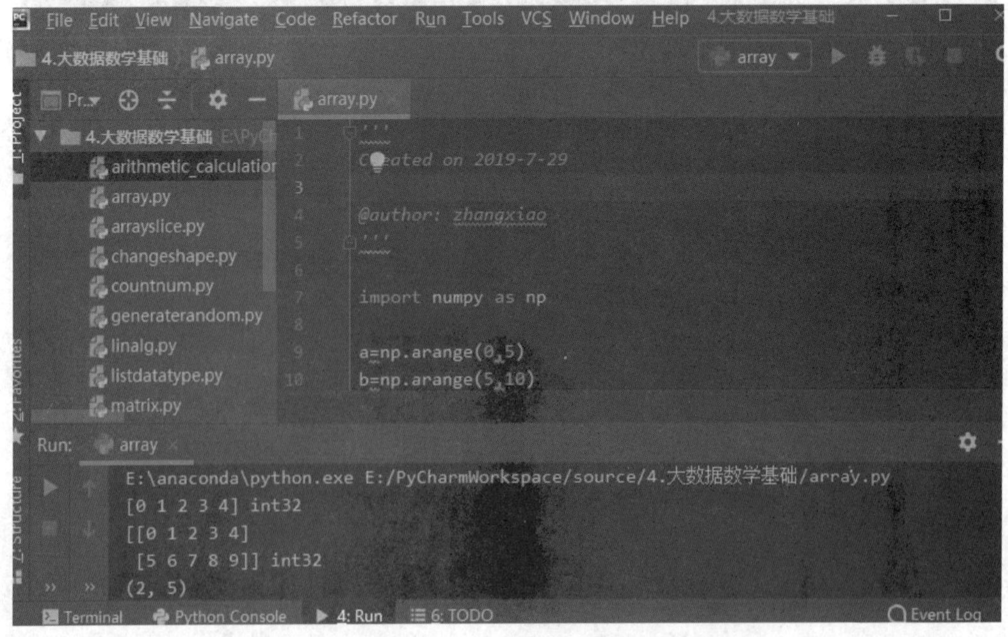

图 2-10　PyCharm 中运行新导入项目中的代码

2.2.2　Spyder

熟悉 Java 的开发人员都熟悉 Eclipse 页面，所以他们使用 PyCharm 会感觉很亲切，但是对于刚接触 Python 或者熟悉 Matlab 的人来说，Spyder 会显得更加友好。Spyder 是 Anaconda 自带的 IDE，功能十分强大，并且 Spyder 自带 IPython(Python 的交互式 shell，比默认的 Python shell 好用)。Spyder 的界面和 Matlab 相似，界面非常友好，适用于刚开始接触 Python 的和熟悉 Matlab 的人。

Spyder 既可以直接创建一个 Python 文件，也可以创建一个 Python 项目。这里演示如何创建一个项目：点击 Projects→New Project，创建一个新项目 PrepareEnvironmentSpyder，如图 2-11 所示；右击此项目，选择 New→Module，输入文件名“hello”，如图 2-12 所示，这里的 hello.py 文件代码和 PyCharm 中的 hello.py 的代码相同。运行结果如图 2-13 所示。

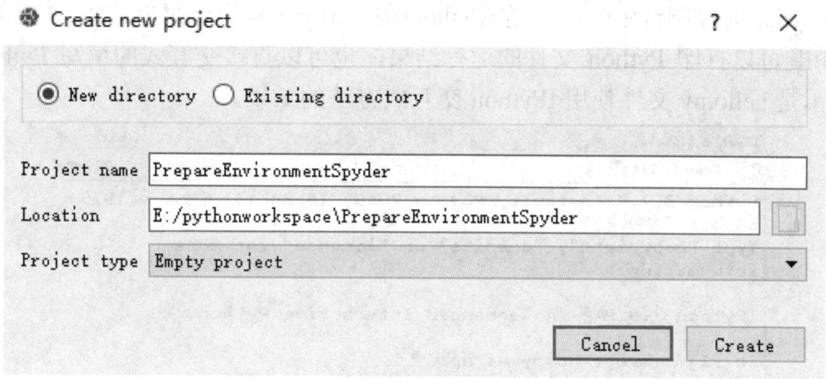

Create new project　?　×

◉ New directory　○ Existing directory

Project name　PrepareEnvironmentSpyder

Location　E:/pythonworkspace\PrepareEnvironmentSpyder

Project type　Empty project

Cancel　Create

图 2-11　Spyder 中创建项目

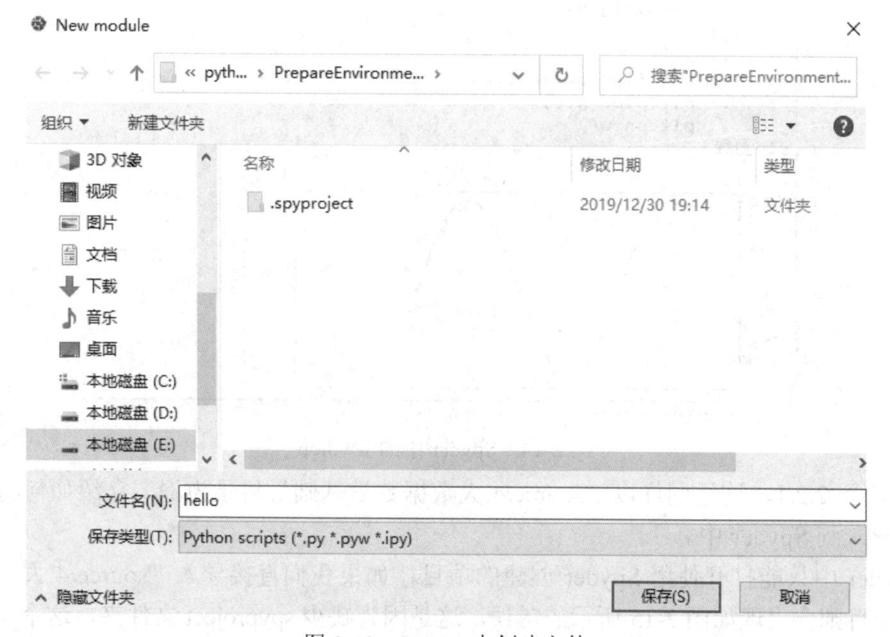

图 2-12　Spyder 中创建文件

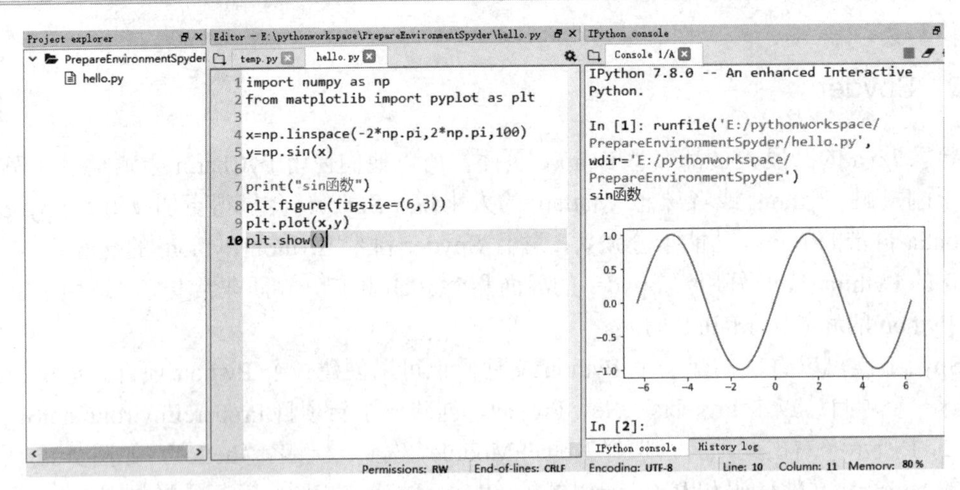

图 2-13 Spyder 项目中的 hello.py

因为 Spyder 的控制台中使用的是 IPython(关于 IPython 的介绍参见 2.2.3 节的内容)，所以控制台中既可以打印 Python 文件的运行结果，也可以直接交互式的编写 Python 代码。图 2-14 所示是 hello.py 文件使用 IPython 交互式方法的结果。

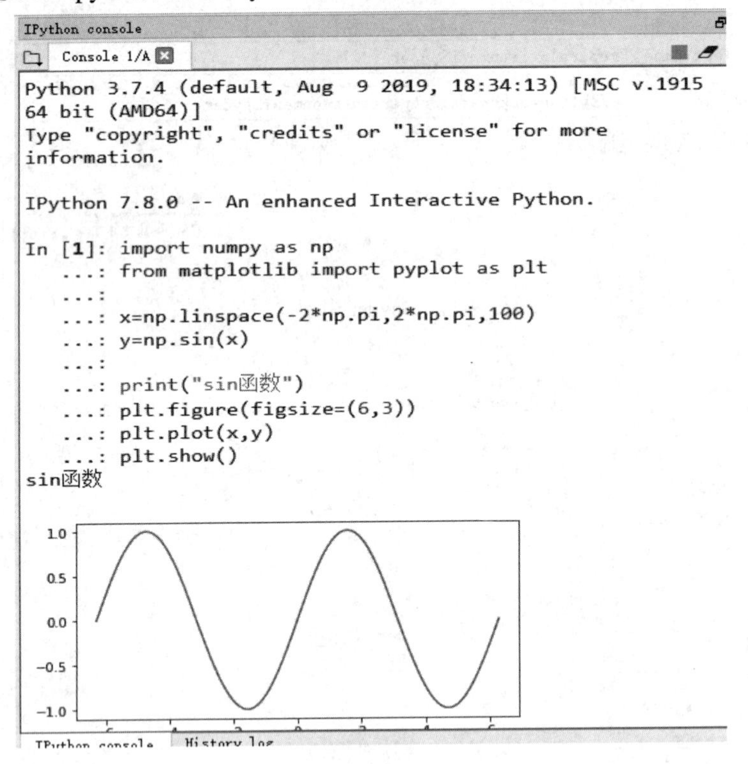

图 2-14 Spyder 中的 IPython

类似于 2.2.1，这里同样以“source/4.大数据数学基础”目录为例，介绍如何将已存在的项目导入到 Spyder 中。

Spyder 中只能打开使用 Spyder 创建的项目，如果我们直接导入“source/4.大数据数学基础”项目则会出现如图 2-15 所示的错误，这是因为缺少.spyproject 文件夹，这个文件夹中存放的是四个 Spyder 的配置文件。我们可以拷贝 PrepareEnvironmentSpyder 中的.spyproject 文件夹到“source/4.大数据数学基础”目录中，然后再使用 Spyder 打开，如图 2-16 所示。

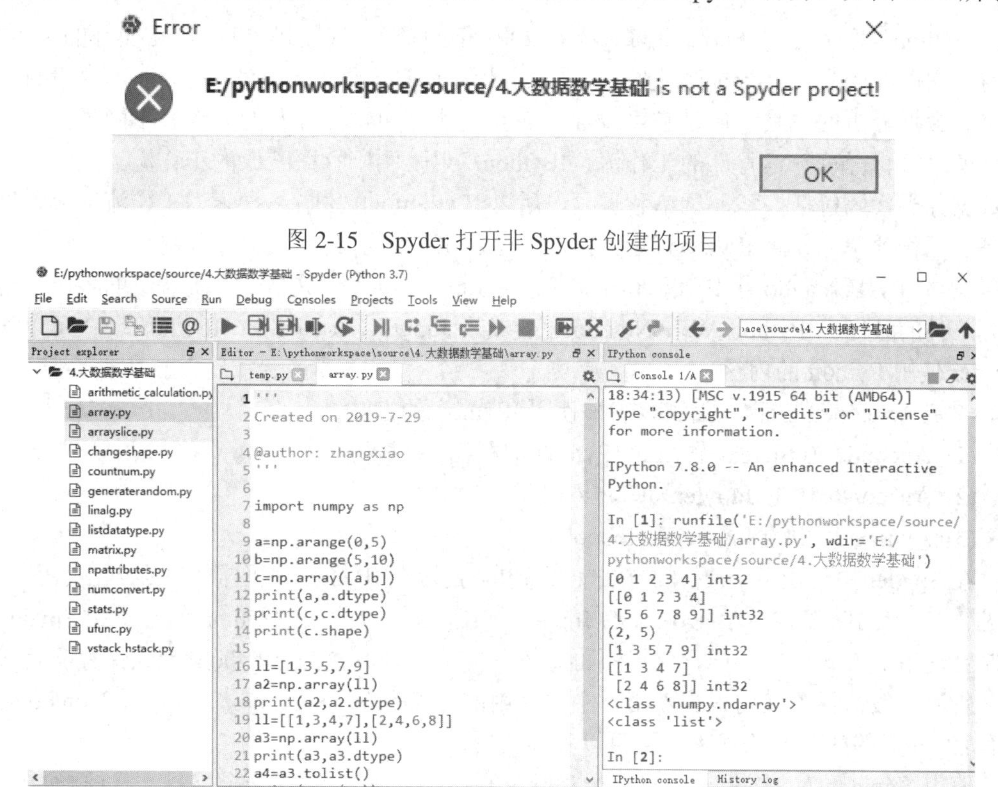

图 2-15 Spyder 打开非 Spyder 创建的项目

图 2-16 Spyder 打开已存在项目

Spyder 中既可以导入一个项目，也可以导入任何存在的文件。例如导入“source/4.大数据数学基础”项目中的 array.py 文件，点击 File→open file 即可，如图 2-17 所示。

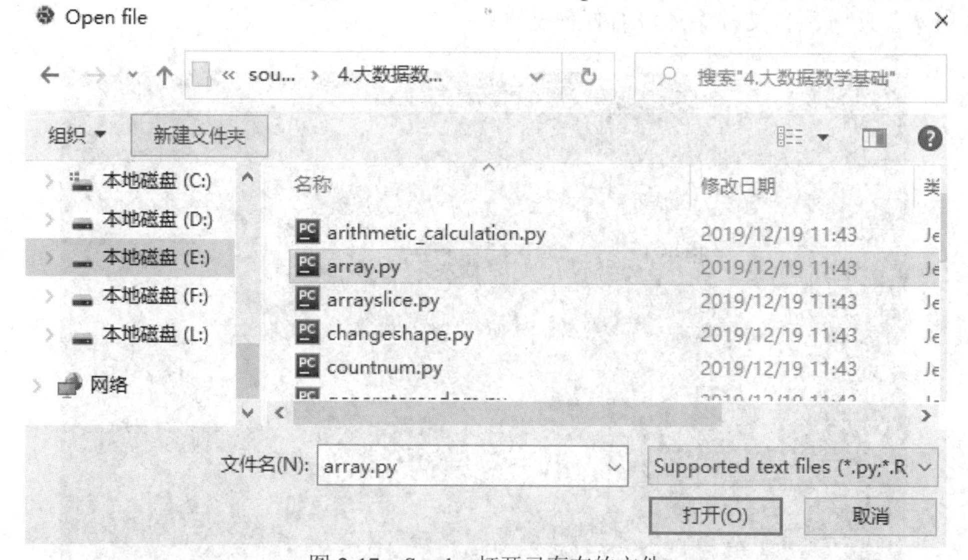

图 2-17 Spyder 打开已存在的文件

2.2.3 IPython 和 Jupyter

IPython 项目起初是 Fernando Perez 在 2001 年的一个用以加强和 Python 交互的子项目，目前，它已经成为了 Python 数据处理领域最重要的工具之一。虽然 IPython 本身没有提供计算和数据分析的工具，但是它可以提高交互式计算和软件开发的效率。不同于其他编程软件的“编辑-编译-运行”的工作流，IPython 鼓励“执行-探索”的工作流。因为大部分的数据分析代码包括探索、试错和重复，所以 IPython 的“执行-探索”工作流很大程度上提高了工作效率，并且 IPython 还可以方便的访问系统的 shell 和文件系统。

2014 年，Fernando 和 IPython 团队宣布了 Jupyter 项目，这是一个更宽泛的多语言交互计算工具的计划。IPython Web Notebook 变成了 Jupyter Notebook，IPython 现在可以作为 Jupyter 使用 Python 的内核。

安装 Anaconda 之后，我们有三种使用 IPython 的方法：

(1) Anconda 中 Spyder 软件的 IPython 解释器；

(2) Anaconda 中的 Jupyter QtConsole；

(3) Anaconda 中的 Jupyter Notebook。

在 Spyder 中使用 IPython 的方法非常简单，直接在 IPython 界面输入 Python 代码即可。参见 2.2.2 节的图 2-14。Anaconda 的 Jupyter QtConsole 中使用 IPython 的方式和 Spyder 中控制台使用的方式一模一样，这里不再介绍。但这两种方式的 IPython 无法保存交互式代码，所以一般情况下我们很少使用，主要使用的是 Jupyter Notebook。Jupyter Notebook 既具有 IPython 的交互式的优点，又可以保存代码。

使用 Jupyter Notebook 创建一个项目文件，首先需要创建一个项目文件(例如在 E:\pythonworkspace 目录下创建一个 PrepareEnvironmentNotebook 文件夹)，其次点击“AnacondaPrompt”，使用 cd 命令进入项目路径 E:\pythonworkspace\PrepareEnvironmentNoteboo，如图 2-18 所示，然后输入“jupyter notebook”命令即可以在浏览器中打开 notebook，如图 2-19 所示，此时项目文件中还没有任何文件。

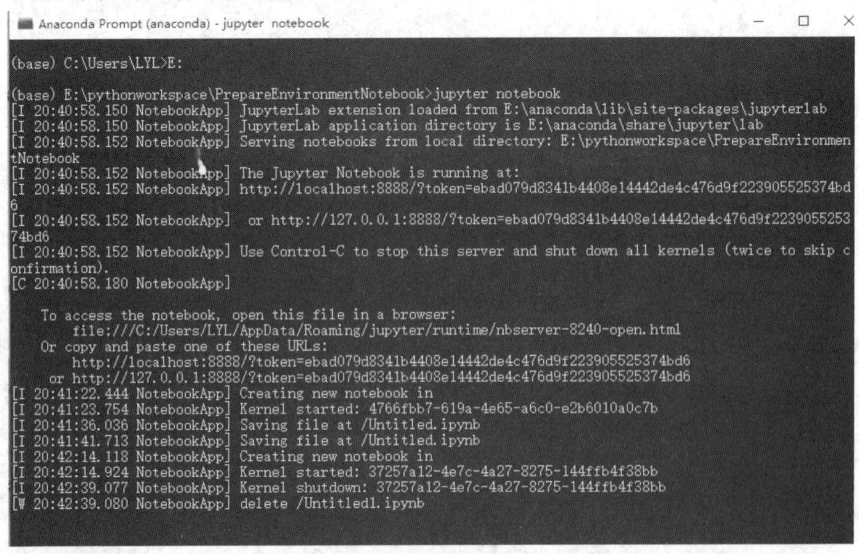

图 2-18 AnacondaPrompt 打开 Jupyter Notebook

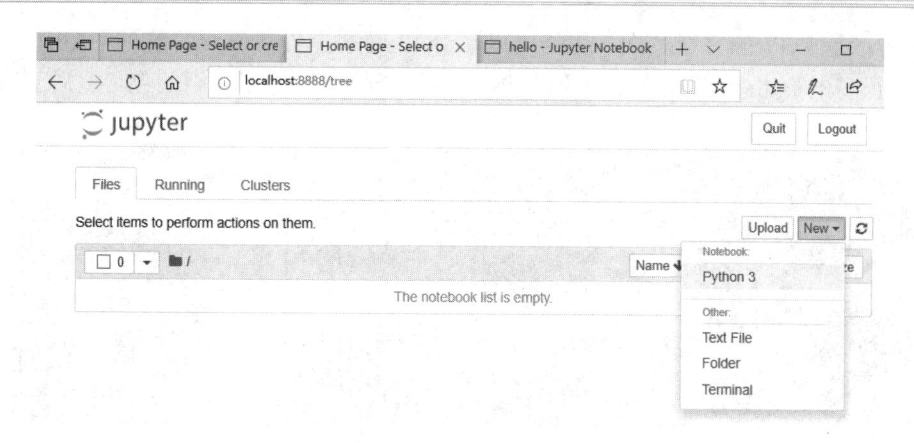

图 2-19　Jupyter Notebook 中新建文件

在图 2-19 中点击 New→Python3 新建一个 Python 文件，在其中编写 hello.py 的代码，然后运行，运行结果如图 2-20 所示。

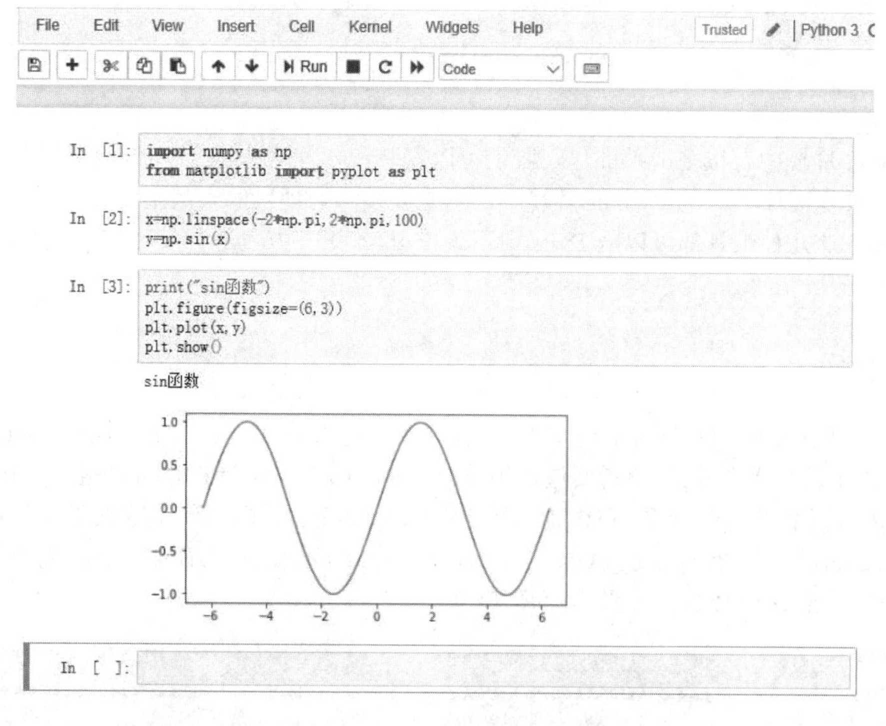

图 2-20　Jupyter Notebook 中编写运行文件

使用 Jupyter Notebook 打开一个已经存在的 Python 项目的方法极其简单，只需要把其中的项目路径改为现存的项目路径即可，这里不再演示。

2.3　包的管理和维护

PyPI(Python Package Index)是获得第三方 Python 软件包以补充标准库的一个站点。如

图 2-21 所示是 PyPI 的官网页面。我们可以在 PyPI 网站上查找需要的各种不同版本不同功能的包，很多的 Python 开发人员都会去 PyPI 网站查找自己想要使用的包，然后下载安装。

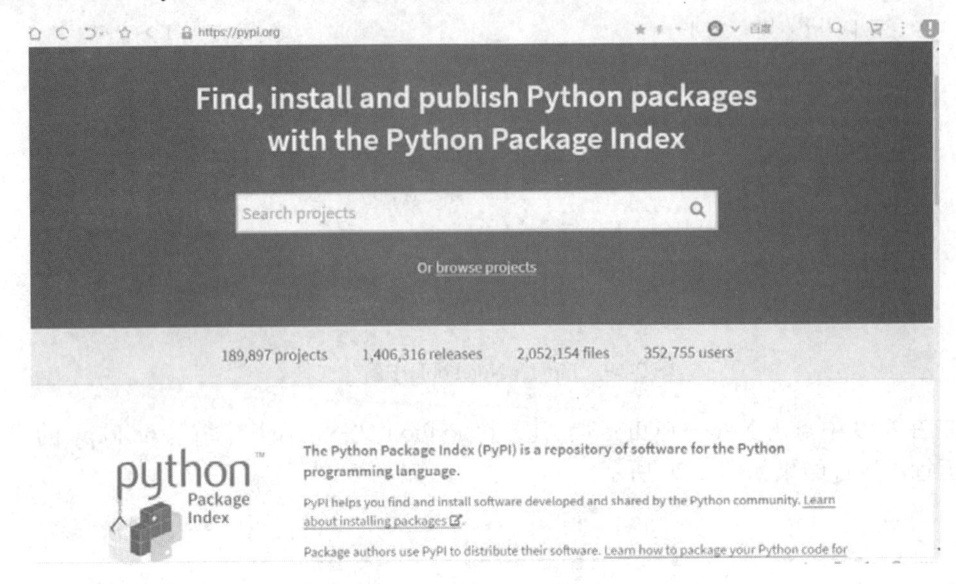

图 2-21 PyPI 网站

Python 环境中有很多成熟的包，我们可以安装和管理这些包来扩展我们的程序，这样就避免了重复造轮子。在 Python 环境下，用来安装和管理包的工具主要有 pip、conda 和 Anaconda，这几种工具都可以从 PyPI 中下载 Python 第三方包进行安装。接下来就详细介绍这三种工具。

2.3.1 pip

pip 是目前最流行的 Python 包管理工具，主要用于安装 PyPI 上的软件包。Python 版本在 2.7.9 以上的自带了 pip，不需要进行额外的安装。如果在安装 Python 的过程中按照提示添加了 Python 到环境变量中，那么就不需要再配置环境变量了，否则需要配置下环境变量，见图 2-2。pip 的可执行程序在 Python37/Scripts 目录中，把这个路径加入到环境变量 PATH 中即可使用 pip 这个命令，如图 2-22 所示。

Users ▸ Administrator ▸ AppData ▸ Local ▸ Programs ▸ Python ▸ Python37 ▸ Scripts

名称	修改日期	类型	大小
easy_install.exe	2019/7/30 19:21	应用程序	101 KB
easy_install-3.7.exe	2019/7/30 19:21	应用程序	101 KB
pip.exe	2019/7/30 19:22	应用程序	101 KB
pip3.7.exe	2019/7/30 19:22	应用程序	101 KB
pip3.exe	2019/7/30 19:22	应用程序	101 KB

图 2-22 pip 和 easy_install 所在目录

在 cmd 中键入“pip”指令，如果出现图 2-23 所示的页面，则说明 pip 相关的路径设置正常，可以使用。

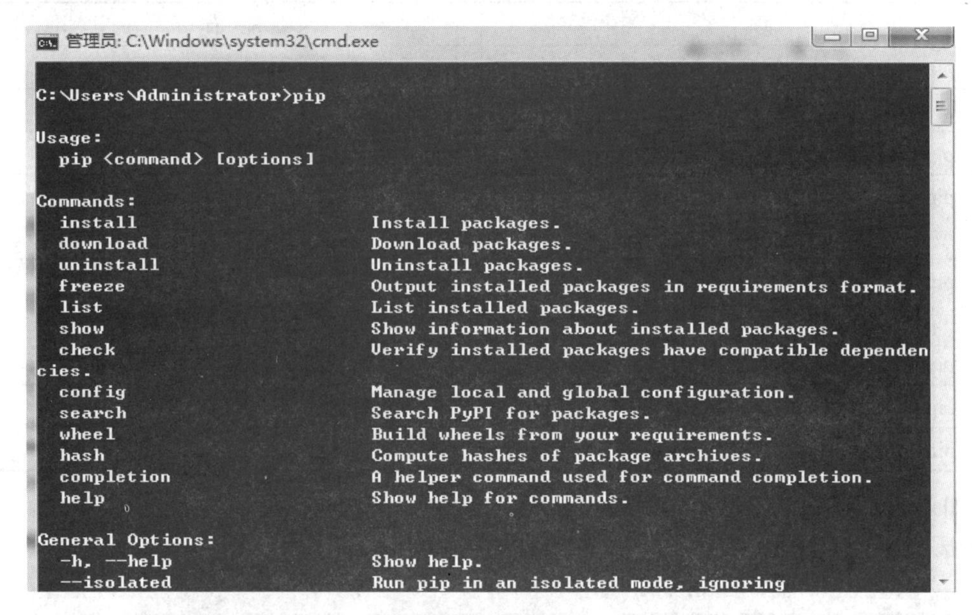

图 2-23　pip 页面

pip 安装好之后，就可以使用 pip 进行包的安装、卸载和升级了。因为 pip 包管理的操作多且简单，所以这里仅仅演示一下使用 pip 安装第三方包，至于包的卸载、升级操作都是类似的，这里不再额外进行讲解，只是给出 pip 常用的一些命令。

用 pip 安装 wordcloud 包的命令：pip install wordcloud。运行结果如图 2-24 所示。

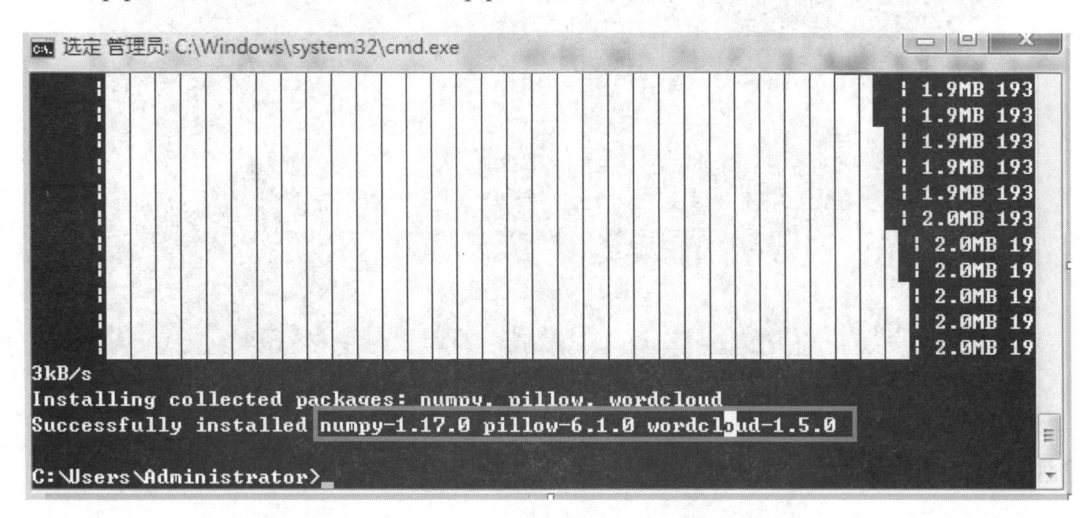

图 2-24　pip 安装 wordcloud 包

在安装包的过程中如果需要额外的依赖包的话，pip 会自动帮我们下载相关的依赖包。例如在我们安装 wordcloud 包的时候，因为 wordcloud 包依赖 numpy、pillow，所以在安装 wordcloud 包的时候会下载这两个依赖包。

表 2-1 列出了 pip 常用命令。

表 2-1　pip 常用命令

命　　令	功 能 描 述
pip-V，注意这里的 V 是大写字母	查看当前 pip 版本号
pip list	查看当前安装了哪些包
pip list --outdated	查看哪些软件需要更新
pip show --files 包名 或者 pip show 包名	查看具体安装文件
pip install 包名 pip install 包名=版本号 pip install "包名>=版本号"	安装最新版本的包 安装指定版本的包 安装包的最低版本
pip install --upgrade 包名	升级安装包
pip uninstall 包名	卸载安装包

如果需要更多的功能，可以通过 pip --help 命令来获取该命令相关的帮助提示，如图 2-25 所示为 pip 的 help 命令。

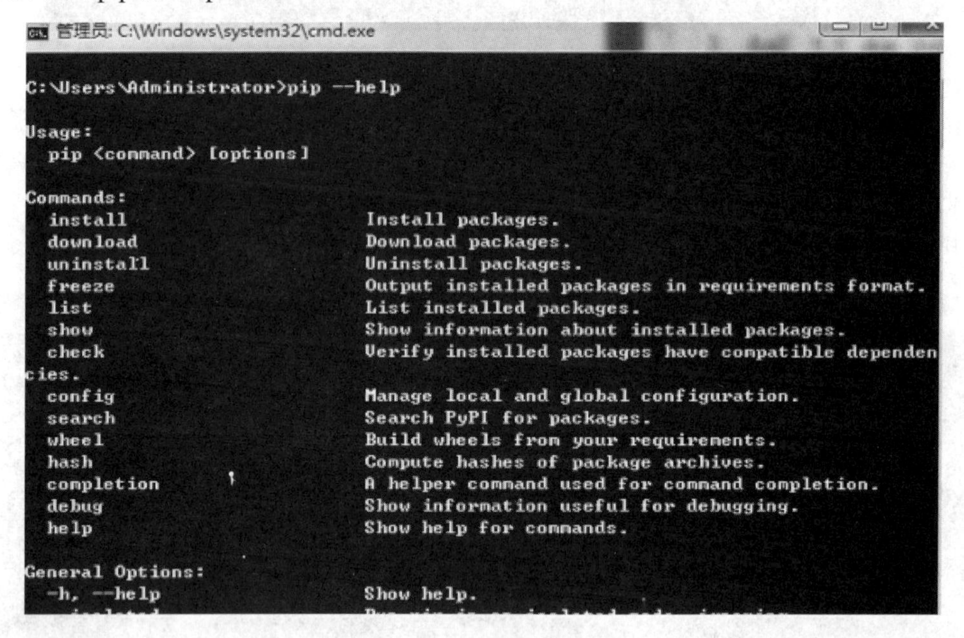

图 2-25　pip 的 help 命令

2.3.2　conda 和 Anaconda

conda 是一个开源的软件包管理器(软件包管理器是自动进行软件安装、更新、卸载的一种工具)和环境管理器，适用于 Linux、Mac 和 Windows 系统，最初是设计用来管理任何语言的包，是一个通用的包管理器。但是 conda 在管理 Python 包和环境方面比较流行，这就经常给人们以 conda 只能用来管理 Python 包和环境的错觉。

conda 的核心功能是包管理与环境管理，其中包管理与 pip 的功能类似，环境管理则允许用户方便地创建不同的 Python 环境，并可以在不同的环境之间进行快速的切换。

conda 和 pip 并不是直接的竞争关系，conda 和 pip 目标并不相同。pip 可以允许在任何环境中安装 Python 包，而 conda 允许在 conda 环境中安装任何语言包(包括 C、Java 或者 Python)。即使仅仅考虑 Python 包的安装这一方面的功能，conda 和 pip 也是针对不同的用户和不同的目标的：如果要在已有的系统快速管理 Python 包，则应该选择 pip，因为 pip 鼓励在任何环境中使用，而 conda 应该在建好的 conda 环境中使用。如果让许多依赖库一起很好地工作(比如数据分析中的 NumPy、SciPy、Matplotlib 等)，那么就应该使用 conda，因为 conda 可以很好的整合包之间的互相依赖。

一般情况下都是在 minconda 或 Anaconda 中安装 conda 的。但是 conda 和 minconda 或 Anaconda 没有必然关系，完全可以在没有安装 minconda 或 Anaconda 的情况下，使用 pip install conda 来直接下载安装 conda，使用 conda 安装和管理软件。

因为 Anaconda 简单易用并且已集成了很多数据挖掘和机器学习相关的第三方库，是一个流行的包管理环境，所以我们以 Anaconda 为平台来介绍 conda 的使用。

使用 Python 写任何项目，都不可避免的需要使用很多第三方包，每个项目使用的第三方包都不尽相同(包的类别和包的版本)，如果所有的项目都使用同一个环境的话，那么就会出现很多包冲突、不清楚每个项目需要的包有哪些以及多个项目之间不能很好地隔离等一系列问题，解决这一系列问题的方法就是使用 Python 的虚拟环境。在 Anaconda 中管理虚拟环境需要进入到 Anaconda Prompt 中进行操作，常用的一些操作介绍如下。

1. 查看系统中的所有环境

查看系统中的所有环境命令：conda env list，如图 2-26 所示。

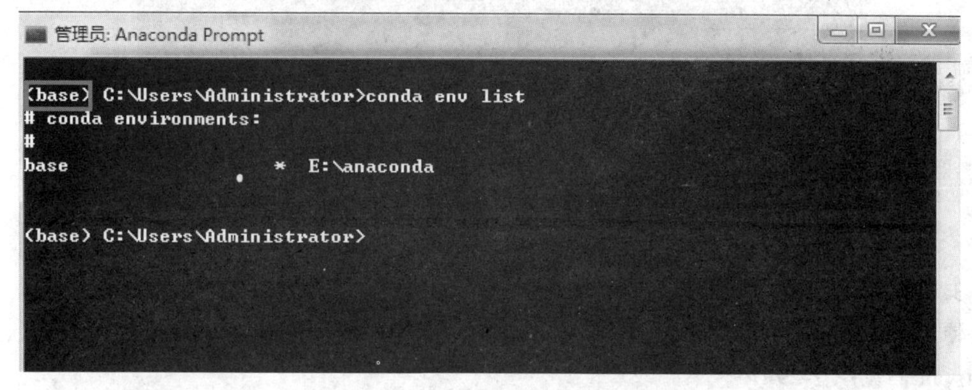

图 2-26　查看系统中的所有环境

注意：base 是指当前所在的环境是 base 环境，也就是基础环境。

2. 创建虚拟环境

使用 -n/--name 指定环境名称，可以在创建环境的同时安装包。由于 conda 将 Python 也作为包，所以可以像其他包一样安装。

创建一个名为 Python36 的环境，指定 Python 版本是 3.6，创建一个名为 Python27 的环境，指定 Python 版本是 2.7。(不用管是 3.6.x/2.7.x，conda 会为我们自动寻找 3.6.x/2.7.x 中的最新版本)命令如下：

conda create --name Python36 Python=3.6

conda create --name Python27 Python=2.7

结果如图 2-27 所示。

```
管理员: Anaconda Prompt
(base) C:\Users\Administrator>conda create --name python36 python=3.6
Collecting package metadata: done
Solving environment: done

==> WARNING: A newer version of conda exists. <==
  current version: 4.6.7
  latest version: 4.7.10

Please update conda by running

    $ conda update -n base -c defaults conda


## Package Plan ##

  environment location: E:\anaconda\envs\python36

  added / updated specs:
    - python=3.6


The following packages will be downloaded:
```

图 2-27 创建名为 Python36 的环境

使用 conda env list 查看系统中的所有环境，可以看到我们刚刚创建好的 Python36 和 Python27 环境，结果如图 2-28 所示。

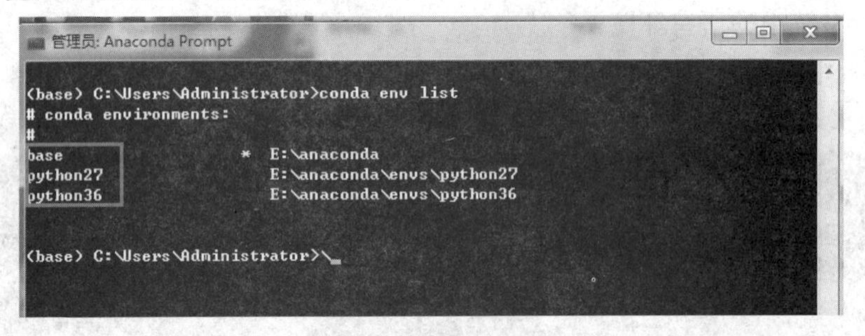

图 2-28 验证新创建的环境成功

3. 激活某个环境

使用 activate 激活某个环境命令为 activate Python36，返回默认的 base 环境命令为 conda deactivate，见图 2-29 所示。

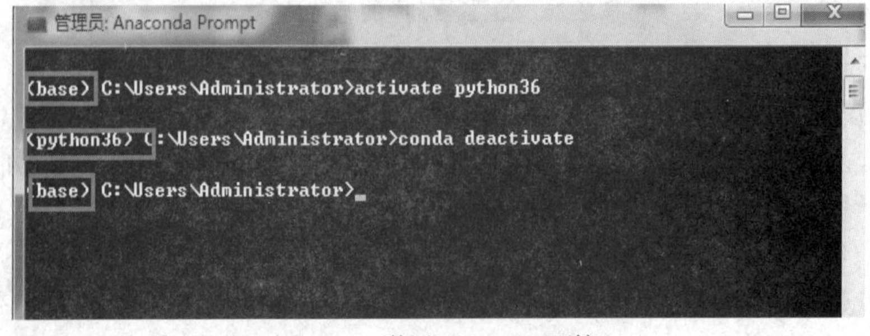

图 2-29 激活 Python36 环境

使用 activate Python36 命令之后，base 环境就进入到了 Python36 环境，而使用 conda deactivate 命令就可以退出 Python36 环境，之后就又可返回到例如 base 环境了。

4. 删除一个已有的环境

删除一个已有的环境命令: conda remove --name Python27 --all，如图 2-30 和图 2-31 所示。

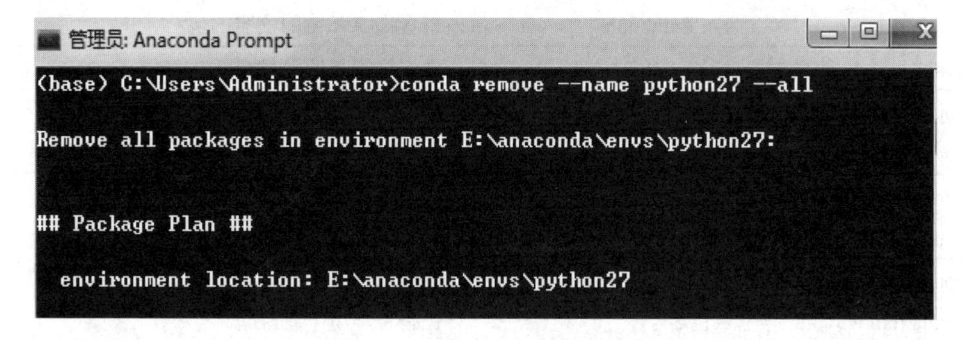

图 2-30　删除 Python27 环境

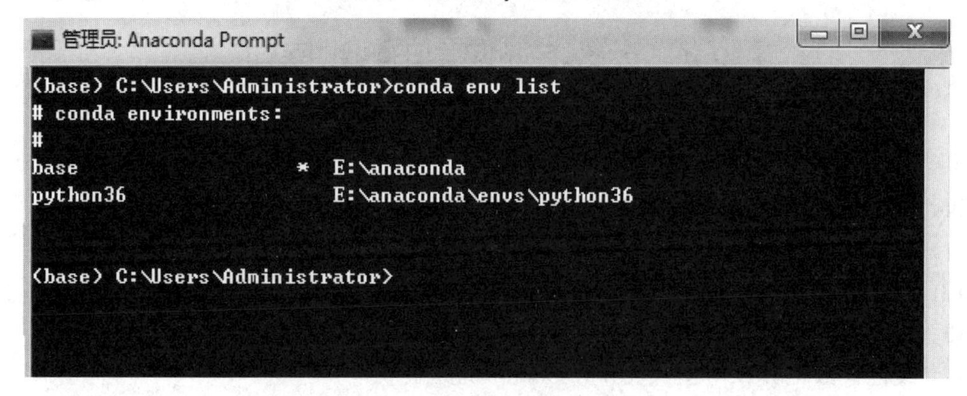

图 2-31　验证删除 Python27 环境是否成功

创建好环境之后，就可以激活环境并在环境中进行包的管理，即各种包的安装、卸载、升级。因为 conda 进行包管理的命令多且简单，这里也仅演示一下如何在前面建好的 Python36 环境中安装包，包的卸载、升级操作是类似的，在其他环境中的包管理操作和 Python36 是一模一样的，这里不再额外进行讲解。

激活 Python36 环境，然后在 Python36 的环境中安装 numpy 包，如图 2-32 所示。

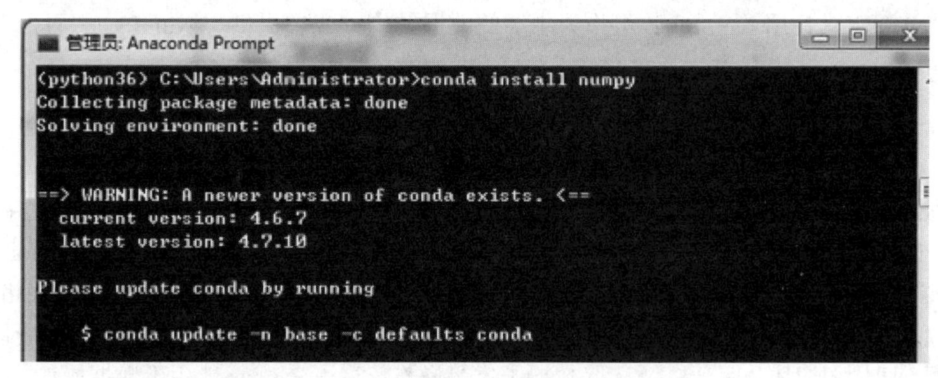

图 2-32　Python36 环境 conda 安装 numpy 包

表 2-2 列出了常用的 conda 命令。

表 2-2　conda 常用的命令

命　令	功能描述
conda list conda list -n 环境名(例如 Python36)	查看当前环境下安装的包 查看指定环境的安装的包
conda search 包名	搜索可安装的包信息
conda install 包名 conda install -n 环境名包名	在当前环境下安装包 在指定环境下安装包
conda update 包名 conda update -n 环境名包名	在当前环境下更新包 在指定环境下更新包
conda remove 包名 conda remove -n 环境名包名	在当前环境下删除包 在指定环境下删除包

2.4　大数据处理常用的扩展包

2.4.1　NumPy

NumPy(Numerical Python)是 Python 科学计算的基础包。它提供了以下功能：

(1) 快速高效的多维数组对象 ndarray。

(2) 用于对数组执行元素级计算以及直接对数组执行数学运算的函数。

(3) 用于读写硬盘上基于数组的数据集的工具。

(4) 线性代数运算、傅里叶变换，以及随机数生成。

(5) 提供了成熟的 C API，用于 Python 插件和原生 C、C++、Fortran 代码访问 NumPy 的数据结构和计算工具。

除了为 Python 提供快速的数组处理能力外，NumPy 在数据分析方面还有另外一个主要作用，即作为在算法和库之间传递数据的容器。对于数值型数据，NumPy 数组在存储和处理数据时要比内置的 Python 数据结构高效得多。此外，由低级语言(比如 C 和 Fortran)编写的库可以直接操作 NumPy 数组中的数据，无需进行任何数据复制工作。因此，许多 Python 的数值计算工具使用 NumPy 数组作为主要的数据结构，或者提供与 NumPy 进行无缝交互操作的接口。

2.4.2　Pandas

Pandas 提供了能够快捷处理结构化数据的大量数据结构和函数。Pandas 这个名字源于 panel data(面板数据，这是多维结构化数据集在计量经济学中的术语)以及 Python data analysis (Python 数据分析)。Pandas 兼具 NumPy 高性能的数组计算功能以及电子表格和关系型数据库(如 SQL)灵活的数据处理功能，提供了复杂精细的索引功能，能更加便捷地完成重塑、切片和切块、聚合以及选取数据子集等操作，并且 Pandas 能用于数据操作、准备、清洗等数据分析的重要环节。Pandas 这些突出的优点使得 Python 成为强大而高效的数据分

析环境。它提供的主要功能包括:

(1) 有标签轴的数据结构，支持自动或清晰的数据对齐。这可以防止由于数据不对齐，或处理来源不同的索引不同的数据，所造成的错误。

(2) 集成时间序列功能。

(3) 相同的数据结构用于处理时间序列数据和非时间序列数据。

(4) 保存元数据的算术运算和压缩。

(5) 灵活处理缺失数据。

(6) 合并和其他流行数据库(例如基于 SQL 的数据库)的关系操作。

Pandas 最主要的数据对象是 DataFrame 和 Series。DataFrame 是一个面向列(column-oriented)的二维表结构，Series 是一个一维的标签化数组对象。对于使用 R 语言进行统计计算的用户，肯定不会对 DataFrame 这个名字感到陌生，因为它源自于 R 的 data.frame 对象。

2.4.3 Matplotlib

Matplotlib 是最流行的用于绘制图表和其他二维数据可视化的 Python 库。它最初由 John D.Hunter(JDH)创建，目前由一个庞大的开发团队维护。它非常适合创建出版物上用的图表。虽然还有其他的 Python 可视化库，但 Matplotlib 却是使用最广泛的，并且它和其他生态工具配合得也非常完美。Matplotlib 提供以下功能:

(1) 绘制折线图、条形图、饼图。

(2) 显示图片，绘制动画。

(3) 显示多种数据标签。

(4) 设置坐标轴、辅助坐标轴、图例等。

(5) 创建子图同时显示多组图表。

Matplotlib 是受 Matlab 的启发构建的。Matlab 是数据绘图领域广泛使用的语言和工具。Matlab 语言是面向过程的，利用函数的调用，Matlab 中可以轻松地利用一行命令来绘制直线，然后再用一系列的函数调整结果。Matplotlib 提供了一套完全仿照 Matlab 的函数形式的绘图接口，这些接口都在 matplotlib.pyplot 模块中。Matplotlib 包提供了非常灵活，可深度定制的绘图功能。在其官网上提供了数百个绘制图表的例子。

2.4.4 SciPy

SciPy 是一组专门解决科学计算中各种标准问题域的包的集合，主要包括下面这些包:

(1) scipy.integrate：数值积分例程和微分方程求解器。

(2) scipy.linalg：扩展了由 numpy.linalg 提供的线性代数例程和矩阵分解功能。

(3) scipy.optimize：函数优化器(最小化器)以及根查找算法。

(4) scipy.signal：信号处理工具。

(5) scipy.sparse：稀疏矩阵和稀疏线性系统求解器。

(6) scipy.special：SPECFUN(这是一个实现了许多常用数学函数(如伽玛函数)的 Fortran 库)的包装器。

(7) scipy.stats：标准连续和离散概率分布(如密度函数、采样器、连续分布函数等)、各种统计检验方法，以及更好的描述统计法。

NumPy 和 SciPy 结合使用，便形成了一个相当完备和成熟的计算平台，可以处理多种传统的科学计算问题。

2.4.5 scikit-learn

自 2010 年诞生以来，scikit-learn 成为了 Python 的通用机器学习工具包。经过了多年的发展，汇聚了全世界超过 1500 名贡献者。它的子模块包括：

(1) 分类：SVM、近邻、随机森林、逻辑回归等。

(2) 回归：Lasso、岭回归等。

(3) 聚类：k-均值、谱聚类等。

(4) 降维：PCA、特征选择、矩阵分解等。

(5) 选型：网格搜索、交叉验证、度量。

(6) 预处理：特征提取、标准化。

与 Pandas、statsmodels 和 IPython 一起，scikit-learn 对于 Python 成为高效数据科学编程语言起到了关键作用。

练 习 题

1. 在安装 Python 的时候添加 Python 到系统环境变量 Path 是必须的吗？其作用是什么？

2. 请简述本文介绍的三种集成开发环境的特点。

3. 请阐述什么是 pip，pip 的作用，及使用 pip 安装 NumPy 的命令。

4. 请简述 conda 与 pip 的关系。

5. 请列举大数据常用的扩展包及其作用。

第3章　大数据获取

获取数据是大数据处理的基础。有些数据可以通过 API 调用获得，但是大部分数据需要开发者自行采集。由于互联网上可以获取丰富的数据，所以从互联网获取数据是大数据获取的一种重要手段。本章首先介绍如何利用 Python 爬虫库从网页中抓取数据，然后介绍如何利用解析库对抓取到的网页进行解析，最后介绍了 Python 的爬虫框架。

本章重点、难点和需要掌握的内容：

- 了解爬虫的结构和主要功能；
- 了解网页请求的过程、请求与响应的概念以及网页的基本组成；
- 掌握利用 urllib、requests、selenium 进行网页的获取方法；
- 掌握利用正则表达式、XPath 和 BeautifulSoup 提取网页数据的方法；
- 了解 Scrapy 爬虫项目的创建以及 Scrapy 项目的结构。

3.1　如何获取数据

数据是大数据处理的基础，获取数据是数据处理和分析的第一步。互联网上已有很多数据集可用于大数据相关处理技术的学习和竞赛，如国外的 Kaggle[①]、国内的天池[②]。现在也有一些特定领域的数据集，如图像识别[③]、金融数据[④]等。

以阿里云的天池为例，它是一个大数据竞赛平台，用户可以在该平台上获取各种各样的数据集。天池上的数据集总体上分为官方数据集和公共数据集两种，官方数据集是由阿里官方收集的真实企业的经过脱敏之后的数据集，面向全世界征求最优算法；公共数据集主要是用户自己上传的数据集。这两部分数据集都可以用来做数据分析和学习。官方数据集这种方式将企业的需求面向所有的数据科学家进行悬赏，提出最优方案的团队将获得悬赏。

但是对于一些特定的问题，互联网上可能没有现成的数据集。如针对下面的问题，需要自行从互联网获取数据。

- 北京市在售二手房每月价格变化趋势。

---

① https://www.kaggle.com/。

② https://tianchi.aliyun.com/。

③ http://www.image-net.org/。

④ http://tushare.org/。

• 全国高校在河南省历年招生的人数。
• 哪种类型的电影更受 20～30 岁的人喜爱。

有些数据可从官方获取，如从房屋管理局可获得二手房成交的笔数和价格。在理想情况下，官方会提供查询的 API，我们可以通过调用 API 获取数据。但是大多数情况下，这些数据不提供查询功能，甚至无法从单一网站获取完整数据。针对这些特定的问题，需要从互联网采集相应的数据。

本章介绍如何通过爬虫技术从互联网上获取数据。对于一个具体的问题，首先要做的事情是找到哪里可以获取数据。在找到对应的网站后，为了获取完整的数据，需要掌握以下技术：

(1) 获取包含数据的页面。

(2) 从页面中提取数据和链接。

如果将互联网比作一张大网，则爬虫就像是在网上爬行的蜘蛛。把每个页面比作是一个个节点，网络爬虫访问了该页面并获取了信息就相当于爬过了该节点。简单来讲，爬虫就是一段自动抓取互联网信息的程序，从互联网抓取特定的信息。本章介绍的爬虫是定向网页的抓取与解析，需抓取和分析的网页相对确定。与之相对的是非特定网站的爬取，如谷歌、百度等搜索引擎就是对互联网上所有的网站进行爬取和分析。

爬虫主要由四个模块组成，包括爬虫调度器、URL 管理器(URL 队列)、HTML 下载器和 HTML 解析器，各个模块间的关系如图 3-1 所示。爬虫调度器负责从 URL 管理器中取出需下载的 URL，并启动 HTML 下载器。HTML 下载器访问对应的 URL 并将获取的内容存在本地或直接传给 HTML 解析器处理。HTML 解析器分析获取的 HTML 文件内容，从中提取数据存入本地文件系统或数据库中，并且从中提取需抓取的其他数据的 URL 放入 URL 管理器中。

HTML 下载和 HTML 解析是爬虫设计的核心。在 Python 中有多个库提供了 HTML 下载的功能，如 urllib、requests 等。对于需要异步获取数据的网站，也可以通过 selenium 技术模拟用户点击获取页面。对于 HTML 解析，可以通过正则表达式直接获取数据和 URL，也可以通过 Beautiful Soup、lxml 等库解析 HTML 的结构并获取数据。另外，Python 也有爬虫框架 Scrapy。

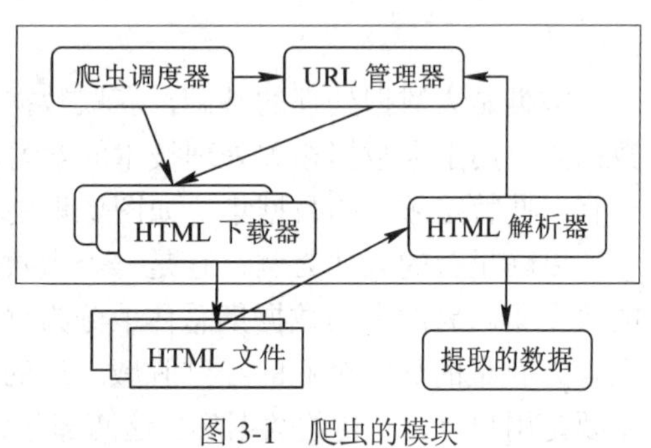

图 3-1　爬虫的模块

3.2　HTML 的基础知识

3.2.1　HTML 页面的获取与显示

在学习使用 Python 程序获取网页之前，我们首先分析一下浏览器是如何获取和显示网页的。

浏览器和服务器之间采用的是 HTTP(Hyper Text Transfer Protocol)协议传输网页(传输的内容不局限于文本、图片、音频和各种 JavaScript 程序片段)，传输的过程如图 3-2 所示，具体步骤是：我们在浏览器中输入一个 URL 后，浏览器会向服务器请求对应的网页；浏览器收到网页信息处理并解析后，找到其中引用的图片、程序片段等并再次向服务器发出请求；在经过多次请求获取了对应网页的所有信息后，浏览器对网页进行解析，根据预定的格式显示网页内容。

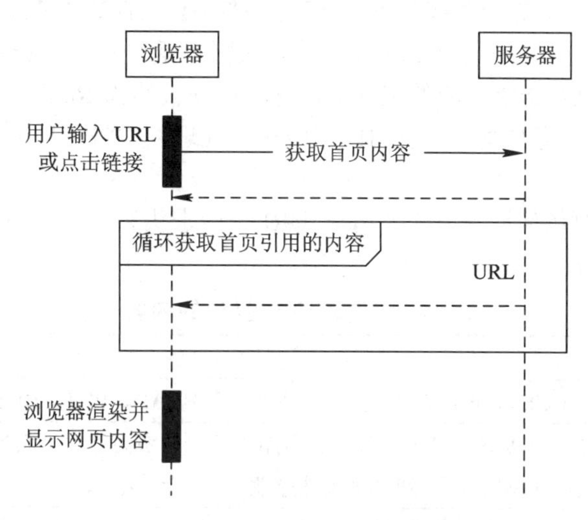

图 3-2　浏览器传输网页的过程

在这个传输的过程中可以通过浏览器的开发者工具观察网络通信的过程。以火狐浏览器为例，选择开发者工具后，在浏览器下方会出现开发者工具的选项。选中网络后，在地址栏输入百度的网址，在网络选项卡中可以看到浏览器会发出几十条请求，第一条是 HTML 文件，是百度的首页，其他的包括 CSS 样式表，png 或 jpeg 的图片，以及 JavaScript 脚本文件。访问百度的网络请求过程如图 3-3 所示。

查看器　控制台　调试器　样式编辑器　性能　内存　网络　存储　无障碍环境

过滤 URL

状态	方...	域名	文件	触发源头	类型	传输	大小
200	GET	www.baidu.com	/	document	html	60.66 KB	249.01 KB
200	GET	ss0.bdstatic.com	super_min_353cb37f.css	stylesheet	css	5.97 KB	24.94 KB
200	GET	ss0.bdstatic.com	card_min_dee38e45.css	stylesheet	css	7.81 KB	50.84 KB
200	GET	pics3.baidu.com	6a63f6246b600c33f363af...	img	png	16.15 KB	15.75 KB
200	GET	pics6.baidu.com	cf1b9d16fdfaaf510f82b6...	img	png	18.48 KB	18.09 KB
200	GET	pics2.baidu.com	4ec2d5628535e5dd8e2f1...	img	png	52.80 KB	52.40 KB
200	GET	pics5.baidu.com	9f510fb30f2442a7988461...	img	jpeg	8.51 KB	8.10 KB
200	GET	pics7.baidu.com	d1a20cf431adcbeff287ef...	img	jpeg	6.41 KB	6.02 KB
200	GET	pics0.baidu.com	10dfa9ec8a1363270e838...	img	jpeg	6.83 KB	6.43 KB
200	GET	pics7.baidu.com	a8ec8a13632762d000297...	img	jpeg	9.10 KB	8.70 KB
200	GET	www.baidu.com	bd_logo1.png?where=su...	img	png	8 KB	7.69 KB
200	GET	www.baidu.com	bd_logo1.png?qua=high...	img	png	8 KB	7.69 KB
200	GET	ss0.bdstatic.com	logo_top_86d58ae1.png	img	png	3.22 KB	2.84 KB

64 个请求　已传输 955.48 KB / 389.07 KB　完成：2.78 秒　DOMContentLoaded: 1.14 秒　load: 1.92 秒

图 3-3　火狐浏览器开发者模式查看百度首页的网络请求过程

开发者工具中的网络工具详细展示了浏览器和服务器之间的交互过程。从列表中可以看到访问的状态、访问方式、访问域名和文件，以及文件的类型、大小、传输时间等信息。

3.2.2 单次请求与响应

从 3.2.1 节的内容可以看出，即使显示一个简单的页面，也可能涉及大量的请求。包含数据的请求可能只有其中的一条或多条，一般是 HTML 文件或 JSON 格式的数据文件。

单个文件的获取是发起请求(Request)，并获取服务器响应(Response)的过程。浏览器将包括 URL 在内的信息发送给对应的服务器，这个电文被称为 Request。服务器收到浏览器发送的消息后，根据浏览器发送消息的内容做相应处理，并将结果发送给浏览器，这个电文被称为 Response。

Request 电文主要包括请求方式、请求 URL、请求头和请求体四个部分。请求电文包含的内容如图 3-1 所示。

表 3-1 请求电文包含的内容

请求电文	包含的内容
请求方式	常见的有 GET、POST 两种类型，另外还有 HEAD、PUT、DELETE、OPTIONS 等
请求 URL	URL 的全名是统一资源定位符。网络上的一切资源都位于服务器的某一个位置，而 URL 就是通知浏览器去哪里获取这些资源
请求头	请求头(header)就是告诉服务器浏览器的版本、主机位置、缓存等，包括但不限于 User-gaget、Host、Cookies 等信息。服务器有时会检查请求头的内容，拒绝爬虫的访问等。通常需要在访问时添加请求头信息，保证请求合法
请求体	请求时包含的额外数据，如 POST 请求需要输入的表单数据，一般用于登录、表单提交等

从服务器获取网页的请求方式通常为 GET 和 POST。GET 方式一般用于获取或者查询资源信息，一般不需要传入复杂的参数，响应速度快。如需传递参数一般会在 URL 后追加形如“?param1=value1¶m2=value2”的内容。POST 方式可以在请求体中增加自定义的参数，并给出具体的值，这种方式常用于网站登录和表单提交等场景。

浏览器向服务器发出请求后，服务器就会返回一个响应电文(Response)。响应电文包含的内容如表 3-2 所示。

表 3-2 响应电文包含的内容

响应电文	包含的内容
响应状态	用于表示请求的结果，如 200 代表成功，404 代表找不到页面，502 代表服务器错误等
响应头	如内容类型、内容长度、服务器信息、设置 Cookie 等
响应体	其实就是网页源代码，也就是用于解析数据的部分

在开始编程获取网页信息前，需要先确定数据在哪些请求对应的响应数据中，这些请求发送的类型以及发送时包含的参数等。这些信息仍然需要通过浏览器的开发者工具获取。从图 3-3 可以看出每个 URL 对应的请求类型和返回状态。在点击某一条请求后，窗口右侧

会显示这个请求的消息头、参数等信息，也会显示出服务器的响应。图 3-4 和图 3-5 分别展示了访问百度首页的请求与响应。从请求来看，火狐浏览器增加了很多请求头，请求的方法是 GET。从响应来看，返回的状态为 200，返回的内容是一个 HTML 文件。这里如采用预览方式查看 HTML 文件会发现其中的图片、格式都不能正常显示，因为此时图片和式样表还没有获取到。如采用同样的方法监测登录百度或其他网站的过程，则会看到采用了 POST 方法，并且在参数中向服务器发送了用户名和加密后的密码。

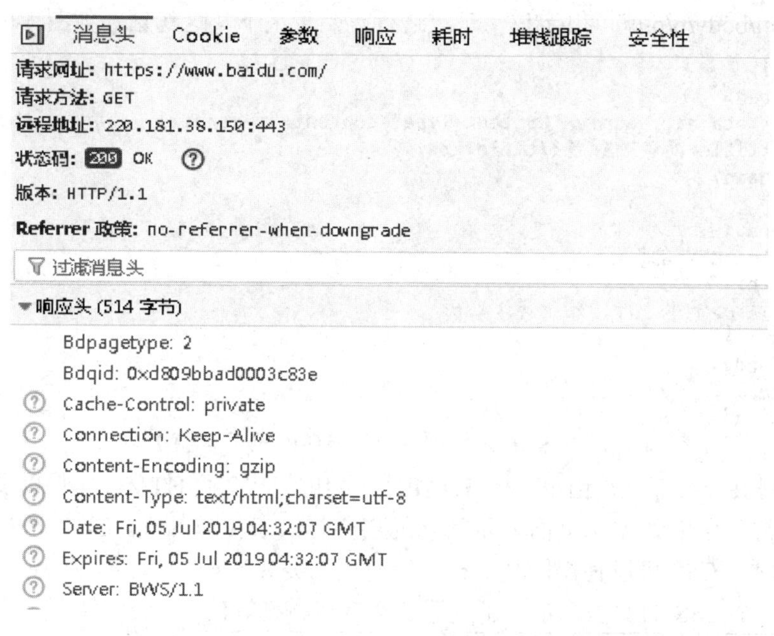

图 3-4　火狐浏览器开发者模式查看百度首页的请求

消息头　Cookie　参数　响应　耗时　堆栈跟踪　安全性

▶ 预览

▼ 响应载荷 (payload)

```
<!Doctype html><html xmlns=http://www.w3.org/1999/xhtml><head>    <meta http-equiv=Cor
#u_sp .user-photo img{width:30px;height:30px;outline:none}#wrapper{height:100%}#head_
.s-ps-sug td h3{line-height:14px;margin:6px 0 4px 0;font-size:12px;font-weight:normal

window.sysTime=1562301127;
_manCard = {
        asynJs : [],
        asynLoad : function(id){
                _manCard.asynJs.push(id);
        }
};
</script><script>(function(){var hashMatch=document.location.href.match(/#+(.*wd=[^&]
&lt;style data-for=&quot;result&quot; type=&quot;text/css&quot; &gt;body{color:#333;b
</textarea><textarea id="s_index_off_css" style="display:none;">
&lt;style data-for="s_indexoff"&gt;
#head>*{display:none;}
#head .s-isindex-wrap{display:none;}
#nv{display: none !important;}
body #s_tab,body #wrapper_wrapper,body #u,body #result_logo{display:block;}
body #wrapper,body #head,#head #head_wrapper,body #s_fm,body #s_form_wrapper,body #fc
body #result_logo,#u *,#head .bdsug ul li b{display: inline;}
body #s_tab *,body #s_kw_wrap,body #kw,body #su,body #s_btn_wr,body #about_is,#u .c-i
#head .bdsug ul li{display: list-item;}
```

图 3-5　火狐浏览器开发者模式查看百度首页的响应

3.2.3 HTML 网页内容和结构

HTML(Hyper Text Markup Language)即超文本标记语言，描述了网页的结构。网页中使用由“<”和“>”括起来的关键字表示标签，并且标签是成对存在的。规范的 HTML 网页是一个完整的树形结构，最外层是<html>标签，内部的<head>和<body>分别表示标题部分和网页显示的部分。我们可以通过分析网页的结构来定位元素或数据，如使用 XPath 的路径表达式/html/body/b/p 就可以定位“千里之行，始于足下”这句话，如图 3-6 所示。

```
1  <html>
2    <head>
3      <meta http-equiv="Content-Type" content="text/html; charset=gb2312" />
4      <title>简单的标题</title>
5    </head>
6
7    <body>
8      一个HTML的例子
9      <b>
10       <p>千里之行，始于足下</p>
11     </b>
12   </body>
13 </html>
```

图 3-6　一个简单的 HTML 例子

现在的网页一般都不是由单一的 HTML 文件组成。除了 HTML 文件以及其中引用的图片外，通常还会用到控制页面显示状态的层叠样式表(Cascading Style Sheets，CSS)和 JavaScript 脚本。CSS 可以使得网页的样式变得更加美观。

下面是一个 CSS 的例子，定义了位置、宽度和高度等信息。

```
#head {
position: relative;
height: 100%;
width: 100%;
min-height: 768px;
cursor: default;
}
```

CSS 也可以用于数据的提取和定位，采用 CSS 选择器 body > b:nth-child(1) > p:nth-child(1)同样可以定位到“千里之行，始于足下”这句话。CSS 选择器相关的语法可以参考 http://www.w3school.com.cn/cssref/css_selectors.asp。

JavaScript(简称 JS)是一种脚本语言。网页中各种交互的内容和各种特效一般都是通过 JavaScript 实现的。JavaScript 代码通常以单独的文件形式加载，后缀为.js，在 HTML 中通过 script 标签即可引入，例如：

```
<script src="jquery-2.1.0.js"></script>
```

AJAX(Asynchronous JavaScript and XML)是一种利用 JavaScript 异步更新网页数据的技术。它可以在不重新加载整个页面的情况下与服务器交换数据并更新部分网页内容。AJAX 不需要任何浏览器插件，但需要用户允许 JavaScript 在浏览器上执行。单独抓取一个 HTML

网页并保存，其内容可能未包含动态获取的数据。在实际运用过程中，需要解析 JavaScript 脚本获取数据请求的 URL，或者模拟浏览器的行为运行 JavaScript 程序获得数据后再解析。下面来看一个简单的 AJAX 实例，该实例创建一个简单的 XMLHttpRequest，并从一个 TXT 文件中返回数据。

```
<!DOCTYPE html>
<html>
<head>
<meta charset="utf-8">
<script>
function loadXMLDoc()
{
    var xmlhttp;
    if (window.XMLHttpRequest)
    {
        //  IE7+, Firefox, Chrome, Opera, Safari 浏览器执行代码
        xmlhttp=new XMLHttpRequest();
    }
    else
    {
        // IE6, IE5 浏览器执行代码
        xmlhttp=new ActiveXObject("Microsoft.XMLHTTP");
    }
    xmlhttp.onreadystatechange=function()
    {
        if (xmlhttp.readyState==4 && xmlhttp.status==200)
        {
            document.getElementById("myDiv").innerHTML=xmlhttp.responseText;
        }
    }
     // /try/ajax/ajax_info.txt 是位于同级目录下的一个文档
    xmlhttp.open("GET","/try/ajax/ajax_info.txt",true);
    xmlhttp.send();
}
</script>
</head>
<body>
<div id="myDiv"><h2>使用 AJAX 修改该文本内容</h2></div>
<button type="button" onclick="loadXMLDoc()">修改内容</button>
</body>
</html>
```

当打开该 HTML 文件时，会在浏览器中看到如图 3-7 所示的界面。

使用 AJAX 修改该文本内容

修改内容

图 3-7 程序运行前结果

当点击图 3-7 中的“修改内容”按钮时，将会出现如图 3-8 所示的界面。

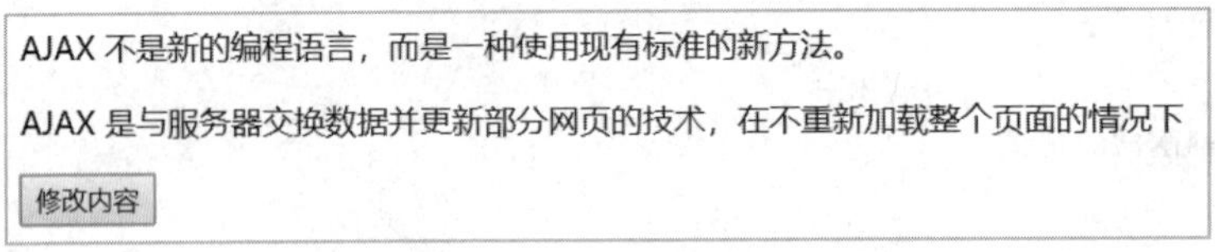

AJAX 不是新的编程语言，而是一种使用现有标准的新方法。

AJAX 是与服务器交换数据并更新部分网页的技术，在不重新加载整个页面的情况下

修改内容

图 3-8 程序运行后结果

3.3 HTML 页面的解析

HTML 解析的目的是从页面中获取数据和 URL 列表。可以用正则表达式提取网页的信息，但是构造正则表达式比较复杂且容易出错。由于规范的 HTML 页面中的标签具有层次关系，因此也可以通过网页节点属性、CSS 选择器或 XPath 来提取网页信息。Python 中的 BeautifulSoup、Pyquery 和 lxml 等库都可以提取网页信息。

本节介绍 Python 中常见的几种从 HTML 页面中获取数据和链接的方法。本节的页面解析例子程序都是打开一个本地的 HTML 页面，并且进行解析。在实际应用中，可以从浏览器保存页面到本地，然后开始页面内容的解析。

3.3.1 使用正则表达式提取信息

文本编辑器都有查找功能，比如在一个文本文件中查找“Python”，可以找到所有含有 Python 的句子。这是一种精确查找的例子，而正则表达式提供了一种模式匹配的查找方式。

正则表达式(regular expression)描述了一种字符串匹配的模式(pattern)。它可以用于以下目的：

- 检查一个字符串是否含有某种子串；
- 将匹配的子串替换成新的内容；
- 从某个字符串中取出符合条件的子串；
- 检查字符串是否符合某种规范。

正则表达式是由普通字符(例如字符 a～z)、转义符以及特殊字符(称为元字符)组成的文字模式。模式描述在搜索文本时要匹配一个或多个字符串。正则表达式作为一个模板，将某个字符模式与所搜索的字符串进行匹配。正则表达式可以通过元字符与运算符将小的正则表达式结合创建更大的表达式。正则表达式的组件可以是单个字符、字符集合、字符范围、字符间的选择或者所有这些组件的任意组合。

设想以下的场景，如在文本文件中找到所有的数字、新中国成立以来的年份、实数，甚至是小于 200 的所有正整数，这些都可以通过正则表示式来匹配。

1. 普通字符

普通字符包括没有显式指定为元字符的所有可打印和不可打印字符，包括所有大写和小写字母、所有数字、所有标点符号和一些其他符号。

2. 转义符

非打印字符也可以是正则表达式的组成部分。表 3-3 列出了部分表示非打印字符的转义符。

表 3-3　部分表示非打印字符的转义符

字符	描　述
\n	匹配一个换行符
\s	匹配任何空白字符，包括空格、制表符、换页符等，等价于 [\f\n\r\t\v]。注意 Unicode 正则表达式会匹配全角空格符
\S	匹配任何非空白字符
\t	匹配一个制表符
\{	匹配{。除此之外，小括号、中括号的匹配也需要转义符

3. 特殊字符

特殊字符是一些有特殊意义的字符，比如在正则表达式中使用“*”，并不是表示要查找“*”这个字符，而是代表任何字符串。而如果需要查找“*”这个字符，则需要在其前面加上\，使用*匹配*字符。

许多元字符要求在试图匹配它们时特别对待。若要匹配这些特殊字符，必须首先使字符转义，即将反斜杠字符“\”放在它们前面。表 3-4 列出了正则表达式中的特殊字符。

表 3-4　正则表达式中的特殊字符

<table>
<tr><th>字符</th><th>描　述</th></tr>
<tr><td>\</td><td>将下一个字符标记为或特殊字符、或原义字符、或向后引用、或八进制转义符。例如：'n' 匹配字符 'n'，'\n' 匹配换行符，'\\' 匹配 "\"，'\(' 匹配 "("</td></tr>
<tr><td>()</td><td>标记一个子表达式的开始和结束位置。子表达式可以获取供以后使用</td></tr>
<tr><td>*</td><td>匹配前面的子表达式零次或多次</td></tr>
<tr><td>+</td><td>匹配前面的子表达式一次或多次</td></tr>
<tr><td>?</td><td>匹配前面的子表达式零次或一次，或指明一个非贪婪限定符</td></tr>
<tr><td>.</td><td>匹配除换行符 \n 之外的任何单字符</td></tr>
<tr><td>[</td><td>标记一个中括号表达式的开始</td></tr>
<tr><td>{</td><td>标记限定符表达式的开始。要匹配 {，则使用 \{</td></tr>
<tr><td>|</td><td>指明两项之间的一个选择。要匹配 |，则使用 \|</td></tr>
<tr><td>$</td><td>匹配输入字符串的结尾位置。如果设置了 RegExp 对象的 Multiline 属性，则 $ 也匹配 '\n' 或 '\r'。要匹配 $ 字符本身，则使用 \$</td></tr>
<tr><td>^</td><td>匹配输入字符串的开始位置。但是当它在方括号表达式中使用时，表示不接受该字符集合。要匹配 ^ 字符本身，则使用 \^</td></tr>
</table>

4．限定符

限定符用来指定正则表达式的一个给定组件必须要出现多少次才能满足匹配。有*、+、?、{n}、{n,}、{n, m} 共 6 种。正则表达式的限定符如表 3-5 所示。

表 3-5 正则表达式的限定符

字符	描　述
*	匹配前面的子表达式零次或多次。例如，zo* 能匹配 "z" 以及 "zoo"。* 等价于{0,}
+	匹配前面的子表达式一次或多次。例如，'zo+' 能匹配 "zo" 以及 "zoo"，但不能匹配 "z"。+ 等价于{1,}
?	匹配前面的子表达式零次或一次。例如，"do(es)?" 可以匹配 "do" 、"does" 中的 "does"，"doxy" 中的 "do"。? 等价于{0,1}
{n}	n 是一个非负整数，匹配确定的 n 次。例如，'o{2}' 不能匹配 "Bob" 中的 'o'，但是能匹配 "food" 中的两个 o
{n,}	n 是一个非负整数，至少匹配 n 次。例如，'o{2,}' 不能匹配 "Bob" 中的 'o'，但能匹配 "foooood" 中的所有 o。'o{1,}' 等价于 'o+'，'o{0,}' 等价于 'o*'
{n, m}	表示前面的子表达式至少出现 n 次，至多出现 m 次。注意在逗号和两个数之间不能有空格

5．定位符

定位符将进一步限定正则表达式匹配的子串位置，如只匹配行首或行尾的字符串等。^ 和 $ 分别指字符串的开始与结束，\b 描述单词的前或后边界，\B 表示非单词边界。表 3-6 列出了部分定位符。

表 3-6 部分定位符

字符	描　述
^	匹配输入字符串开始的位置。如果设置了 RegExp 对象的 Multiline 属性，则^ 还会与 \n 或 \r 之后的位置匹配
$	匹配输入字符串结尾的位置。如果设置了 RegExp 对象的 Multiline 属性，则$ 还会与 \n 或 \r 之前的位置匹配
\b	匹配一个单词边界，即字与空格间的位置
\B	非单词边界匹配

6．基本模式匹配

模式是正则表达式最基本的元素，它们是一组描述字符串特征的字符。模式可以很简单，由普通的字符串组成，也可以非常复杂，例如可以使用中括号表示一个范围的字符集，用 *、? 、大括号等表示出现的次数，用 ^、$ 表示字符串出现的位置。如 hello、^hello 分别表示 hello 和以 hello 开头的子串。

7．字符集合

如果需要找到文本中所有的数字，则基本匹配模式不能胜任。要进行匹配的字符串由哪些字符组成，可以通过中括号来限定。比如要建立一个表示所有元音字符的字符簇，就把所有的元音字符放在一个方括号里。使用连字符也可以表示字符的范围。

```
[a-z]              // 匹配所有的小写字母
[A-Z]              // 匹配所有的大写字母
[a-zA-Z]           // 匹配所有的字母
[0-9]              // 匹配所有的数字
[0-9\.\-]          // 匹配所有的数字、句号和减号
```

这是匹配单个字符，如[a-z][0-9]可以匹配 a1、b3、t4 等，但是不能匹配 aa1、b12 等。

8. 重复出现次数

一个单词由若干个字母组成，一组数字由若干个单数组成。跟在字符或字符簇后面的花括号“{}”用来确定前面的内容重复出现的次数。

```
^[a-zA-Z0-9_]{1,}$        // 所有包含一个以上的字母、数字或下划线的字符串
^[1-9][0-9]{0,}$          // 所有的正整数
^\-{0,1}[0-9]{1,}$        // 所有的整数
^[-]?[0-9]+\.?[0-9]+$     // 所有的浮点数
```

9. Python 中的 re 模块

Python 自 1.5 版本起增加了 re 模块，它提供 Perl 风格的正则表达式模式。re 模块使 Python 语言拥有全部的正则表达式功能。compile 函数根据一个模式字符串和可选的标志参数生成一个正则表达式对象。该对象拥有一系列方法用于正则表达式的匹配和替换。re 模块的主要函数如表 3-7 所示。

表 3-7　re 模块的主要函数

函数名	功　　能
re.match()	re.match()尝试从字符串的起始位置匹配一个模式，成功返回一个 Match 对象。如果不是起始位置匹配成功的话，函数就返回 None
re.search()	re.search()扫描整个字符串并返回第一个成功匹配的 Match 对象
re.sub()	re.sub()用于替换字符串中的匹配项
re.compile()	compile()函数用于编译正则表达式，生成一个正则表达式(pattern)对象，供 match()和 search()这两个函数使用
re.finditer()	在字符串中找到正则表达式所匹配的所有子串，并把它们作为一个迭代器返回
re.findall()	在字符串中找到正则表达式所匹配的所有子串，并返回一个列表，如果没有找到匹配的，则返回空列表

下面简单介绍一下 re 模块的主要函数语法格式，本节的例子参考 re 目录下的代码或 re_example.ipynb。

1) re.match ()函数

```
re.match(pattern, string, flags=0)
```

主要参数：

pattern：匹配的正则表达式；

string：要匹配的字符串；

flags：标志位，可选参数。

示例程序：

```
import re
# match 函数使用
print(re.match('www', 'www.nwpu.edu.cn/').span())   # 在起始位置匹配
print(re.match('cn', 'www.nwpu.edu.cn/'))
```

程序运行结果如下：

```
(0, 3)
None
```

2) re.search()函数

```
re.search(pattern, string, flags=0)
```

主要参数：

pattern：匹配的正则表达式；

string：要匹配的字符串；

flags：标志位，可选参数。

注意：re.match()只匹配字符串的开始，如果字符串开始不符合正则表达式，则匹配失败，函数返回 None；而 re.search()匹配整个字符串，直到找到一个匹配。

示例程序：

```
print(re.search('www', 'www.nwpu.edu.cn').span())   # 在起始位置匹配
print(re.search('cn', 'www.nwpu.edu.cn').span())      # 不在起始位置匹配
```

程序运行结果如下：

```
(0, 3)
(13, 15)
```

3) re.sub()函数

```
re.sub(pattern, repl, string, count=0, flags=0)
```

主要参数：

pattern：匹配的正则表达式；

repl：被替换的字符串(既可以是字符串，也可以是函数)；

string：要匹配的字符串；

count：匹配的次数，默认是全部替换；

flags：标志位，可选参数。

示例程序：

```
phone = "2004-959-559 # 这是一个电话号码"
# 删除注释
num = re.sub(r'#.*$', "", phone)
print ("电话号码 : ", num)
# 移除非数字的内容
num = re.sub(r'\D', "", phone)
print ("电话号码 : ", num)
```

程序运行结果如下：

```
电话号码 : 2004-959-559
电话号码 : 2004959559
```

4) Re.compile()函数

```
re.compile(pattern[, flags])
```

主要参数：

pattern：一个字符串形式的正则表达式；

flags：标志位，可选参数。

示例程序：

```
pattern = re.compile(r'\d+')                    # 用于匹配至少一个数字
m = pattern.match('one12twothree34four')         # 查找头部，没有匹配
print(m)
m = pattern.match('one12twothree34four', 2, 10)  # 从'e'的位置开始匹配，没有匹配
print(m)
m = pattern.match('one12twothree34four', 3, 10)  # 从'1'的位置开始匹配，正好匹配
print(m)
```

程序运行结果如下：

```
None
None
<_sre.SRE_Match object; span=(3, 5), match='12'>
```

5) re.finditer()函数

```
re.finditer(pattern, string, flags=0)
```

主要参数：

pattern：匹配的正则表达式；

string：要匹配的字符串；

flags：标志位，可选参数。

示例程序：

```
it = re.finditer(r"\d+","12a32bc43jf3")
for match in it:
    print (match.group())
```

程序运行结果如下：

```
1232433
```

6) re.findall()函数

```
re.findall(pattern, string, flags=0)
```

主要参数：

pattern：匹配的正则表达式；

string：要匹配的字符串；

flags：标志位，可选参数。

注意：match()和 search()函数只匹配一次，而 findall()函数匹配所有。

示例程序：

```
pattern = re.compile(r'\d+')    # 查找数字
result1 = pattern.findall('runoob 123 google 456')
result2 = pattern.findall('run88oob123google456', 0, 10)
print(result1)
print(result2)
```

程序运行结果如下：

```
['123', '456']
['88', '12']
```

在 re 模块的函数中基本上都会有一个 flags 参数，该参数是一个可选参数，指定了相关匹配控制模式，用于控制正则表达式的匹配方式，如：是否区分大小写、多行匹配等。flags 参数的可选值如表 3-8 所示。

表 3-8 flags 参数的可选值

修饰符	描 述
re.I	使匹配对大小写不敏感
re.L	做本地化识别(locale-aware)匹配
re.M	多行匹配，影响 ^ 和 $
re.S	使“.”匹配包括换行在内的所有字符
re.U	根据 Unicode 字符集解析字符。这个标志影响 \w、\W、\b、\B
re.X	该标志通过给予更灵活的格式以便将正则表达式写得更易于理解

本小节将通过两个简单的例子来综合讲解正则表达式的使用以及 re 模块相关函数的使用。

例 3-1 使用正则表达式从网页中获取<tr></tr>标签之间的内容。

<tr>标签是位于<table>标签内的，其代表表格中的一行，<tr>标签中还会包括<td>标签，其代表表格中的一个单元格，因此要获取<tr>标签中的内容，必须依次获取<tr>中的内容，然后在获取<td>中的内容，同时，对于一个表格来说，还会有表头，因此可以通过获取<th>标签来获取表头内容。

程序如下：

```
import re
content = '''<tr><th>西北工业大学</th><td>计算机学院</td></tr>'''
## 获取 tr 中的内容
pattern_tr = r"<tr>(.*?)</tr>"
content_tr = re.findall(pattern_tr, content, re.S|re.M)
for tr in content_tr:
    print(tr)
## 获取 th 中的内容
```

```
pattern_th = r"<th>(.*?)</th>"
content_th = re.findall(pattern_th, tr, re.S|re.M)
for th in content_th:
    print(th)
## 获取 td 中的内容
pattern_td = r"<td>(.*?)</td>"
content_td = re.findall(pattern_td, tr, re.S|re.M)
for td in content_td:
    print(td)
```

程序运行结果如下：

```
<th>西北工业大学</th><td>计算机学院</td>
西北工业大学
计算机学院
```

例 3-2 使用正则表达式从网页中获取超链接<a href=..></a>之间的内容。

网页中的超链接常常包含着一些重要的信息，同时还包含着超链接地址，因此，获取网页中的超链接地址显得格外重要。要获取网页中的超链接部分，就必须通过寻找<a href>标签来获取。

程序如下：

```
import re
content = '''
<td>
<a href="http://www.nwpu.edu.cn/">西北工业大学</a>
<a href="https://jsj.nwpu.edu.cn/">西北工业大学计算机学院</a>
</td>
'''
## 获取<a href></a>之间的内容
result_pattern = r'<a .*?>(.*?)</a>'
results = re.findall(result_pattern, content, re.S|re.M)
for result in results:
    print(result)
## 获取所有<a href></a>之间的 url
url_pattern = r'href="(.*?)"'
urls = re.findall(url_pattern, content, re.I|re.S|re.M)
for url in urls:
    print(url)
```

程序运行结果如下：

```
西北工业大学
西北工业大学计算机学院
```

```
http://www.nwpu.edu.cn/
https://jsj.nwpu.edu.cn/
```

3.3.2 使用 XPath 提取信息

XPath 是一门在 XML 文档中查找信息的语言，它通过元素和属性进行导航。XPath 使用路径表达式来选取 XML 文档中的节点或者节点集。XML (eXtensible Markup Language)指可扩展标记语言，它没有标签集(tagset)，也没有语法规则(grammatical rule)，但是它有句法规则(syntax rule)。任何 XML 文档对任何类型的应用以及正确的解析都必须是良构(well-formed)的，即每一个打开的标签都必须有匹配的结束标签，不得含有次序颠倒的标签，并且在语句构成上应符合技术规范的要求。规范的 HTML 文件可以认为是使用了一组特定标签的 XML 文件，故可以用 XPath 进行元素定位和数据提取。

在 XPath 中有七种类型的节点(Node)：元素、属性、文本、命名空间、处理指令、注释以及文档(根)节点。XML 文档是被作为节点树来对待的。树的根被称为文档节点或者根节点。由于 HTML 和 XML 都是标记语言，都是基于文本编辑和修改的，在结构上大致相同，都可以通过 DOM 编程方式来访问且都可以通过 CSS 来改变外观，所以以一个简单的 HTML 文件为例进行讲解，如图 3-9 所示。

```
1  <html>
2      <head>
3          <meta http-equiv="Content-Type" content="text/html; charset=gb2312" />
4          <title>西北工业大学</title>
5      </head>
6
7      <body>
8          <p>西北工业大学位于陕西省西安市。</p>
9          <b>
10             <p class="p1">
11                 <a href="http://www.nwpu.edu.cn">西北工业大学首页</a>
12             </p>
13             <p class="p2">
14                 <a href="http://zsb.nwpu.edu.cn">西北工业大学招生办</a>
15             </p>
16         </b>
17     </body>
18 </html>
19
20
```

图 3-9 用 XPath 解析 HTML 文件

图 3-9 HTML 文件中的节点例子摘录如下：

```
<html>(文档节点)
<title>西北工业大学</title>(元素节点)
href="http://www.nwpu.edu.cn" (属性节点)
```

HTML 文件中的节点可以组成一棵树。节点之间的关系包括父子、兄弟等。包含在一个节点内容的节点称为该节点的子节点。在如图 3-9 所示的程序中，<body>和<head>就是<html>的子节点。每个节点有 0 个、1 个或多个子节点，与之对应的是，除根节点外，每个节点都有一个父节点。具有相同父节点的节点互相为兄弟节点，图 3-9 程序中的<body>和<head>是兄弟节点。

XPath 使用路径表达式在 XML 文档中选取节点。节点是通过沿着路径或者 step 来选取的。常用的 XPath 路径表达式如表 3-9 所示。

表 3-9　常用的 XPath 路径表达式

表达式	描　述
nodename	选取此节点的所有子节点
/	从根节点选取
//	从匹配选择的当前节点选择文档中的节点，而不考虑它们的位置
.	选取当前节点
..	选取当前节点的父节点
@	选取属性

表 3-10 中列出了一些 XPath 路径表达式的实例。

表 3-10　XPath 路径表达式的实例

路径表达式	结　果
body	选取 body 元素的所有子节点
/html	选取根元素 html。注：假如路径起始于正斜杠(/)，则此路径始终代表到某元素的绝对路径
body/p	选取属于 html/body 的子元素的所有 p 元素
//p	选取所有 p 子元素，而不管它们在文档中的位置
body//p	选择属于 body 元素的后代的所有 p 元素，而不管它们位于 body 之下的什么位置
//@href	选取名为 href 的所有属性

在路径表达式中可以用谓词(Predicates)来查找某个特定的节点或者包含某个指定的值的节点。谓词被嵌在方括号中，限定和它相邻的节点。表 3-11 列出了 XPath 路径表达式谓词的实例。

表 3-11　XPath 路径表达式谓词的实例

路径表达式	结　果
body/p[1]	选取属于 body 子元素的第一个 p 元素
/html/body/p[last()]	选取属于 body 子元素的最后一个 p 元素
body/p[last()-1]	选取属于 bookstore 子元素的倒数第二个 book 元素
//a[@href]	选取所有拥有名为 href 的属性的 a 元素
//div[@class="abc"]	选取所有 div 元素，且这些元素拥有值为 abc 的 class 属性

使用通配符可以选取未知节点。表 3-12 列出了 XPath 路径表达式中的通配符。

表 3-12　XPath 路径表达式中的通配符

通配符	结　果
*	匹配任何元素节点
@*	匹配任何属性节点
node()	匹配任何类型的节点

表 3-13 列出了 XPath 路径表达式中的通配符实例。

表 3-13 XPath 路径表达式中的通配符实例

通配符	结果
body/*	选取 bookstore 元素的所有子元素
//*	选取文档中的所有元素
//a[@*]	选取所有带有属性的 a 元素

Python 的 lxml 库可以用 XPath 定位元素，可以通过 pip install lxml 命令来安装 lxml。下面简单演示一下如何利用 lxml 来进行 HTML 文件的解析。本节解析的 HTML 文件放在 data 子目录下，对应的例子程序 XPath 目录下的名为 XPath_example.py 或 XPath_example.ipynb。

1. 读取 HTML 文件内容

示例程序：

```
from lxml import etree
## 读取 html 内容
html = etree.parse(r"..\data\Xpathexample.html", etree.HTMLParser())
result = etree.tostring(html)
print(result.decode("utf-8"))
```

程序将会打印出图 3-9 中的内容。

2. 获取所有节点

使用*可以匹配所有的节点，也就是将 HTML 文本中的所有节点进行获取，程序如下：

```
allnodes = html.xpath("//*")
print(allnodes)
```

程序运行结果如下：

```
[<Element html at 0x1e9dcda1088>, <Element head at 0x1e9dcd96ac8>, <Element meta at 0x1e9dcd96888>, <Element title at 0x1e9dcd96788>, <Element body at 0x1e9dcd963c8>, <Element p at 0x1e9dcd96688>, <Element b at 0x1e9dcd96288>, <Element p at 0x1e9dcd96308>, <Element a at 0x1e9dcd96148>, <Element p at 0x1e9dcd96648>, <Element a at 0x1e9dcd960c8>]
```

3. 获取指定节点

在匹配的时候，也可以指定节点名称。比如获取所有的 p 节点，程序如下：

```
all_p = html.xpath("//p")
print(all_p)
```

程序运行结果如下：

```
[<Element p at 0x1e9dcd96688>, <Element p at 0x1e9dcd96308>, <Element p at 0x1e9dcd96648>]
```

4. 获取子节点

通过“/”或者“//”可以查找元素的子节点或者子孙节点。假如现在想选择 p 节点的所有直接 a 子节点，程序如下：

```
child_a = html.xpath("//p/a")
print(child_a)
```

程序运行结果如下：

```
[<Element a at 0x1e9dca75848>, <Element a at 0x1e9dca75dc8>]
```

5. 获取父节点

如果知道了子节点，则可以通过“..”来获取该子节点的父节点信息，程序如下：

```
parent_node = html.xpath('//a[@href="http://www.nwpu.edu.cn"]//../@class')
print(parent_node)
```

程序运行结果如下：

```
['p1']
```

6. 获取节点中的文本信息

前面简单介绍了如何通过 XPath 获取指定节点，但是最后打印出的都是节点的信息，并没有返回节点中的内容，如果想获取节点中的内容，则可以通过在 xpath()函数中追加 text()来获取。比如，获取 a href = http://www.nwpu.edu.cn 所对应的内容，程序如下：

```
content = html.xpath('//p/a[@href="http://www.nwpu.edu.cn"]/text()')
print(content)
```

程序运行结果如下：

```
['西北工业大学首页']
```

当然，对于超链接，也可以利用 XPath 获取超链接所指向的链接，程序如下：

```
urls = html.xpath("//p/a/@href")
print(urls)
```

程序运行结果如下：

```
['http://www.nwpu.edu.cn', 'http://zsb.nwpu.edu.cn']
```

3.3.3 使用 BeautifulSoup 提取信息

BeautifulSoup 是一个可以从 HTML 或 XML 文件中提取数据的 Python 库。它提供一些简单的、Python 式的函数用来处理导航、搜索、修改分析树等功能。它是一个工具箱，通过解析文档为用户提供需要抓取的数据，因为简单，所以不需要多少代码就可以写出一个完整的应用程序。BeautifulSoup 自动将输入文档转换为 Unicode 编码，输出文档转换为 utf-8 编码。BeautifulSoup 已成为一个和 lxml、html6lib 一样出色的 Python 解释器，为用户灵活地提供不同的解析策略或强劲的速度。

如果需要使用 BeautifulSoup，用户可以通过 pip install beautifulsoup4 命令来安装。有关本节的代码可参考 BeautifulSoup 子目录下的代码或者 Bs_example.ipynb 文件。

1. 解析器

BeautifulSoup 支持 Python 标准库中的 HTML 解析器，还支持一些第三方的解析器。其中，一个是 lxml，如果需要使用 lxml 解析器，则需要安装 lxml；另一个可供选择的解析器是纯 Python 实现的 html5lib，html5lib 的解析方式与浏览器相同，用户也可以通过 pip install html5lib 命令来安装该解析器。表 3-14 列出了 BeautifulSoup 支持的解析器。

表 3-14 BeautifulSoup 支持的解析器

解 析 器	使 用 方 法
Python 标准库	BeautifulSoup(markup, "html.parser")
lxml HTML 解析器	BeautifulSoup(markup, "lxml")
lxml XML 解析器	BeautifulSoup(markup, "xml")
html5lib	BeautifulSoup(markup, "html5lib")

BeautifulSoup 官网推荐使用 lxml 作为解析器，因为它的效率更高。在 Python2.7.3 之前的版本和 Python3 中 3.2.2 之前的版本必须安装 lxml 或 html5lib，因为那些 Python 版本的标准库中内置的 HTML 解析方法不够稳定。

2．对象的种类

BeautifulSoup 将复杂 HTML 文档转换成一个复杂的树形结构，每个节点都是 Python 对象，所有对象可以归纳为四种：BeautifulSoup、Tag、NavigableString、Comment。

1) BeautifulSoup

BeautifulSoup 对象表示的是一个文档的全部内容，大部分时候可以把它当作 Tag 对象。但是因为 BeautifulSoup 对象并不是真正的 HTML 或 XML 的 Tag，所以它没有 name 和 attribute 属性。但是 BeautifulSoup 对象包含了一个值为“[document]”的特殊属性 name。

示例程序：

```
from bs4 import BeautifulSoup
soup = BeautifulSoup('<b class="boldest">西北工业大学</b>',"lxml")
print(type(soup))
print(soup.name)
```

程序运行结果如下：

```
<class 'bs4.BeautifulSoup'>
[document]
```

2) Tag

Tag 对象与 XML 或 HTML 原生文档中的 Tag 相同。一个 Tag 可能包含多个字符串或其他的 Tag，这些都是这个 Tag 的子节点。BeautifulSoup 提供了许多操作和遍历子节点的属性。

示例程序：

```
tag = soup.b
print(type(tag))
```

程序运行结果如下：

```
<class 'bs4.element.Tag'>
```

从程序的运行结果可以看出，通过 BeautifulSoup 解析了一段 HTML 文件，并且获取了 b 标签，从打印出的结果看出，该标签在 BeautifulSoup 中是一个 Tag 对象。经过选择器选择之后，返回的结果都是这种 Tag 类型。

Tag 对象有很多属性，本节将介绍 Tag 中最重要的属性：name 和 attributes，其他的属性会在后续的讲解中做进一步分析。

每一个 Tag 对象都有一个 name 属性，我们可以通过使用.name 的方式获取 Tag 对象的 name 属性，程序如下：

```
print(tag.name)
```

程序运行结果如下：

```
b
```

当然，也可以改变 Tag 对象的 name 属性，如果改变了 Tag 对象的 name 属性，将影响该 Tag 所属的 BeautifulSoup 对象生成的 HTML 文档。

示例程序：

```
#修改 tag 的 name
tag.name = "p"
print(tag)
print(tag.name)
```

程序运行结果如下：

```
<p class="boldest">西北工业大学</p>
p
```

attributes 属性指的是 Tag 对象的属性，一个 Tag 对象可能有多个属性。比如<b class="boldest">有一个 class 的属性，值为 boldest。可以通过. attrs 来获取属性，程序如下：

```
print(tag.attrs)
```

程序运行结果如下：

```
{'class': ['boldest']}
```

从程序的返回结果可以看出，tag.attrs 返回的是一个 Python 字典，所以 Tag 对象的有关属性的相关操作和对字典的操作相同。

示例程序：

```
# 获取 class 属性的值
print(tag["class"])
# 修改 class 属性的值
tag["class"] = "nwpu"
# 增加一个 id 属性
tag["id"] = "1"
print(tag)
# 删除 id 属性
del tag['id']
print(tag)
```

程序运行结果如下：

```
['boldest']
<p class="nwpu" id="1">西北工业大学</p>
<p class="nwpu">西北工业大学</p>
```

在获取属性时，也可以通过 tag.attrs['属性值']的方式获取，但是一般为了简单，可以简写为 tag['属性值']。

3) NavigableString

字符串常被包含在 Tag 对象内。BeautifulSoup 用 NavigableString 类来包装 Tag 对象中的字符串。

示例程序：

```
print(tag.string)
print(type(tag.string))
```

程序运行结果如下：

```
西北工业大学
<class 'bs4.element.NavigableString'>
```

tag 中包含的字符串不能编辑，但是可以用 replace_with()方法替换成其他的字符串。

示例程序：

```
tag.string.replace_with("西北工业大学计算机学院")
print(tag)
```

程序运行结果如下：

```
<p class="nwpu">西北工业大学计算机学院</p>
```

4) Comment

Tag、NavigableString、BeautifulSoup 几乎覆盖了 HTML 和 XML 中的所有内容，但是还有一些特殊对象，比如注释内容，此时，就要用到 Comment 对象。Comment 对象是一个特殊类型的 NavigableString 对象。在 HTML 文档中，<!--　-->之间的内容属于注释内容。

示例程序：

```
markup = "<b><!--I am a student of NWPU--></b>"
soup = BeautifulSoup(markup ,"lxml")
comment = soup.b.string
print(type(comment))
print(comment)
```

程序运行结果如下：

```
<class 'bs4.element.Comment'>
I am a student of NWPU
```

3．遍历文档树

当将一个 HTML 文档变成 BeautifulSoup 对象时，就可以对该 HTML 文档进行分析了。在分析 HTML 文档时，需要对 HTML 文档进行遍历，BeautifulSoup 提供了丰富的遍历文档树的方法。

1) 子节点

对于一个 Tag 对象，它可能包括多个字符串或者其他的 Tag 对象，这些都是这个 Tag 的子节点，在 BeautifulSoup 中提供了许多操作和遍历子节点的属性。在 BeautifulSoup 中，如果需要获取某一个 HTML 标签，则可以通过“soup.便签名”的方式获取(soup 是一个 BeautifulSoup 对象，如 soup.title)。同时，Tag 对象有很多的属性，可以很方便地供用户调用。下面的示例程序展示了如何解析 HTML 文件内容并遍历文档树：

```
html_doc = """
<html><head><title>The Dormouse's story</title></head>
<p class="title"><b>The Dormouse's story</b></p>
<p class="story">Once upon a time there were three little sisters; and their names were
<a href="http://example.com/elsie" class="sister" id="link1">Elsie</a>,
<a href="http://example.com/lacie" class="sister" id="link2">Lacie</a> and
<a href="http://example.com/tillie" class="sister" id="link3">Tillie</a>;
and they lived at the bottom of a well.</p>
<p class="story">...</p>
"""
from bs4 import BeautifulSoup
soup = BeautifulSoup(html_doc ,"lxml")
```

(1) contents 和 children。

Tag 的 contents 属性可以将 Tag 的子节点以列表的方式输出，通过 Tag 的 .children 生成器，可以对 tag 的子节点进行循环。

示例程序：

```
head_tag = soup.head
print(head_tag)
print(head_tag.contents)
title_tag = head_tag.contents[0]
print(title_tag)
print(title_tag.contents)
```

程序运行结果如下：

```
<head><title>The Dormouse's story</title></head>
[<title>The Dormouse's story</title>]
<title>The Dormouse's story</title>
["The Dormouse's story"]
```

对于 head_tag，它是一个 Tag 对象，head_tag.contents 会将 head_tag 的子节点按照列表的形式列出，所以对于 head_tag.contents 的返回结果，其操作方式和 Python 中的列表一致，且列表中保存的仍然是一个 Tag 对象。

当调用 children 属性时，获取到的是一个迭代器，然后就可以通过循环的方式来遍历迭代器中的内容了。

示例程序：

```
for child in title_tag.children:
    print(child)
```

程序运行结果如下：

```
The Dormouse's story
```

(2) descendants。

contents 和 children 属性仅包含 Tag 的直接子节点，例如<head>标签只有一个直接子节点<title>。如果想要获取所有子孙节点的话，可以使用 descendants 属性。

示例程序：

```
print(type(head_tag.descendants))
for child in head_tag.descendants:
    print(child)
```

程序运行结果如下：

```
<class 'generator'>
<title>The Dormouse's story</title>
The Dormouse's story
```

从程序运行结果可以看出，head_tag.descendants 是一个 generator 对象，对于这个对象，可以利用 for 循环进行遍历。在我们给出的这个示例程序中，<head>标签只有一个子节点，但是有两个子孙节点：<head>节点和<head>的子节点<title>。

2) 父节点和祖先节点

(1) parent。

如果想获取某个元素的父节点，可以通过 parent 属性来获取。比如，在上面介绍的示例程序运行结果中，<head>标签是<title>标签的父节点。

示例程序：

```
print(title_tag.parent)
```

程序运行结果如下：

```
<head><title>The Dormouse's story</title></head>
```

一个文档的顶层节点，比如<html>的父节点是 BeautifulSoup 对象，而对于 BeautifulSoup 对象的 parent 属性是 None。

示例程序：

```
html_tag = soup.html
print(type(html_tag.parent))
print(soup.parent)
```

程序运行结果如下：

```
<class 'bs4.BeautifulSoup'>
None
```

(2) parents。

通过元素的 parents 属性可以递归得到元素的所有父辈节点。下面的示例程序是遍历<a>标签到根节点的所有节点。

```
link = soup.a
print(link)
for parent in link.parents:
    if parent is None:
        print(parent)
    else:
        print(parent.name)
```

程序运行结果如下：

```
<a class="sister" href="http://example.com/elsie" id="link1">Elsie</a>
p
body
html
[document]
```

3) 兄弟节点

兄弟节点就是当前节点的同级节点，比如“<a><b>text1</b><c>text2</c></b></a>”，因为<b>标签和<c>标签是同一层(它们是同一个元素的子节点)，所以<b>和<c>可以被称为兄弟节点。

(1) next_sibling 和 previous_sibling。

在文档树中，使用 next_sibling 和 previous_sibling 属性来查询兄弟节点。

示例程序：

```
sibling_soup = BeautifulSoup("<a><b>text1</b><c>text2</c></b></a>" ,"lxml")
print(sibling_soup.b.next_sibling)
print(sibling_soup.c.previous_sibling)
```

程序运行结果如下：

```
<c>text2</c>
<b>text1</b>
```

<b>标签有 next_sibling 属性，但是没有 previous_sibling 属性，因为<b>标签在同级节点中是第一个。同理，<c>标签有 previous_sibling 属性，却没有 next_sibling 属性。

示例程序：

```
print(sibling_soup.b.previous_sibling)
print(sibling_soup.c.next_sibling)
```

程序运行结果如下：

```
None
None
```

(2) next_siblings 和 previous_siblings。

通过 next_siblings 和 previous_siblings 属性可以对当前节点的兄弟节点迭代输出。这里以前面介绍的子节点中给出的示例程序为例，代码如下：

```
for sibling in soup.a.next_siblings:
    print(repr(sibling))
for sibling in soup.find(id="link3").previous_siblings:
    print(repr(sibling))
```

程序运行结果如下：

```
',\n'
<a class="sister" href="http://example.com/lacie" id="link2">Lacie</a>
' and\n'
<a class="sister" href="http://example.com/tillie" id="link3">Tillie</a>
';\nand they lived at the bottom of a well.'
' and\n'
<a class="sister" href="http://example.com/lacie" id="link2">Lacie</a>
',\n'
<a class="sister" href="http://example.com/elsie" id="link1">Elsie</a>
'Once upon a time there were three little sisters; and their names were\n'
```

4．搜索文档树

BeautifulSoup 定义了很多搜索方法，这些方法可以很方便地使我们定位到某一个标签，其中最重要的两个方法就是使用 find()函数和 find_all()函数。

1) find_all()函数

find_all()函数搜索当前 Tag 的所有 Tag 子节点，并判断是否符合过滤器的条件，过滤器可以是一个字符串，或一个正则表达式，或一个列表，或一个布尔值，同时也可以定义为一个函数，其目的就是让 find_all()函数搜索出所有符合条件的标签。find_all()函数的原型如下：

```
find_all( name , attrs , recursive , text , **kwargs )
```

find_all()函数主要参数介绍如下：

(1) name。

传入 name 参数，可以按照节点的名称进行查询元素。例如查询所有 a 标签的元素，程序如下：

```
print(soup.find_all(name='a'))
```

程序运行结果如下：

```
[<a class="sister" href="http://example.com/elsie" id="link1">Elsie</a>, <a class="sister" href=
"http://example.com/lacie" id="link2">Lacie</a>, <a class="sister" href="http://example.com/tillie"
id="link3">Tillie</a>]
```

不难看出，该函数返回的是一个包含所有匹配元素的列表。

(2) attrs。

除了根据节点名查询，也可以传入一些属性来查询。比如查询所有 class="sister"的元素，程序如下：

```
print(soup.find_all(attrs={'class','sister'}))
```

程序运行结果如下：

```
[<a class="sister" href="http://example.com/elsie" id="link1">Elsie</a>, <a class="sister" href="http://example.com/lacie" id="link2">Lacie</a>, <a class="sister" href="http://example.com/tillie" id="link3">Tillie</a>]
```

当传入 attrs 参数时，参数的类型应该是一个字典类型，当然，我们也可以将上面的程序代码简写为 print(soup.find_all(class_ = 'sister'))(因为 class 在 Python 中是一个关键字，所以此处需将 class 写成 class_)。

(3) recursive。

调用 Tag 对象的 find_all()函数时，BeautifulSoup 会检索当前 Tag 的所有子孙节点，如果只想搜索 Tag 的直接子节点，则可以使用参数 recursive=False。

示例程序：

```
# 在所有子节点中查找名为 title 的所有子节点
print(soup.find_all("title"))
## 在所有直接子节点中查找名为 title 的所有子节点
print(soup.html.find_all("title", recursive=False))
```

程序运行结果如下：

```
[<title>The Dormouse's story</title>]
 []
```

在前面介绍的子节点示例程序中，head 是 html 标签的直接子节点，title 是 head 的直接子节点。title 是 html 标签的子节点，但是并不是 html 标签的直接子节点。因此在所有节点中查找 title 会返回该子节点信息，但是在直接子节点中查找 title 子节点时会返回一个空值。

(4) text。

text 参数可用来匹配节点的文本，传入的形式可以是字符串，或正则表达式对象，或一个列表，也可以是一个函数。

示例程序：

```
print(soup.find_all(text="Elsie"))
print(soup.find_all(text=["Tillie", "Elsie", "Lacie"]))
print(soup.find_all(text=re.compile("Dormouse")))
## 子节点内容与其父节点内容一致
def is_the_only_string_within_a_tag(s):
    return (s == s.parent.string)
print(soup.find_all(text=is_the_only_string_within_a_tag))
```

程序运行结果如下：

```
['Elsie']
['Elsie', 'Lacie', 'Tillie']
["The Dormouse's story", "The Dormouse's story"]
["The Dormouse's story", "The Dormouse's story", 'Elsie', 'Lacie', 'Tillie', '...']
```

虽然 text 参数用于搜索字符串，但还可以与其他参数混合使用来过滤 Tag。比如找出超链接部分内容为 Elsie 的元素，程序如下：

```
print(soup.find_all("a", text="Elsie"))
```

程序运行结果如下：

```
[<a class="sister" href="http://example.com/elsie" id="link1">Elsie</a>]
```

2) find()函数

find()函数与 find_all()函数用法大致相似。其函数原型如下：

```
find( name , attrs , recursive , text , **kwargs )
```

find()函数的参数和 find_all()函数一致，但是 find()函数只返回单个元素，也就是第一个匹配的元素，而 find_all()函数返回的是所有匹配元素组成的列表。比如查找标签为 p 的第一个匹配元素，程序如下：

```
print(soup.find('p'))
print(type(soup.find('p')))
```

程序运行结果如下：

```
<p class="title"><b>The Dormouse's story</b></p>
<class 'bs4.element.Tag'>
```

从运行结果可以看出，find()函数仅仅找出了第一个匹配的元素，并且返回的结果是一个 Tag 对象，这与 find_all()函数是不同的。

其实，在 find_all()函数中，存在一个 limit 参数，该参数可以限制返回的元素个数，如果将 limit 设置为 1，则会返回第一个匹配到的结果，但是，利用这种方法返回的结果是一个包含一个元素的列表，程序如下：

```
print(soup.find_all('p', limit=1))
```

程序运行结果如下：

```
[<p class="title"><b>The Dormouse's story</b></p>]
```

不仅如此，find_all()方法没有找到目标时返回空列表，而 find()方法找不到目标时返回 None，程序如下：

```
print(soup.find("NWPU"))
print(soup.find_all("NWPU"))
```

程序运行结果如下：

```
None
[]
```

5．其他搜索函数

除了 find_all()和 find()方法，BeautifulSoup 中还有其他 10 个用于搜索的 API。其用法

以及参数与 find_all()和 find()函数相似。

find_parents()和 find_parent()：前者返回祖先节点，后者返回直接父节点。

find_next_siblings()和 find_next_sibling()：前者返回后面所有的兄弟节点，后者返回后面第一个兄弟节点。

find_previous_siblings()和 find_previous_sibling()：前者返回前面所有的兄弟节点，后者返回前面第一个兄弟节点。

find_all_next()和 find_next()：前者返回节点后所有符合条件的节点，后者返回第一个符合条件的节点。

find_all_previous()和 find_previous()：前者返回节点前所有符合条件的节点，后者返回第一个符合条件的节点。

6. CSS 选择器

BeautifulSoup 还提供了另外一种搜索文档树的方法，即 CSS 选择器。使用 CSS 选择器时，只需要调用 select()方法，传入相应的 CSS 选择器即可。

示例程序：

```
# 通过 class 属性获取
print(soup.select('.title'))
# 通过 id 属性获取
print(soup.select('#link1'))
# 直接通过标签获取
print(soup.select('head title'))
# 组合获取
print(soup.select('.story #link1'))
print(type(soup.select('p')[0]))
```

程序运行结果如下：

```
[<p class="title"><b>The Dormouse's story</b></p>]
[<a class="sister" href="http://example.com/elsie" id="link1">Elsie</a>]
[<title>The Dormouse's story</title>]
[<a class="sister" href="http://example.com/elsie" id="link1">Elsie</a>]
<class 'bs4.element.Tag'>
```

此程序利用了 4 次 CSS 选择器，从运行结果可以看出，返回的结果均是符合 CSS 选择器的节点组成的列表。最后一行打印出了列表中的元素类型，可以看出，类型依然是 Tag 类型。

由于节点类型是一个 Tag，所以要想获取属性，就可以利用原来的方法。如获取每一个 a 节点的 id 属性，程序如下：

```
# 获取属性
for a in soup.select('a'):
    print(a['id'])
    print(a.attrs['id'])
```

程序运行结果如下：

```
link1
link1
link2
link2
link3
link3
```

可以看出，直接传入中括号和属性名，或者通过 attrs 属性获取属性值，都可以成功获取到属性。

如果要获取文本，则可以利用前面所讲的 string 属性，此外，还可以利用 get_text()方法获取文本信息。

示例程序：

```
# 获取文本信息
for a in soup.select('a'):
    print('Get text:', a.get_text())
    print('String:', a.string)
```

程序运行结果如下：

```
Get text: Elsie
String: Elsie
Get text: Lacie
String: Lacie
Get text: Tillie
String: Tillie
```

7．利用 BeautifulSoup 分析豆瓣电影榜

在分析豆瓣电影榜之前，首先需要将豆瓣电影榜的 HTML 文档抓取下来然后保存在本地。图 3-10 所示是该 HTML 文档的一部分。

```
<div class="pl2">
  <a href="https://movie.douban.com/subject/27060077/" class="">
    绿皮书
    / <span style="font-size:13px;">绿簿旅友(港) / 幸福绿皮书(台)</span>
  </a>
  <span style="font-size: 13px; padding-left: 3px; color: #00A65F;">[可播放]</span>

  <p class="pl">2018-09-11(多伦多电影节) / 2018-11-16(美国) /
    2019-03-01(中国大陆) / 维果·莫腾森 / 马赫沙拉·阿里 / 琳达·卡德里尼 / 塞巴斯蒂安·马尼斯科 / 迪米特·D·马里诺夫 /
    迈克·哈顿 / P·J·伯恩 / 乔·柯蒂斯 / 玛姬·尼克松 / 冯·刘易斯 / 乔恩·索特兰...</p>
  <div class="star clearfix">
    <span class="allstar45"></span>
    <span class="rating_nums">8.9</span>
    <span class="pl">(705457人评价)</span>
  </div>
</div>
```

图 3-10 “豆瓣电影排行榜.html”部分源码

分析该 HTML 文档的内容，可以看到对于每一个电影信息都在一个 div 中，且该 div 的 class 均设置为 pl2，在 div 标签中包含了很多子标签，电影名称包含在第一个 a 标签中，上映时间、主演等信息包含在 p 标签中，每一个电影的评分包含在 class 为 star clearfix 的 div 标签的 span 子标签中，且该 span 子标签的 class 为 p1。通过以上分析，能够清晰地掌握该 HTML 的结构，然后可以通过这些特征对该 HTML 文档进行分析，提取出有关信息。比如，要提取每一部电影的名称和其评分，程序如下：

```
from bs4 import BeautifulSoup
from lxml import etree
import re
html = etree.parse("data\豆瓣电影排行榜.html", etree.HTMLParser())
html = etree.tostring(html).decode("utf-8")
soup = BeautifulSoup(html, 'lxml')
## 获取所有电影
films = soup.find_all(name='div', class_='pl2')
## 获取所有的电影名称和评分，将结果保存在一个字典中
result = { }
##  遍历 films 列表，其中的每一个元素都是一个 Tag 对象
for film in films:
    ## 将获取到的迭代器转化为 list，并将 list 中的第一个元素转化为字符串形式
    string = str(list(film.find('a', class_='').children)[0])
    ## 利用正则表达式将 string 中的电影名提取出来
    film_name = re.sub(r'[\r\n\s/]*' ,'',  string)
    ## 获取电影评分
    star_div = film.find(name='div', class_='star clearfix')
star_num_div = film.find(name='div', class_='star clearfix')
star_num = star_num_div.find(name='span', class_='rating_nums').string
result[film_name] = float(str(star_num))
print(result)
```

程序运行结果如下：

```
{' 地久天长 ': 7.9, ' 绿皮书 ': 8.9, ' 孟买酒店 ': 8.4, ' 调音师 ': 8.3, ' 雪暴 ': 6.2, ' 我们 ':
6.5, ' 海市蜃楼 ': 7.8, ' 五尺天涯 ': 8.0, ' 我的一级兄弟 ': 8.2, ' 反贪风暴 4 ': 6.0}
```

当然，也可以根据需要获取其他有关电影的信息，这些信息获取到之后，可以将其保存成 csv 文件，或者保存到数据库中，这样就可以进行进一步的数据分析任务了。

3.4 页面的获取

爬虫首先要做的工作就是获取网页，这里就是获取网页源代码。源代码里包含了网页的部分有用信息，所以只要把源代码获取下来，就可以从中提取想要的信息了。我们可以

从网页中抓取的数据有网页文本、图片、视频等。

前面讲了请求与响应的概念，向网站的服务器发送一个请求，返回的响应内容便是网页源代码。所以，最关键的部分就是构造一个请求并发给服务器，然后接收响应并将其解析出来。

Python 语言提供了许多库来帮助我们实现截取网页源码，如 urllib、requests 等。可以用这些库来帮助我们实现 HTTP 请求操作，请求和响应都可以用类库提供的数据结构来表示，得到响应之后解析数据结构中的 Body 部分即可得到网页源代码，这样就可以通过程序来实现获取网页的过程。

使用爬虫基本库，只需关心请求的链接是什么，需要传的参数是什么，以及如何设置可选的请求头，而不用深入到底层去了解它到底是怎样传输和通信的。有了它，两三行代码就能够完成一个请求和响应的处理过程，得到网页的内容。最常用的基本库有 urllib、httplib2、requests、treq 等。

本节将介绍使用不同的方式发送 GET、POST 请求，并将获取的网页存至文件中。在实际运用中，获得的网页信息也可以直接进行解析，只将解析结果存入数据库或文件中。

3.4.1 使用 urllib

urllib 库是 Python 内置的 HTTP 请求库，也就是说我们不需要额外安装即可使用，它包含四个模块，如表 3-15 所示。

表 3-15 urllib 模块

模块名	功　能
urllib.request	可以用来发送 request 和获取 request 的结果
urllib.error	包含了 urllib.request 产生的异常
urllib.parse	用来解析 URL，从中抽取协议、域名、路径等信息
urllib.robotparse	用来解析页面的 robots.txt 文件，很少使用

下面重点介绍前三个模块的使用。本节的相关代码可参考 urllib 子目录下的代码或者 urllib_example.ipynb 文件。

1. 发送请求

使用 urllib 的 request 模块可以方便地实现请求(Request)的发送并得到响应(Response)。

1) urlopen()

urllib.request 模块提供了最基本的构造 HTTP 请求的方法，利用它可以模拟浏览器的一个请求发起过程，同时它还处理 authenticaton(授权验证)、redirections(重定向)、cookies(浏览器 cookies)等过程。

示例程序：

```
import urllib.request
response=urllib.request.urlopen("http://www.nwpu.edu.cn/")
print(response.read().decode("utf-8"))
```

程序运行结果如下：

```
<!DOCTYPE HTML PUBLIC "-//W3C//DTD HTML 4.01 Frameset//EN" "http://www.w3.org/TR/html4/frameset.dtd"><HTML><HEAD><TITLE>西北工业大学</TITLE><META Name="keywords" Content="西北工业大学" />



<META content="text/html; charset=UTF-8" http-equiv="Content-Type"><LINK rel="stylesheet" href="css/style.css"><LINK rel="stylesheet" href="css/aos.css"><script src="js/respond.min.js"></script><script src="js/bdtxk.js"></script><script src="js/placeholder.js"></script><script>
<!--
window.onerror=function(){return true;}
// -->
</script><LINK rel="stylesheet" href="css/chuwang.net.css">

  <link href="nwpu.ico" rel="icon" type="image/x-ico">
<!--Announced by Visual SiteBuilder 9-->
<link rel="stylesheet" type="text/css" href="_sitegray/_sitegray_d.css" />
<script language="javascript" src="_sitegray/_sitegray.js"></script>
<!-- CustomerNO:77656262657232306975475452 5b544003070000 -->
```

可以利用 type()方法输出 Response 的类型，程序如下：

```
print(type(response))
```

程序运行结果如下：

```
<class 'http.client.HTTPResponse'>
```

通过输出结果可以看到 urlopen()方法的返回值是一个 HTTPResponse 类型的对象。这个对象主要包含的方法有 read()、readinto()、getheader(name)、getheaders()、fileno()等，它也有 msg、version、status、reason、debuglevel、closed 等属性。

调用 urlopen()方法得到这个对象之后，把它赋值为 response 变量，然后就可以调用这些方法和属性，得到返回结果的一系列信息了。

例如调用 read()方法可以得到返回的网页内容，调用 status 属性可以得到返回结果的状态码，如 200 代表请求成功、404 代表网页未找到等。

可以通过下面的示例程序来查看：

```
print(response.status)
print(response.getheaders())
print(response.getheader('Server'))
```

程序运行结果如下：

```
200
[('Date', 'Mon, 25 Nov 2019 12:27:16 GMT'), ('Server', 'VWebServer'), ('X-Frame-Options', 'SAMEORIGIN'), ('Last-Modified', 'Mon, 25 Nov 2019 10:00:52 GMT'), ('Accept-Ranges', 'bytes'), ('Content-Length', '27511'), ('Cache-Control', 'max-age=600'), ('Expires', 'Mon, 25 Nov 2019 12:37:16 GMT'), ('Vary', 'Accept-Encoding'), ('ETag', '"6b77-59828d6bb8e07-gzip"'), ('Connection', 'close'), ('Content-Type', 'text/html'), ('Content-Language', 'zh-CN')]
VWebServer
```

可见，三个输出分别输出了响应的状态码、响应的头信息，以及通过调用 getheader()方法并传递一个参数 Server 获取了 headers 中的 Server 值，结果是 VWebServer，意思就是服务器是 VWebServer 搭建的。

利用以上最基本的 urlopen()方法，可以完成最基本的简单网页的 GET 请求抓取。urlopen()在请求网页时也可以给链接传递一些参数。首先看一下 urlopen() 函数的接口：

```
urllib.request.urlopen(url, data=None, [timeout, ]*, cafile=None, capath=None, cadefault=False, context=None)
```

可以发现，除了第一个参数可以传递 URL 之外，还可以传递其他的内容，比如 data(附加数据)、timeout(超时时间)等。

2) request

利用 urlopen()方法可以实现最基本请求的发起，但是并不足以构建一个完整的请求。如果需要在请求中加入 headers 等信息，可以使用 urllib.request.Request 类来实现，该类的构造方法如下：

```
class urllib.request.Request(url, data=None, headers={}, origin_req_host=None,
unverifiable=False, method=None)
```

主要参数：

url：是一个字符串类型且必须是一个有效的 URL，该参数是一个必须参数。

data：指定要发送到服务器的其他数据的对象，如果不需要此类数据，则为 None。目前，HTTP 请求是唯一使用数据的请求。data 支持的对象类型包括字节、类文件对象和可迭代。

headers：请求头，必须是一个字典类型。

rigin_req_host：请求方的 host 名称或者 IP 地址。

unverifiable：表示该请求是否无法核实，默认为 False。无法验证的请求就是指用户没有权限去接受请求。

method：用来指示请求使用的方法，是一个字符串，比如 GET、POST 和 PUT 等。

下面通过示例来了解一下该方法的使用，程序如下：

```
from urllib import request,parse
url = "http://httpbin.org/post"
headers = {
    "User-Agent":"Mozilla/4.0(compatible; MSIE 5.5; Windows NT)",
    "Host" : "httpbin.org"
}
di = {"name": "Germey"}
data = bytes(parse.urlencode(di), encoding="utf-8")
req = request.Request(url=url,data=data,headers=headers,method="POST")
response = request.urlopen(req)
print(response.read().decode("utf-8"))
```

程序运行结果如下：

```
{
  "args": {},
  "data": "",
  "files": {},
  "form": {
    "name": "Germey"
  },
```

```
    "headers": {
      "Accept-Encoding": "identity",
      "Content-Length": "11",
      "Content-Type": "application/x-www-form-urlencoded",
      "Host": "httpbin.org",
      "User-Agent": "Mozilla/4.0(compatible; MSIE 5.5; Windows NT)"
    },
    "json": null,
    "origin": "61.150.43.53, 61.150.43.53",
    "url": "https://httpbin.org/post"
  }
```

2. 处理异常

urllib.error 模块为 urllib.request 引发的异常定义了异常类。基本异常类是 URLError。urllib.error 会根据需要引发以下异常。

1) 异常 urllib.error.URLError

处理程序遇到问题时会引发该异常(或派生异常)，它是 OSError 的子类。

request 模块产生的所有异常都可以由该类来进行捕获。reason 属性可以查看异常的相关信息。

示例程序：

```
from urllib import request, error
try:
    response = request.urlopen("http://www.nwpu.edu.cn/index.html")
except error.URLError as ex:
    print(ex.reason)
```

程序运行结果如下：

```
Not Found
```

在上述程序代码中，我们请求打开 http://www.nwpu.edu.cn/index.html，但是实际上这个网址是不存在的，因为访问路径中的 index.html 是不存在的，所以将会抛出 URLError 异常，reason 属性将会显示异常类型为 Not Found，所以程序运行结果将是“Not Found”。

如果在请求访问某一个网址时，将域名写错，则将无法解析到所指定的域名，同时会出现类似“[Errno 11001] getaddrinfo failed”的错误。

示例程序：

```
# 访问域名不存在
from urllib import request, error
try:
    response = request.urlopen("http://www.nwpu.edu.com")
    print(response.status)
    print(response.read())
```

```
except error.URLError as ex:
    print(ex.reason)
```

程序运行结果如下：

```
[Errno 11001] getaddrinfo failed
```

2) 异常 urllib.error.HTTPError

HTTPError 是 URLError 的一个子类，可以作为一个非特殊的文件类返回值(与 urlopen()返回的相同)，它在处理异常 HTTP 错误(例如身份验证请求)时非常有用。该类有以下三个属性：

(1) code：返回 HTTP 的状态码，例如 400 表示页面不存在、500 表示服务器错误。

(2) reason：返回错误原因。

(3) headers：返回请求头信息。

下面以一个简单的例子介绍 HTTPError 类的使用，程序如下：

```
from urllib import request, error
try:
    response = request.urlopen("http://www.nwpu.edu.cn/xyszhtm")
except error.HTTPError as ex:
    print(ex.reason, ex.code, ex.headers, sep="\n")
```

程序运行结果如下：

```
Not Found
404
Date: Mon, 25 Nov 2019 13:04:10 GMT
Server: VAppServer/6.0.0
X-Frame-Options: SAMEORIGIN
Content-Type: text/html
Content-Length: 2455
Content-Language: zh-CN
Set-Cookie: JSESSIONID=552CAB4CB902DE4E9AEF556576498149; Path=/; HttpOnly
Connection: close
```

由于误将 http://www.nwpu.edu.cn/xysz.htm 写成了 http://www.nwpu.edu.cn/xyszhtm，导致网址无法解析，所以程序捕获到了异常，并打印出相关异常信息。

3. 解析链接

urllib.parse 模块定义了一个标准接口，用于在组件中解析统一资源定位符(URL)字符串(寻址方案、网络位置、路径等)，将组件组合回 URL 字符串，并将“相对 URL”转换为绝对 URL 给出“基本 URL”。它支持以下 URL 方案：file、ftp、gopher、hdl、http、https、imap、mailto、mms、news、nntp、prospero、rsync、rtsp、rtspu、sftp、shttp、sIP、sIPs、snews、svn、svn + ssh、telnet、wais、ws、wss。urllib.parse 模块定义的功能分为两大类：URL 解析和 URL 引用。

对于一个 URL，其一般语法格式如下(带[]的可以省略)：

```
scheme :// hostname[:port] / path / [;params][?query]#fragment
```

以 http://www.baidu.com/index.html;user?a=7#comment 为例介绍 URL 的主要参数：

scheme(协议名称)：指定使用的传输协议，最常用的是 HTTP 协议，它也是目前 WWW 中应用最广的协议。例子中的“http”就是该 URL 的传输协议。

hostname(主机名)：指存放资源的服务器的域名系统(DNS) 主机名或 IP 地址。例子中的“www.baidu.com”就是该 URL 的主机名。

port(端口号)：整数，可选，省略时使用方案的默认端口，各种传输协议都有默认的端口号。由于例子使用的是 HTTP 协议，而 HTTP 协议的端口默认为 80，所以一般可以省略。

path(访问路径)：由零或多个“/”符号隔开的字符串，一般用来表示主机上的一个目录或文件地址。例子中的“index.html”是要访问的路径。

params(访问参数)：用于指定特殊参数的可选项。例子中的“user”是访问参数。

query(查询条件)：可选，用于给动态网页传递参数，可有多个参数，用“&”符号隔开，每个参数的名和值用“=”符号隔开。例子中的“a=7”是查询条件。

fragment(锚点)：字符串，用于指定网络资源中的片断。例如一个网页中有多个名词解释，可使用 fragment 直接定位到某一名词解释。例子中的“comment”是锚点。

下面将详细介绍 urllib.parse 模块中的一些函数的使用。

1) urlparse()

urlparse()函数侧重于将 URL 字符串拆分为 url 组件，或者将 url 组件组合为 URL 字符串。该函数将一个 URL 字符串拆分为 6 个部分，其中包括 scheme(协议名称)、netloc(域名)、path(访问路径)、params(访问参数)、query(查询条件)和 fragment(锚点)。其函数原型如下：

```
urllib.parse.urlparse(urlstring, scheme='', allow_fragments=True)
```

主要参数：

urlstring：必备参数，其值是需要解析的 URL 字符串；

scheme：代指使用的协议，默认为 https；

allow_fragments：表示是否忽略 fragment，默认为 True。

下面以一个简单的例子介绍该函数的使用，程序如下：

```
from urllib.parse import urlparse
o = urlparse('http://www.nwpu.edu.cn/xysz.htm ')
print(o)
print(o.scheme)
print(o.port)
print(o.geturl)
```

程序运行结果如下：

```
    ParseResult(scheme='http',  netloc='www.nwpu.edu.cn',  path='/xysz.htm',  params='',  query='',
fragment='')
    http
    None
```

```
<bound method ParseResult.geturl of ParseResult(scheme='http', netloc='www.nwpu.edu.cn', path='/xysz.htm', params='', query='', fragment='')>
```

从程序运行结果可以看出，urlparse()将一个 URL 分为 6 个部分，并且返回一个 tuple。如果某个部分在 URL 中没有给出，该部分将返回空值。同时，我们可以查看分成的 6 个部分的内容，不仅如此，port 参数可以查看访问的端口号。

2) parse_qs()

对于现有的一串 GET 请求参数，该函数可以将其转化为字典。其函数原型如下：

```
urllib.parse.parse_qs(qs, keep_blank_values=False, strict_parsing=False, encoding='utf-8',
errors='replace', max_num_fields=None)
```

主要参数：

qs：必填项，指定需要转化的请求参数。

keep_blank_values：可选参数，是一个标志，指示百分比编码查询中的空值是否应被视为空字符串，默认为 False。

strict_parsing：可选参数是一个标志，指示如何处理解析错误。如果为 False(默认值)，则会忽略错误。

encoding 和 errors：可选参数，指定如何将百分比编码的序列解码为 Unicode 字符。

max_num_fields：可选参数，指定要读取的最大字段数。

下面通过一个简单的例子介绍该函数的使用，程序如下：

```
from urllib.parse import parse_qs
query = "school=nwpu && loc = shanxi"
print(parse_qs(query))
```

程序运行结果如下：

```
{'school': ['nwpu '], ' loc ': [' shanxi']}
```

可以看出，函数将请求参数成功转化为字典形式。

3) urlunparse()

该函数从 urlparse()返回的元组中构造 URL。该函数的原型如下：

```
urllib.parse.urlunparse(parts)
```

主要参数：

parts：必须是包含 6 个字符串的可迭代对象，如列表或元组。

下面以一个简单的例子介绍该方法的使用，程序如下：

```
from urllib.parse import urlunparse
data = ["http", "www.nwpu.edu.cn", "index.html", "user", "a=7", "comment"]
print(urlunparse(data))
```

程序运行结果如下：

```
http://www.nwpu.edu.cn/index.html;user?a=7#comment
```

4) urlsplit()

urlsplit()函数的原型如下：

```
urllib.parse.urlsplit(urlstring, scheme='', allow_fragments=True)
```

该函数和 urlparse()类似，但不会从 URL 中单独解析 params 这一部分，因此只会返回 5 个结果。

示例程序：

```
from urllib.parse import urlsplit
result = urlsplit("http://www.nwpu.edu.cn/index.html;user?a=7#comment ")
print(result)
```

程序运行结果如下：

```
SplitResult(scheme='http', netloc='www.nwpu.edu.cn', path='/index.html;user', query='a=7', fragment='comment ')
```

可以发现，在返回的元组中没有 params 参数(user)，仅仅返回了 5 个结果。

5) urlunsplit()

urlunsplit()函数的原型如下：

```
urllib.parse.urlunsplit(parts)
```

该函数将 urlsplit()返回的元组元素组合成一个完整的 URL。该函数与 urlunparse 很相似，唯一的区别在于传入的可迭代对象长度必须是 5。

示例程序：

```
from urllib.parse import urlunsplit
data = ["http", "www.nwpu.edu.cn ", "index.html", "a=7", "comment"]
print(urlunsplit(data))
```

程序运行结果如下：

```
http:// www.nwpu.edu.cn /index.html?a=7#comment
```

3.4.2 使用 requests 库获取网页

requests 库不是 Python 的内置库，在使用之前需要先通过 pip 或者 conda 命令进行安装。本节的例子可参考 resquests_example.ipynb 或 requests 子目录下的代码。

1．发送请求

使用 requests 发送网络请求非常简单，一开始需要导入 requests 模块，然后获取某个网页。以获取百度首页信息为例，程序如下：

```
import requests
r = requests.get("https://www.nwpu.edu.com")
```

当有了一个名为 r 的 Response 对象之后，就可以从这个对象中获取我们想要的信息了。

示例程序：

```
print(type(r))
print(r.status_code)
print(r.cookies)
```

程序运行结果如下：

```
<class 'requests.models.Response'>
200
<RequestsCookieJar[]>
```

上面的代码在发送请求时，是利用 GET 方式发送的，当然，也可以利用 POST 方式来发送请求。

示例程序：

```
import requests
data = {"name": "zx","school":"nwpu"}
r = requests.post('http://httpbin.org/post', data = data)
print(r.text)
```

程序运行结果如下：

```
{
  "args": {},
  "data": "",
  "files": {},
  "form": {
    "name": "zx",
    "school": "nwpu"
  },
  "headers": {
    "Accept": "*/*",
    "Accept-Encoding": "gzip, deflate",
    "Content-Length": "19",
    "Content-Type": "application/x-www-form-urlencoded",
    "Host": "httpbin.org",
    "User-Agent": "python-requests/2.21.0"
  },
  "json": null,
  "origin": "61.150.43.36, 61.150.43.36",
  "url": "https://httpbin.org/post"
}
```

在 POST 请求中，有时需要发送一些编码为表单形式的数据，此时，可以给 data 参数传递一个字典，数据字典在发出请求时会自动编码为表单形式。

示例程序：

```
data = {'key1': 'value1', 'key2': 'value2'}
r = requests.post("http://httpbin.org/post", data=data)
print(r.text)
```

程序运行结果如下：

```
{
  "args": {},
  "data": "",
  "files": {},
  "form": {
    "key1": "value1",
    "key2": "value2"
  },
  "headers": {
    "Accept": "*/*",
    "Accept-Encoding": "gzip, deflate",
    "Content-Length": "23",
    "Content-Type": "application/x-www-form-urlencoded",
    "Host": "httpbin.org",
    "User-Agent": "python-requests/2.21.0"
  },
  "json": null,
  "origin": "61.150.43.36, 61.150.43.36",
  "url": "https://httpbin.org/post"
}
```

如果在表单中，多个元素使用同一个 key 的时候，通常将 data 参数传入一个元组列表。示例程序：

```
data = (('key1', 'value1'), ('key1', 'value2'))
r = requests.post('http://httpbin.org/post', data=data)
print(r.text)
```

程序运行结果如下：

```
{
  "args": {},
  "data": "",
  "files": {},
  "form": {
    "key1": [
      "value1",
      "value2"
    ]
  },
  "headers": {
```

```
        "Accept": "*/*",
        "Accept-Encoding": "gzip, deflate",
        "Content-Length": "23",
        "Content-Type": "application/x-www-form-urlencoded",
        "Host": "httpbin.org",
        "User-Agent": "python-requests/2.21.0"
    },
    "json": null,
    "origin": "61.150.43.36, 61.150.43.36",
    "url": "https://httpbin.org/post"
}
```

当然，在 requests 库中，也封装了 HTTP 请求的其他类型，如 PUT、DELETE、HEAD、OPTIONS，代码如下：

```
r = requests.put('http://httpbin.org/put')
r = requests.delete('http://httpbin.org/delete')
r = requests.head('http://httpbin.org/get')
r = requests.options('http://httpbin.org/get')
```

2. 传递 URL 参数

有时我们需要为 URL 的查询字符串传递某种数据，通常我们可以手工来构建 URL，那么数据就会以键值对的形式置于 URL 中，跟在一个问号后面，例如 http://httpbin.org/get?key=val。在 requests 库中，可以通过 params 关键字来传递参数，该参数通常以一个字符串字典的形式传入。

示例程序：

```
import requests
params = {'key1': 'value1', 'key2': 'value2'}
r = requests.get("http://httpbin.org/get", params=params)
print(r.url)
```

程序运行结果如下：

```
http://httpbin.org/get?key1=value1&key2=value2
```

当然，也可以将一个列表作为值传入。

示例程序：

```
data = {'key1': 'value1', 'key2': ['value2', 'value3']}
r = requests.get('http://httpbin.org/get', params=data)
print(r.url)
```

程序运行结果如下：

```
http://httpbin.org/get?key1=value1&key2=value2&key2=value3
```

3．响应内容

客户端程序向服务器端发送请求之后，服务器会给客户端一个响应，我们可以通过 requests 库来读取服务器响应的内容。

示例程序：

```
import requests
r = requests.get('http://www.nwpu.edu.cn')
r.encoding = "UTF-8"
print(r.text)
```

该程序运行之后，将返回访问页面的 HTML 内容。requests 能够自动解码来自服务器的内容，大多数 Unicode 字符集都能够被解码。当请求发出后，requests 会基于 HTTP 头部对响应的编码做出有根据的推测，当访问 r.text 时，requests 会根据其推测进行文本编码。我们可以通过 encoding 来查看编码，程序如下：

```
print(r.encoding)
```

程序运行结果如下：

```
'utf-8'
```

为了防止中文乱码，在获取网页时，有时需要将编码形式设置为“UTF-8”，可以通过形如 r.encoding = "UTF-8"的方式去设置。当编码形式改变之后，每次访问 r.text 时，requests 就会根据新的编码格式进行文本解析。

4．二进制响应内容

对于非文本请求，我们也可以以字节的方式访问请求响应体。

示例程序：

```
import requests
r = requests.get("https://github.com/favicon.ico")
print(r.text)
print(r.content)
```

程序运行结果如下：

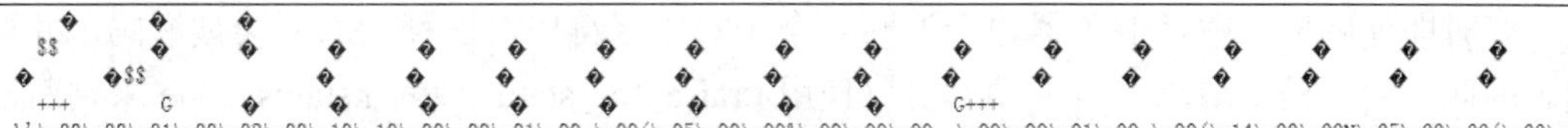

从运行结果可以看出，当请求内容是非文本时，利用 r.text 去访问，将会出现乱码，此时可以利用 r.content 去访问。

当然，也可以根据请求返回的二进制数据创建一张图片，代码如下：

```
from PIL import Image
from io import BytesIO
im = Image.open(BytesIO(r.content))
im.show() #显示图片
im.save("test.png") #保存图片
```

5．JSON 响应内容

在 requests 中，有一个内置的 JSON 解码器，可以帮助我们处理 JSON 数据。

示例程序：

```
import requests
r = requests.get('https://api.github.com/events')
print(r.json())
```

程序运行结果如下：


```
[{'id': '10861792570', 'type': 'PushEvent', 'actor': {'id': 30421756, 'login': 'JHmini', 'display_login': 'JHmini', 'gravatar_id': '', 'url': 'https://api.github.c
om/users/JHmini', 'avatar_url': 'https://avatars.githubusercontent.com/u/30421756?'}, 'repo': {'id': 210477574, 'name': 'JHmini/WebJavaDatabase
Etc', 'url': 'https://api.github.com/repos/JHmini/WebJavaDatabaseEtc'}, 'payload': {'push_id': 4273861345, 'size': 1, 'distinct_size': 1, 'ref': 'refs/hea
ds/master', 'head': 'f3de378bb0d774e8a5e16c6d0b62a4b6a6afaf49', 'before': '9feeb72856399322c125ce1c6df979b0071ee50b', 'commits': [{'sh
a': 'f3de378bb0d774e8a5e16c6d0b62a4b6a6afaf49', 'author': {'email': 'hminj150311@gmail.com', 'name': 'JHmini'}, 'message': 'rein little', 'distin
ct': True, 'url': 'https://api.github.com/repos/JHmini/WebJavaDatabaseEtc/commits/f3de378bb0d774e8a5e16c6d0b62a4b6a6afaf49'}]}, 'public':
True, 'created_at': '2019-11-14T11:52:54Z'}, {'id': '10861792579', 'type': 'IssuesEvent', 'actor': {'id': 3275797, 'login': 'blairconrad', 'display_login':
'blairconrad', 'gravatar_id': '', 'url': 'https://api.github.com/users/blairconrad', 'avatar_url': 'https://avatars.githubusercontent.com/u/3275797?'},
'repo': {'id': 7626243, 'name': 'blairconrad/FakeItEasy', 'url': 'https://api.github.com/repos/blairconrad/FakeItEasy'}, 'payload': {'action': 'opened',
'issue': {'url': 'https://api.github.com/repos/blairconrad/FakeItEasy/issues/136', 'repository_url': 'https://api.github.com/repos/blairconrad/FakeIt
Easy', 'labels_url': 'https://api.github.com/repos/blairconrad/FakeItEasy/issues/136/labels{/name}', 'comments_url': 'https://api.github.com/repo
s/blairconrad/FakeItEasy/issues/136/comments', 'events_url': 'https://api.github.com/repos/blairconrad/FakeItEasy/issues/136/events', 'html_ur
l': 'https://github.com/blairconrad/FakeItEasy/issues/136', 'id': 522809568, 'node_id': 'MDU6SXNzdWU1MjI4MDk1Njg=', 'number': 136, 'title': 'R
elease 6.vNext', 'user': {'login': 'blairconrad', 'id': 3275797, 'node_id': 'MDQ6VXNlcjMyNzU3OTc=', 'avatar_url': 'https://avatars0.githubuserconte
nt.com/u/3275797?v=4', 'gravatar_id': '', 'url': 'https://api.github.com/users/blairconrad', 'html_url': 'https://github.com/blairconrad', 'followers_u
```


如果 JSON 解码失败，r.json()就会抛出一个异常。例如，在请求百度首页时，可能就会产生解码失败，并抛出异常。

示例程序：

```
r = requests.get('http://www.nwpu.edu.cn')
print(r.json())
```

程序运行结果如下：

```
JSONDecodeError                    Traceback (most recent call last)
<ipython-input-7-bf82c2e90311> in <module>()
    5 # json解码失败
    6 r = requests.get('https://www.nwpu.edu.cn')
----> 7 print(r.json())
```

有时即使响应失败，服务器也会返回一个 JSON 字符串，这种 JSON 会被解码，并返回。因此，为了检查请求是否成功，可以使用 r.raise_for_status 或者 r.status_code 来判断请求是否成功，如果成功，则会返回状态码 200。

6．定制请求头

在请求过程中，如果需要为请求添加 HTTP 头部，则只需要给 headers 参数传递一个 dict 类型的数据即可。比如在获取知乎首页时，如果不传递 headers，就不能正常请求，程序如下：

```
import requests
r = requests.get("https://www.zhihu.com/explore")
print(r.text)
```

程序运行结果如下：

```
<html>
<head><title>400 Bad Request</title></head>
<body bgcolor="white">
<center><h1>400 Bad Request</h1></center>
<hr><center>openresty</center>
</body>
</html>
```

但是如果添加了 headers 并加上 User-Agent 信息，就能够正常请求了，程序如下：

```
headers = {
    'User-Agent': 'Mozilla/5.0 (Windows NT 10.0; WOW64) AppleWebKit/537.36 (KHTML, like Gecko) Chrome/75.0.3770.100 Safari/537.36'
}
r = requests.get("https://www.zhihu.com/explore", headers=headers)
print(r.text)
```

程序运行结果如下：

```
<!doctype html>
<html lang="zh" data-hairline="true" data-theme="light"><head><meta charSet="utf-8"/><title data-react-helmet="true">发现 - 知乎</title
><meta name="viewport" content="width=device-width,initial-scale=1,maximum-scale=1"/><meta name="renderer" content="webkit"/><m
eta name="force-rendering" content="webkit"/><meta http-equiv="X-UA-Compatible" content="IE=edge,chrome=1"/><meta name="google
-site-verification" content="FTeR0c8arOPKh8c5DYh_9uu98_zJbaWw53J-Sch9MTg"/><meta name="description" property="og:description" con
tent="有问题，上知乎。知乎，可信赖的问答社区，以让每个人高效获得可信赖的解答为使命。知乎凭借认真、专业和友善的社区氛围，结构化、易获得的
优质内容，基于问答的内容生产方式和独特的社区机制，吸引、聚集了各行各业中大量的亲历者、内行人、领域专家、领域爱好者，将高质量的内容透过人
的节点来成规模地生产和分享。用户通过问答等交流方式建立信任和连接，打造和提升个人影响力，并发现、获得新机会。"/><link data-react-helmet="t
rue" rel="apple-touch-icon" href="https://static.zhihu.com/heifetz/assets/apple-touch-icon-152.67c7b278.png"/><link data-react-helmet="tru
e" rel="apple-touch-icon" href="https://static.zhihu.com/heifetz/assets/apple-touch-icon-152.67c7b278.png" sizes="152x152"/><link data-rea
ct-helmet="true" rel="apple-touch-icon" href="https://static.zhihu.com/heifetz/assets/apple-touch-icon-120.b3e6278d.png" sizes="120x120"/
><link data-react-helmet="true" rel="apple-touch-icon" href="https://static.zhihu.com/heifetz/assets/apple-touch-icon-76.7a750095.png" size
s="76x76"/><link data-react-helmet="true" rel="apple-touch-icon" href="https://static.zhihu.com/heifetz/assets/apple-touch-icon-60.a4a761d
4.png" sizes="60x60"/><link rel="shortcut icon" type="image/x-icon" href="https://static.zhihu.com/static/favicon.ico"/><link rel="search" typ
e="application/opensearchdescription+xml" href="https://static.zhihu.com/static/search.xml" title="知乎"/><link rel="dns-prefetch" href="//st
atic.zhimg.com"/><link rel="dns-prefetch" href="//pic1.zhimg.com"/><link rel="dns-prefetch" href="//pic2.zhimg.com"/><link rel="dns-prefe
tch" href="//pic3.zhimg.com"/><link rel="dns-prefetch" href="//pic4.zhimg.com"/><style>
```

可以看出，当添加了请求头(header)后，就能够正确请求到知乎首页了。当然，也可以在 headers 这个参数中任意添加其他的字段信息。requests 库不会基于定制请求头的具体情况而改变自己的行为，只不过在最后的请求中，所有的请求头信息都会被传递进去。在使用 requests 库时，所有的请求头的值必须是 string、bytestring 或者 Unicode。

在 requests 库中，对于每一个请求，我们可以查看一个请求的服务器响应头，该响应头以字典的形式返回。

示例程序：

```
r = requests.get(' https://www.zhihu.com/explore ')
print(r.headers)
```

程序运行结果如下：

```
{'Date': 'Fri, 15 Nov 2019 03:04:09 GMT', 'Content-Type': 'text/html', 'Content-Length': '170',
'Connection': 'keep-alive', 'Server': 'ZWS', 'Set-Cookie': 'tgw_l7_route=e2ca88f7b4ad1bb6affd1b65f8997df3;
Expires= Fri, 15-Nov-2019 03:19:04 GMT; Path=/, _xsrf=Oxpj9XVcN8NKxxpCXqrzuoN16BFzeCUM;
path=/; domain=zhihu.com; expires=Tue, 03-May-22 03:04:09 GMT', 'Vary': 'Accept-Encoding',
```

```
'X-NWS-LOG-UUID': '9838c79b-953c-4df0-a6df-95833dfa1252', 'X-Daa-Tunnel': 'hop_count=1',
'x-cdn-provider': 'tencent', 'x-edge-timing': '5.022'}
```

由于返回的请求头是一个字典类型，因此我们可以根据需要查看某个请求头的信息。

示例程序：

```
print(r.headers["content-type"])
```

程序运行结果如下：

```
'text/html'
```

7. Cookie

如果某个响应中包含了 Cookie，则 requests 库提供了访问 Cookie 的方法。

示例程序：

```
import requests
r = requests.get("https://www.baidu.com")
print(r.cookies)
for key, value in r.cookies.items():
    print(key + "=" + value)
```

程序运行结果如下：

```
<RequestsCookieJar[<Cookie BDORZ=27315 for .baidu.com/>]>
BDORZ=27315
```

使用 Cookies 属性即可成功得到所有的 Cookie，它的类型为 RequestsCookieJar。然后通过 items()方法可以将其转化为元组组成的列表，遍历输出每一个 Cookie 的名称和值，从而实现 Cookie 的遍历和解析。

3.4.3 使用 selenium 获取网页

selenium 是一个自动化测试工具，利用它可以驱动浏览器执行特定的动作，比如点击、下拉等操作，同时还可以获取浏览器当前呈现的页面的源代码，做到可见即可爬。用户可以通过命令 pip install selenium 安装 selenium。安装完 selenium 之后，还需要下载 ChromeDriver，我们使用的版本是 2.30，可以进入 ChromeDriver 官网下载对应的版本。本节相关代码可参考 selenium 子目录下的代码或者 Selenium_example.ipynb 文件。

1. 获取源代码

在利用 selenium 获取源代码之前，需要将下载的 ChromeDriver 与代码放在同一个文件夹下，以便调用。如果将其放在别的路径下，就需要使用绝对路径进行调用。下面的示例程序是使用 selenium 来获取百度首页的源代码。

```
# 初始化 selenium 并导入 selenium 库
from selenium import webdriver
# 使用相对路径指定 WebDriver
driver = webdriver.Chrome('chromedriver.exe')
try:
```

```
        # 使用 selenium 打开网页
        driver.get('https://www.baidu.com')
        # 获取网页源代码
        html = driver.page_source
        # 打印网页源代码
        print(html)
    finally:
        driver.close()
```

执行上面的代码后，程序会自动打开谷歌浏览器，并弹出一个界面，当界面自动消失之后，会打印出百度首页的源码。

2. 声明浏览器对象

selenium 支持多种浏览器，如 Chrome、Firefox、Edge、Safari 等，也支持无界面浏览器 PhantomJS，在初始化时可以进行指定浏览器类型。使用不同的浏览器不仅需要安装浏览器，也需要事先下载好各浏览器对应的 webdriver，一般是一个可执行程序，代码如下：

```
driver = webdriver.Chrome()
driver = webdriver.Firefox()
driver = webdriver.Edge()
driver = webdriver.PhantomJS()
driver = webdriver.Safari()
```

3. 获取单个元素

如果想获取网页中的单个节点元素，selenium 也提供了很多方法，其中最常用的两个如下：

(1) find_element_by_id()：通过 id 获取，返回符合条件的第一个。

(2) find_element_by_name()：通过 name 获取，返回符合条件的第一个。

以百度首页为例，如果想要获取搜索框这个节点，首先可以看一下百度首页的源代码，如图 3-11 所示。

```
▼<form name="f" id="form" action="/s" class="fm" onsubmit="javascript:F.call('ps/sug','pssubmit');">
  ▼<span id="s_kw_wrap" class="bg s_ipt_wr quickdelete-wrap">
     <span class="soutu-btn"></span>
     <input type="text" class="s_ipt" name="wd" id="kw" maxlength="100" autocomplete="off"> == $0
     <a href="javascript:;" id="quickdelete" title="清空" class="quickdelete" style="top: 0px; right: 0px; display: none;"></a>
   </span>
   <input type="hidden" name="rsv_spt" value="1">
   <input type="hidden" name="rsv_iqid" value="0xb54815100045bcef">
   <input type="hidden" name="issp" value="1">
   <input type="hidden" name="f" value="8">
   <input type="hidden" name="rsv_bp" value="1">
   <input type="hidden" name="rsv_idx" value="2">
```

图 3-11　百度首页搜索框源代码

可以看出，该搜索框的 id 为 kw，name 为 wd。这样，我们就可以利用提供的方法进行获取了。

示例程序：

```
from selenium import webdriver
# 使用相对路径指定 WebDriver
driver = webdriver.Chrome('chromedriver.exe')
driver.get('https://www.baidu.com')
element_by_name= driver.find_element_by_name('wd')
element_by_id = driver.find_element_by_id('kw')
print(element_by_name)
print(element_by_id)
driver.close()
```

程序运行结果如下：

```
<selenium.webdriver.remote.webelement.WebElement(session="8b071cb473e7717c25e90e0837df1adc", element="324c4d3f-5a07-4a30-86a4-f0999bab27c6")>
<selenium.webdriver.remote.webelement.WebElement(session="8b071cb473e7717c25e90e0837df1adc", element="324c4d3f-5a07-4a30-86a4-f0999bab27c6")>
```

不仅如此，也可以根据 CSS 选择器或者 XPath 的方式获取节点元素。

示例程序：

```
from selenium import webdriver
driver = webdriver.Chrome('chromedriver.exe')
driver.get('https://www.baidu.com')
print(driver.find_element_by_css_selector('#kw'))
print(driver.find_element_by_xpath('//*[@id="kw"]'))
driver.close()
```

程序运行结果如下：

```
<selenium.webdriver.remote.webelement.WebElement(session="1c6aa148b8b54b0fbbcc35d4a363d6ff", element="fdb3d244-c680-465d-bffb-771b1bf03126")>
<selenium.webdriver.remote.webelement.WebElement(session="1c6aa148b8b54b0fbbcc35d4a363d6ff", element="fdb3d244-c680-465d-bffb-771b1bf03126")>
```

selenium 中还提供了很多获取单个元素的方法，如：

- find_element_by_link_text；
- find_element_by_partial_link_text；
- find_element_tag_name；
- find_element_by_class_name。

selenium 还提供了一个 find_element()方法，该方法也是获取单个元素节点。该方法需要传入两个参数，第一个参数是查找方式，第二个参数是查找的值。比如通过 id 查找值为 kw 的元素：find_element(By.ID, 'kw')。

4. 获取多个元素

有时我们需要获取多个元素节点，此时需要调用 selenium 中可以获取多个元素节点的方法。以豆瓣首页为例，我们需要获取首页上方导航栏的所有节点，查看源代码，如图 3-12 所示。

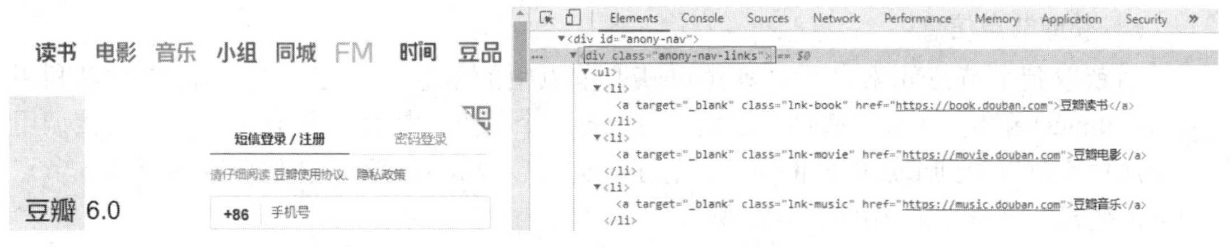

图 3-12　豆瓣首页导航栏源代码

从图 3-12 中可以看出，导航栏包含在 class=anony-nav-links 的 div 标签下，导航栏元素在该标签的 li 子标签下，知道了这个之后，就可以使用 CSS 选择器的方式获取该 div 标签下的所有 li 标签元素了。

示例程序：

```
from selenium import webdriver
driver = webdriver.Chrome('chromedriver.exe')
driver.get('https://www.douban.com/')
print(driver.find_elements_by_css_selector('.anony-nav-links li'))
driver.close()
```

程序运行结果如下：

```
[<selenium.webdriver.remote.webelement.WebElement(session="af685cc9c4079db9a4cda563e586
6ec0", element="b182a6ea-998d-45ad-bd81-8da5aadf86f5")>,
<selenium.webdriver.remote.webelement.WebElement(session="af685cc9c4079db9a4cda563e586
6ec0",element="429b1dc6-7f58-4b78-823d-e38a869af40a")>,
<selenium.webdriver.remote.webelement.WebElement(session="af685cc9c4079db9a4cda563e5866ec0",
element="fe2ceff1-0cb9-4769-8945-333df401b6c7")>,
<selenium.webdriver.remote.webelement.WebElement(session="af685cc9c4079db9a4cda563e5866ec0",
element="3df3b187-6f47-4349-973e-7e756a81fb43")>,
<selenium.webdriver.remote.webelement.WebElement(session="af685cc9c4079db9a4cda563e5866ec0",
element="eb6b6e12-cc58-40e7-9f53-8048901091b7")>,
<selenium.webdriver.remote.webelement.WebElement(session="af685cc9c4079db9a4cda563e5866ec0",
element="72efd60f-522d-4018-90d1-84d77f0f9ed7")>,
<selenium.webdriver.remote.webelement.WebElement(session="af685cc9c4079db9a4cda563e5866ec0",
element="05ae4fc8-bfe1-4387-894f-a4976127c129")>,
<selenium.webdriver.remote.webelement.WebElement(session="af685cc9c4079db9a4cda563e5866ec0",
element="7565017e-f1d2-4849-a9b9-01b108f6d06d")>]
```

从运行结果可以看出，返回的是一个列表，列表中包含导航栏中所有的节点元素，每一个元素是一个 WebElement 类型。

当然，selenium 中还有其他获取多个元素的函数，其函数原型和获取单个元素的函数一致，只不过将其中的 element 变成了 elements，并且函数的用法也相同。同时，selenium 中也提供了一个 find_elements()函数，其参数和使用方法和 find_element()函数一致。有关这些函数的用法，由于和之前的相似，此处不再赘述。

5. 获取节点信息

当获取到了节点元素之后，就可以获取节点中的信息了，在 selenium 中可以利用 get_attribute()函数获取节点属性。当然，对于每一个节点，都有一个 text 属性，直接调用这个属性就可以得到节点内部的文本信息了。同样以豆瓣网为例，我们获取 id 为 icp 节点元素的信息，其网页源码如图 3-13 所示。

```
▼<span id="icp" class="fleft gray-link">
  "
    © 2005 - 2019 douban.com, all rights reserved 北京豆网科技有限公司
   "
  <br>
  <a href="http://www.miibeian.gov.cn/">京ICP证090015号</a>
  " 京ICP备11027288号 网络视听许可证"
  <a href="https://www.douban.com/about?topic=licence" target="_blank">0110418</a>
  "号
   "
  <br>
  "京网文[2015]2026-368号 "
  <img src="https://img3.doubanio.com/pics/biaoshi.gif" align="absmiddle">
  <a href="http://www.beian.gov.cn/portal/registerSystemInfo?recordcode=11010502000728">京公网安备11010502000728</a>
  "  新出网证(京)字129号
   "
  <br>
  "违法和不良信息举报电话: 4008353331-9 "
  <img src="https://img3.doubanio.com/img/files/file-1423193113.png" height="16" align="top">
  <br>
  <img src="https://img3.doubanio.com/pics/icon/jubao.png" align="absmiddle" width="15px">
  <a href="http://www.12377.cn/">中国互联网举报中心</a>
  " 电话: 12377 "
  <a href="https://img3.doubanio.com/f/shire/80d71f876c40a3ecdfde2fe2afe3b1983a2cac64/pics/licence/publication2018.png">新出发京批字第直160029号</a>
</span>
```

图 3-13　豆瓣首页部分源码

可以通过以下代码获取 id 为 icp 节点元素的信息。

```
from selenium import webdriver
driver = webdriver.Chrome('chromedriver.exe')
driver.get('https://www.douban.com/')
icp = driver.find_element_by_id('icp')
print(icp)
## 获取节点 class 属性
print(icp.get_attribute('class'))
## 获取文本内容
print(icp.text)
driver.close()
```

程序运行结果如下：

```
    <selenium.webdriver.remote.webelement.WebElement
(session="c107105fea63d3071ab67cabe7daae3c",element="c6e60aaf-dcaa-4515-80c2-0e6f33bf9419")>
    fleft gray-link
    © 2005—2019 douban.com, all rights reserved 北京豆网科技有限公司
```

京 ICP 证 090015 号京 ICP 备 11027288 号网络视听许可证 0110418 号
京网文[2015]2026-368 号京公网安备 11010502000728　新出网证(京)字 129 号
违法和不良信息举报电话：4008353331-9
中国互联网举报中心电话：12377 新出发京批字第直 160029 号

3.4.4　网页抓取面临的问题

在网页抓取的过程中，有时浏览器直接保存页面没有问题，而使用爬虫抓取时得到的源代码和浏览器的不一致。这主要有两方面的原因：一种情况是网站使用了 JavaScript 异步获取数据，浏览器会解析获取的 HTML 文件并执行对应的 JavaScript 程序获取数据，而爬虫没有执行 JavaScript 程序；另一种情况是网站所有者并不欢迎爬虫抓取网站的数据，设置了多种机制防范爬虫抓取数据。

有时我们利用 urllib 或者 requests 库抓取网页时，得到的源代码和浏览器中看到的不一致，这通常是由内置在网页中的 JavaScript 造成的。现在网页为了提高用户响应速度，很多网站采用了 AJAX、前端模块化工具等来构建，网页上的数据和样式采用异步的方式逐步获取。初始的 HTML 文件仅仅包含了一个显示的框架，具体的数据在浏览器解析这个 HTML 时获取对应的 JavaScript 程序并执行。JavaScript 代码会获取所需的数据并由浏览器进一步渲染和显示。但是在利用 urllib 或者 requests 库等请求这样的页面时，只会得到这个 HTML 代码，并不会继续加载其中的 JS 文件，因此没有获取完整的数据。

对于这种 JavaScript 异步获取数据引起的问题，主要有两种解决办法。第一种方法就是分析网页后台向接口发送的 AJAX 请求，直接访问该地址获取数据。以 CSDN 官网为例，当我们用鼠标向下滚动时，内容会自动更新，而网址并没有变化，这些内容就是由 AJAX 加载的。我们可以利用谷歌浏览器的开发者工具来进行查看，并且切换到 Network 面板下，这里记录的是页面在加载过程中浏览器与服务器之间发送请求和接收响应的所有记录，如图 3-14 所示。

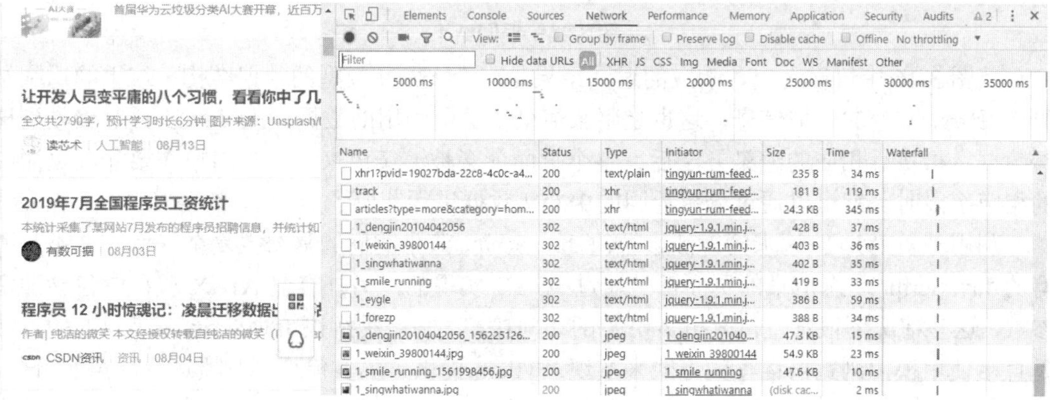

图 3-14　Network 面板结果

由于 AJAX 是一种特殊的请求类型，叫做 xhr，在图 3-14 中可以看到有一个以 articles 开头的请求，这就是一个 AJAX 请求，点击这个请求可以看到请求的详细信息，如图 3-15 所示。

图 3-15　请求详细信息

从图 3-15 中看出，这是一个 GET 类型的请求，请求的地址为 https://www.csdn.net/api/articles?type=more&category=home&shown_offset=0，请求参数分别为 type、category 以及 shown_offset，并且对于每一个这样的 AJAX 请求，其请求链接都是一样的。点击图 3-15 中的“Preview”，就可以看到详细的响应内容，如图 3-16 所示。

× Headers Preview Response Cookies Timing
▾{status: "true", last_view_time: null, message: "", shown_offset: 0, articles: [,…],…}
 ▾articles: [,…]
  ▾0: {comments: "0", user_name: "qq_42322103", created_at: "18小时前", id: "99095331", title: "【C/C++】文件操作总结",…}
    avatar: "https://profile.csdnimg.cn/3/2/9/1_qq_42322103"
    category: "其它"
    category_id: "none"
    comments: "0"
    created_at: "18小时前"
    desc: "文章目录文件操作文件基础磁盘文件和设备文件磁盘文件的分类文本文件和二进制文件文件的打开和关闭文件指针文件的打开文件的关闭文件的顺序读写按照字符读写文件fgetc、fpu
    id: "99095331"
    is_watched: false
    nickname: "沉晓"
    shown_offset: 1567044195
    shown_time: "1567044195"
    strategy: "其它"
    strategy_id: "alirecmd"
    summary: "文章目录文件操作文件基础磁盘文件和设备文件磁盘文件的分类文本文件和二进制文件文件的打开和关闭文件指针文件的打开文件的关闭文件的顺序读写按照字符读写文件fgetc、
    tace_code: "1007.58626.121930.100200300000000:0119cf1c-f6b1-440a-bb44-cccaed3d474a:ZYQSJ1314:0:0:0:::10:content___99095331:article:hot_1week:7.5796765173
    title: "【C/C++】文件操作总结"
    type: ""
    url: "https://blog.csdn.net/qq_42322103/article/details/99095331"
    user_name: "qq_42322103"
    user_url: "https://blog.csdn.net/qq_42322103"
    views: 245

图 3-16　返回结果

从图 3-16 中可以看出，响应的返回结果是一个 JSON 类型的数据结构，这里的返回结果是每一个文章的详细信息，这也是用来渲染主页所使用的数据。当 JavaScript 接收到这些数据，再执行相应的渲染方法后，整个页面就会被渲染出来了。当用户需要抓取页面中的相应字段时，就可以通过分析返回的 JSON 数据进行获取了。

利用分析 AJAX 请求的方法来解决 JavaScript 渲染的问题显得很复杂，而且并不是所有的 JavaScript 动态渲染的页面都是通过 AJAX 实现的，另外有些 AJAX 接口中包含加密参数，这些情况下很难直接分析 AJAX 的访问接口。另一种解决 JavaScrip 渲染问题的方法是直接使用模拟浏览器运行的方式来实现。Python 提供了很多模拟浏览器运行的第三方库，比如 selenium 和 splash。selenium 的使用在之前已经介绍过。splash 是一个 JavaScript 渲染服务，它可以以异步的方式处理多个页面的渲染过程，并且获取渲染之后的页面源代码和截图，同时它还可以执行特定的 JavaScript 脚本。利用 selenium 和 splash 处理 JavaScript 渲染的问题，虽然能够获得和网页源码，但是效率低，在爬取量非常大的时候，有时候延迟也比较大，也会出现负载不均衡等问题。

爬虫程序运行时会向服务器不断发送请求，会增加服务器的负载，可能影响正常用户的访问。另一方面，有些网站不希望第三方使用他们的敏感数据，如电商平台上各种商品的价格。为了限制和规范爬虫程序的行为，人们设计了 Robots 协议。Robots 协议的全称是网络爬虫排除标准(Robots Exclusion Protocol)，网站通过 Robots 协议告诉搜索引擎哪些页面可以抓取，哪些页面不能抓取。Robots 协议代表了一种契约精神，互联网企业只有遵守这一规则，才能保证网站及用户的隐私数据不被侵犯。

Robots 协议要求在网站根目录下存放一个按照 ASCII 编码的 robots.txt 文件。这个文件里面的内容告诉爬虫程序哪些数据是可以爬取的，哪些数据是不可以爬取的。要查看一个网站的 robots.txt，只需访问“网站域名/robots.txt”。如豆瓣网的 robots.txt 地址为 https://www.douban.com/robots.txt，如图 3-17 所示。

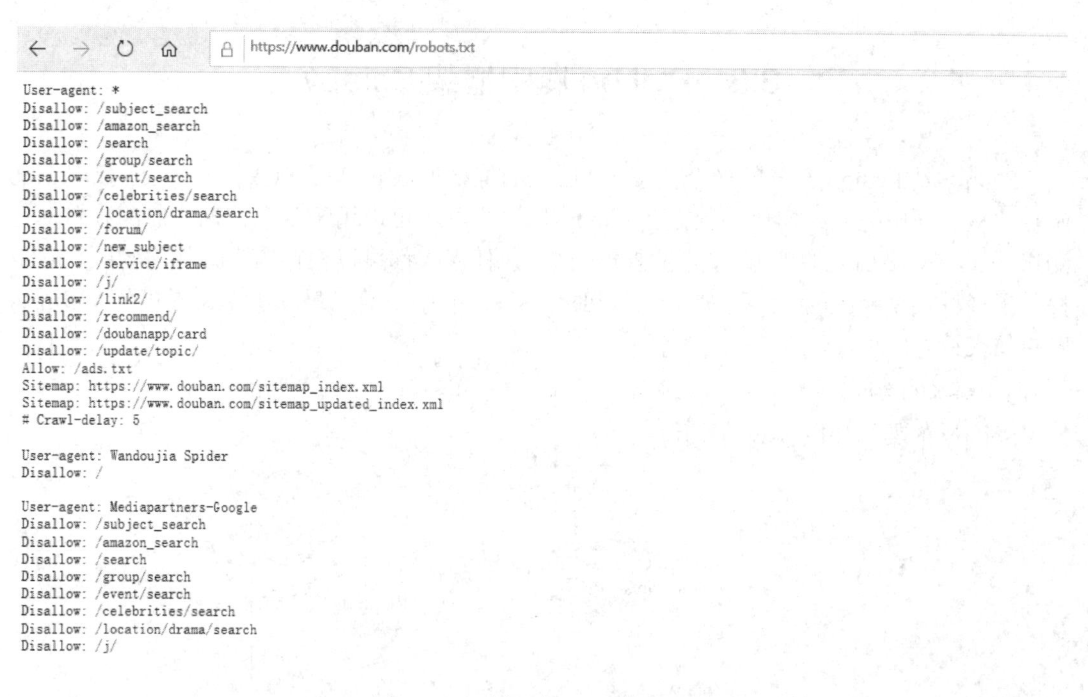

图 3-17　豆瓣网的 robots.txt 文件

这个 robots.txt 文件表示，对于不同的请求头，任何爬虫允许爬取除了 Disallow 开头的网址以外的其他网址。爬虫程序在爬取网站之前，首先需要访问并获取这个 robots.txt 文件中的内容并遵守网站所有者的规则。国内使用 Robots 协议最典型的案例，就是淘宝网拒绝百度搜索，京东拒绝一淘搜索。不过，绝大多数中小网站都需要依靠搜索引擎来增加流量，因此通常并不排斥搜索引擎，也很少使用 Robots 协议。2012 年 360 搜索引擎违反 Robots 协议也曾被百度告上法庭。

除了 Robots 协议外，网站也会设计一些反爬虫的技术来限制爬虫程序的访问。比如在访问网页时要求用户进行交互，成功后才能获得正确的网页。常见的交互包括文字或图片的验证码、鼠标移动或点击动作等。对于那些传统的文字或图片验证码问题，有些文字识别或图像识别库可以解决。如果无法通过程序来解决的问题，则可以在需要交互的时候，将图片或交互界面提供给用户，在正确交互后继续爬取数据。即程序能解决就采用程序解决，程序解决不了的问题就采用人工干预的方式解决。

另一种限制爬虫的方式是访问特征识别和拦截。最典型的是单位时间内同一个 IP 访问页面数量过多，这种情况下爬虫程序在开始阶段运行正常，但是过了一段时间程序就不能正确取得数据了，比如获得 403 Forbidden。可以通过降低访问频率或使用代理服务器的方式解决这种问题。代理是在客户端和 Web 服务器端之间的一个转发服务器，客户端将请求发给代理服务器，代理服务器向 Web 服务器发送请求并转发回复给客户端。Web 服务器记录的对应访问的 IP 地址是代理服务器的 IP。爬虫通过轮换使用多个代理服务器可达到隐藏 IP 和访问行为的目的。

爬虫和反爬虫技术都在不断发展，在设计程序抓取网页时需要根据网站的特性进行具体的分析，选择合适的方法应对不同的反爬虫技术。

3.5 Python 爬虫框架 Scrapy

Scrapy 是 Python 开发的一个快速、高层次的屏幕抓取和 Web 抓取框架，用于抓取 Web 站点并从页面中提取结构化的数据。Scrapy 用途广泛，可以用于数据挖掘、监测和自动化测试。Scrapy 吸引人的地方在于它是一个框架，任何人都可以根据需求方便地修改。它也提供了多种类型爬虫的基类，如 BaseSpider、Sitemap 爬虫等，最新版本又提供了 Web 2.0 爬虫的支持。

1. 架构介绍

Scrapy 的架构如图 3-18[①]所示。

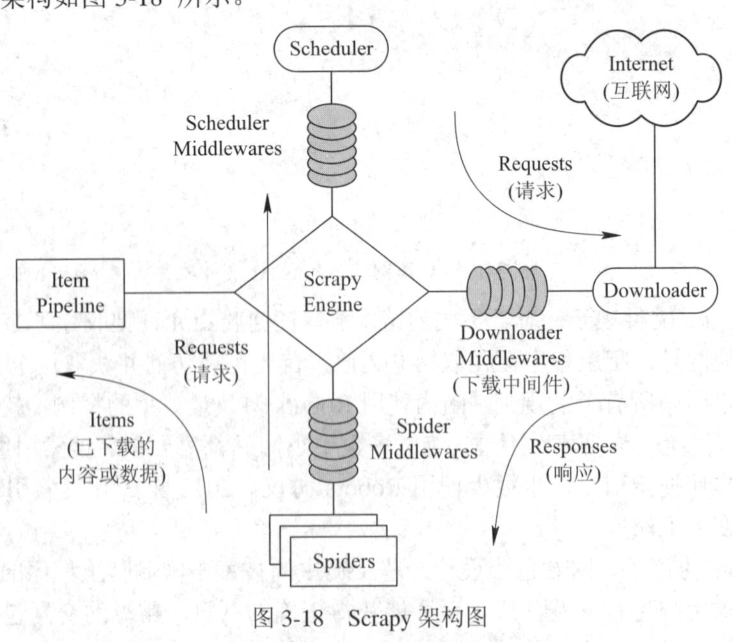

图 3-18　Scrapy 架构图

① 图片来源：https://www.runoob.com/w3cnote/scrapy-detail.html。

从图 3-18 中可以看出，Scrapy 框架主要由以下几个部分组成：

• Scrapy Engine(引擎)：负责 Spider、ItemPipeline、Downloader、Scheduler 中间的通信，包括信号和数据的传递。

• Scheduler(调度器)：负责接受引擎发送过来的请求，并按照一定的方式进行整理排列，入队，当引擎需要时，交还给引擎。

• Downloader(下载器)：负责下载 Scrapy Engine(引擎)发送的所有 Requests 请求，并将其获取到的 Responses 交还给 Scrapy Engine(引擎)，由引擎交给 Spider 来处理。

• Spider(爬虫)：负责处理所有 Responses，从中分析提取数据，获取 Item 字段需要的数据，并将需要跟进的 URL 提交给引擎，再次进入 Scheduler(调度器)。

• Item Pipeline(已下载内容或数据的处理流水线)：负责处理 Spider 中获取到的 Item，并进行后期处理(详细分析、过滤、存储等)的地方。

• Downloader Middlewares(下载中间件)：一个可以自定义扩展下载功能的组件。

• Spider Middlewares(Spider 中间件)：一个可以自定义扩展和操作引擎和 Spider 中间通信的功能组件。

2．项目结构

Scrapy 项目的创建需要通过命令来完成，代码的编写还需要依赖于 IDE(如 Pycharm)。

如果要创建一个 Scrapy 项目，则可以通过命令行来完成。首先进入一个已有的文件夹，然后利用命令“scrapy startproject 项目名称”的方式创建一个 Scrapy 项目。例如，创建一个名为 doubanscrapy 的项目(scrapy startproject doubanscrapy)，如图 3-19 所示。

```
D:\Workspace\JetBrains\Pycharm\Retile
λ scrapy startproject doubanscrapy
New Scrapy project 'doubanscrapy', using template directory 'c:\users\administrator\appdata\local\programs\python\python36\lib\site-packages\scrapy\templates\project', created in:
    D:\Workspace\JetBrains\Pycharm\Retile\doubanscrapy

You can start your first spider with:
    cd doubanscrapy
    scrapy genspider example example.com
```

图 3-19　创建 Scrapy 项目

当项目运行成功之后，就可以利用 Pycharm 打开项目了，其项目结构如图 3-20 所示。

```
doubanscrapy D:\Workspace\JetBrains\Pycharm\Retile\doubanscrapy
    doubanscrapy
        spiders
            __init__.py
        __init__.py
        items.py
        middlewares.py
        pipelines.py
        settings.py
    scrapy.cfg
```

图 3-20　Scrapy 项目结构

图 3-20 中每个文件的功能描述如下：

• items.py：定义 Item 数据结构，所有的 Item 的定义都放在这里。

• pipelines.py：定义 Item Pipeline 的实现，所有的 Item Pipeline 的实现都放在这里。

- settings.py：定义项目的全局配置。
- middlewares.py：定义 Spider Middlewares 和 Downloader Middlewares 的实现。
- scrapy.cfg：Scrapy 项目的配置文件，其内定义了项目的配置文件路径、部署相关信息等内容。
- spiders：其内包含一个个 Spider 的实现，每一个 Spider 都有一个文件。

3. Scrapy 的基本使用

1) 创建项目

在使用 Scrapy 之前，需要创建一个 Scrapy 项目。在前面已经讲解了 Scrapy 项目的创建方法，并且创建了一个名为 doubanscrapy 的项目，该项目的目的是从 https://movie.douban.com/top250 网站里抓取豆瓣 top250 电影的相关信息。这里的相关代码可参考 doubanscrapy 文件夹中的相关代码。

2) 创建 Item

从 Scrapy 的项目结构图中可以看到，在 Scrapy 项目创建成功之后，有一个 items.py 文件。Item 定义结构化数据字段，用来保存爬取到的数据，类似于 Python 中的 dict，但是提供了一些额外的保护减少错误。可以通过创建一个继承于 scrapy.Item 的类，并且定义类型为 scrapy.Field 的类属性来定义一个 Item。

示例程序：

```
import scrapy
class DoubanscrapyItem(scrapy.Item):
    title = scrapy.Field()   # 电影名字
    movieInfo = scrapy.Field()   # 电影的描述信息，包括导演、主演、电影类型等
    star = scrapy.Field()   # 电影评分
```

3) 创建 Spider

Spider 是自定义的一个类，Scrapy 用它来从网页中抓取内容，并解析抓取的结果。但是这个类必须继承于 Scrapy 中的 scrapy.Spider 类，同时还要定义 Spider 的名称和起始请求，以及处理爬取后的数据的方法。用户自定义的 Spider 子类一般保存在项目的 Spiders 目录下。比如我们可以在该目录下创建一个名为 douban.py 的文件，程序如下：

```
import scrapy
class Douban(scrapy.spiders.Spider):
    name = "douban"
    allowed_domains = ["douban.com"]
    start_urls = ['https://movie.douban.com/top250']
    def parse(self, response):
        with open("douban250.html", "w") as f:
            f.write(response.text)
```

要建立一个 Spider，必须用 scrapy.Spider 类创建一个子类，并确定三个强制的属性和一个方法：

- name = ""：爬虫的识别名称，必须是唯一的，不同的爬虫必须定义不同的名字。

• allow_domains = []：搜索的域名范围，也就是爬虫的约束区域，规定爬虫只爬取这个域名下的网页，不存在的 URL 会被忽略。

• start_urls = ()：爬取的 URL 元祖/列表。爬虫从这里开始抓取数据，所以，第一次下载的数据将会从这些 urls 开始。其他子 URL 将会从这些起始 URL 中继承性生成。

• parse(self, response)：解析的方法，每个初始 URL 完成下载后将被调用，调用的时候传入从每一个 URL 传回的 Response 对象来作为唯一参数，主要作用是负责解析返回的网页数据(response.body)、提取结构化数据(生成 Item)以及生成需要下一页的 URL 请求。

之后，我们就可以进入项目下的 Spiders 目录，运行命令 scrapy crawl douban 来执行程序，如果打印的日志出现[scrapy] INFO: Spider closed (finished)，代表执行完成。命令中的 douban 是 Douban 类的 name 属性，也就是爬虫名。一个 Scrapy 爬虫项目里，可以存在多个爬虫，各个爬虫在执行时，就是按照 name 属性来区分的。

4) 解析 Response

在前面提到的 douban.py 中，parse()方法的参数 response 是 start_urls 里面的链接爬取到的结果，但是在 parse()方法中没有对 response 做任何处理。实际中，对于 response 中的结果需要对其进行解析，从而获取到想要的信息。前面已经说过，我们需要获取电影名称、电影描述信息以及电影评分的信息，查看网页源码如图 3-21 所示。

```
▼<li>
  ▼<div class="item">
    ▶<div class="pic">…</div>
    ▼<div class="info">
      ▼<div class="hd">
        ▼<a href="https://movie.douban.com/subject/1292052/" class>
            <span class="title">肖申克的救赎</span> == $0
            <span class="title"> / The Shawshank Redemption</span>
            <span class="other"> / 月黑高飞(港)  /  刺激1995(台)</span>
          </a>
          <span class="playable">[可播放]</span>
        </div>
      ▼<div class="bd">
        ▼<p class>
            "
                                    导演: 弗兰克·德拉邦特 Frank Darabont   主演: 蒂姆·罗宾斯 Tim Robbins /..."
            <br>
            "
                                    1994 / 美国 / 犯罪 剧情
                              "
          </p>
        ▼<div class="star">
            <span class="rating5-t"></span>
            <span class="rating_num" property="v:average">9.7</span>
            <span property="v:best" content="10.0"></span>
            <span>1515996人评价</span>
          </div>
        ▶<p class="quote">…</p>
        ▶<p>…</p>
        </div>
      </div>
    </div>
  </li>
```

图 3-21　豆瓣 top250 源码信息

从源码中可以看出，对于每一个电影的信息，都包含在一个 class 为 info 的 div 标签中，该 div 标签中包含很多子标签，这些子标签中含有电影的名称、电影信息以及评分等信息。所以首先可以通过 info 获取所有电影的信息，然后遍历所有电影信息，再依次取出每一个电影的信息即可。因此可以修改 parse()函数，从而对页面进行解析，获取相关字段，程序如下：

```
def parse(self, response):
    item = DoubanscrapyItem()
    selector = Selector(response)
    movies = selector.xpath('//div[@class="info"]')
for eachMovie in movies:
# 多个 span 标签
        title = eachMovie.xpath('div[@class="hd"]/a/span/text()').extract()
        fullTitle = "".join(title)   # 将多个字符串无缝连接起来
        movieInfo = eachMovie.xpath('div[@class="bd"]/p/text()').extract()
        star =
            eachMovie.xpath('div[@class="bd"]/div[@class="star"]/span/text()').extract()[0]
        item['title'] = fullTitle
        item['movieInfo'] = ';'.join(movieInfo)
        item['star'] = star
        yield item
    nextLink = selector.xpath('//span[@class="next"]/link/@href').extract()
    # 第 10 页是最后一页，没有下一页的链接
    if nextLink:
        nextLink = nextLink[0]
        yield Request(urljoin(response.url, nextLink), callback=self.parse)
```

写完解析函数之后，就可以利用 scrapy crawl douban 命令在命令行执行程序了，如果打印的日志出现[scrapy] INFO: Spider closed (finished)代表执行完成，并且可以在控制台看到获取到的相关信息。当然，如果使用集成开发环境运行项目，则可以在项目中创建一个 main.py 文件，该文件与 items.py 同级。然后在该文件中写入以下代码：

```
from scrapy.cmdline import execute
execute("scrapy crawl douban".split())
```

最后，直接运行 main.py 文件就可以运行整个 Scrapy 项目了，并且会在控制台看到相关信息。

5) 保存到文件

前面在运行程序之后，程序运行的结果都打印在控制台上，这并不是我们希望的，我们希望将运行结果保存到文件，以便后面的使用。这里将简单介绍一下如何将结果保存到文件中。

如果想要将运行结果保存到文件中，则需要在 scrapy crawl douban 命令之后添加相关参数。比如，如果需要将结果保存成 XML 文件，则可以在命令行运行命令 scrapy crawl douban -o douban.xml，这样就会在项目目录中生成一个名为 douban.xml 的文件。当然也可以修改 main.py 文件中的代码，将 execute("scrapy crawl douban".split())改为 execute("scrapy crawl douban -o douban.xml".split())即可，同样可以达到相同的效果，如图 3-22 所示。

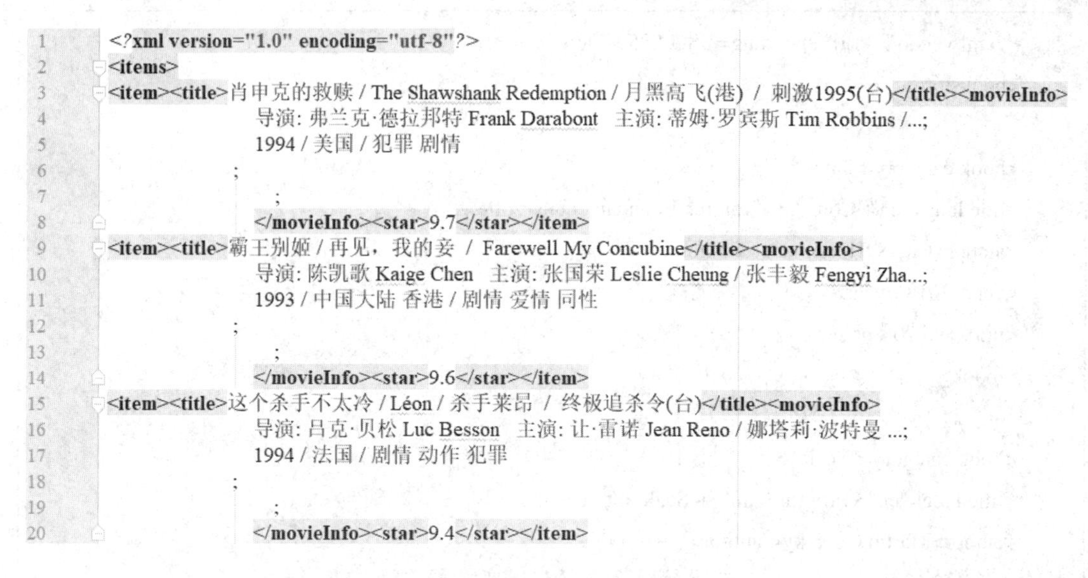

```
<?xml version="1.0" encoding="utf-8"?>
<items>
<item><title>肖申克的救赎 / The Shawshank Redemption / 月黑高飞(港)  /  刺激1995(台)</title><movieInfo>
                    导演: 弗兰克·德拉邦特 Frank Darabont   主演: 蒂姆·罗宾斯 Tim Robbins /...;
                    1994 / 美国 / 犯罪 剧情
                ;
                    ;
                    </movieInfo><star>9.7</star></item>
<item><title>霸王别姬 / 再见，我的妾  /  Farewell My Concubine</title><movieInfo>
                    导演: 陈凯歌 Kaige Chen   主演: 张国荣 Leslie Cheung / 张丰毅 Fengyi Zha...;
                    1993 / 中国大陆 香港 / 剧情 爱情 同性
                ;
                    ;
                    </movieInfo><star>9.6</star></item>
<item><title>这个杀手不太冷 / Léon / 杀手莱昂  /  终极追杀令(台)</title><movieInfo>
                    导演: 吕克·贝松 Luc Besson   主演: 让·雷诺 Jean Reno / 娜塔莉·波特曼 ...;
                    1994 / 法国 / 剧情 动作 犯罪
                ;
                    ;
                    </movieInfo><star>9.4</star></item>
```

图 3-22　将运行结果保存成 XML 文件

输出格式还支持很多种，例如CSV、JSON、Pickle、Marshal。如果需要保存成某种文件类型，则只需要修改命令后面文件的后缀名即可实现。

练　习　题

1. 在浏览器中请求某一页面，需要经历哪些过程？

2. 请求与响应电文都包含哪些内容？

3. 网页抓取面临的主要问题有哪些？

4. 在 re 模块中，match()、search()、findall()三个函数的异同点是什么？

5. BeautifulSoup 支持的解析器类型有哪些？BeautifulSoup 中四种不同的对象分别对应网页中的哪些内容？

6. urllib 有几个模块？每个模块有什么作用？

7. Scrapy 框架的组成部分以及各部分的主要功能是什么？

8. 利用 urllib 抓取豆瓣图书 top250(https://book.douban.com/top250)的首页源代码。

9. 利用 requests 抓取豆瓣图书 top250(https://book.douban.com/top250)的首页源代码。

10. 将豆瓣图书 top250(https://book.douban.com/top250)的首页源代码保存到本地(Douban-BookTop250.html)，然后仔细分析源码，利用 BeautifulSoup 获取图书名称、图书链接、图书信息(作者、出版社、出版时间、价格)、图书评分、图书评价人数、图书描述等信息。

11. 现有一个 HTML 文档(job.html，存放在 data 目录下)，该文档中记录了一些岗位信息，包括职位名称、公司名、工作地点和薪资等信息，利用正则表达式获取这些信息。

12. 有下面一段 XML 代码片段(practise05.xml，存放在 data 目录下)，使用 XPath 完成以下任务:

```
<?xml version="1.0" encoding="ISO-8859-1"?>
<bookstore>

<book category="Java">
<title lang="en">Core Java Volume I Fundamentals</title>
<author>Cay S. Horstmann</author>
<year>2018</year>
<price>95.20</price>
</book>

<book category="Scala">
<title lang="en"> Programming in Scala </title>
<author>Martin Odersky</author>
<year>2018</year>
<price>89.30</price>
</book>

<book category="Python">
<title lang="en">Python for data analysis</title>
<author>Wes McKinney</author>
<year>2017</year>
<price>98.20</price>
</book>

<book category="C++">
<title lang="en">C++ Primer Plus</title>
<author>Stephen Prata</author>
<year>2012</year>
<price>82.90</price>
</book>
</bookstore>
```

(1) 将其保存成 XML 文件，然后利用 lxml 读取该文件；
(2) 利用 XPath 获取所有书本的 title 节点信息以及 title 的值；
(3) 利用 XPath 获取第一个书本的 title 节点信息以及 title 的值；
(4) 利用 XPath 获取最后一个书本的 title 节点信息以及 title 的值；
(5) 利用 XPath 获取所有 category 为 C++的书本的 title 的值；
(6) 利用 XPath 获取价格大于 95 元的书本的 title 的值。

13. http://top.baidu.com/是百度搜索风云榜的官方网址，根据要求利用 selenium 完成以下任务:

(1) 获取该网页的源代码;

(2) 在该网址中有一个搜索框，其部分源码如下，利用 selenium 提供的方法获取该搜索框;

```
<form id="ba_fm" action="http://www.baidu.com/s" name="f" target="_blank">
<input name="tn" value="SE_baiduhomet8_jmjb7mjw" type="hidden" />
<span class="s_ipt_wr">
    <input value="" data-default="国务院机构改革" maxlength="100" class="s_ipt" name="wd"
id="sword">
</span>
<span class="s_btn_wr">
<input type="submit" id="ba_baidu" class="s_btn" onmousedown="this.className='s_btn s_btn_h'"
onmouseout="this.className='s_btn'" value="百度一下">
</span>
</form>
```

(3) 该网站的导航栏如图 3-23 所示，分析该部分代码，然后利用 selenium 提供的方法获取导航栏下的所有标签。

首页 风云时讯 娱乐 小说 游戏 人物 汽车 热点 全部榜单 地域风向标 人群风向标

图 3-23 百度搜索风云榜导航栏

第4章　大数据存储

在很多大数据处理的应用中，数据都是在文件或数据库中保存的。大数据处理的中间结果也需要保存在持久化的存储中。对数据的读写操作是计算机处理的基础，本章将介绍如何使用 Python 进行数据的读写等相关操作。

如图 4-1 所示，从数据访问的方式来分，Python 数据存储分为文件、数据库及对象三类。对于文件存储，除了需要知道文件的读写操作外，还需要知道不同格式的文件的数据组织格式，如在 CSV 中将数据用逗号分隔、JSON 的语法规则等。Python 提供了丰富的标准库和第三方库来分析不同格式的文件，从而进行文件的读写。对于数据库访问接口，一般的处理流程为先建立与数据库的连接，然后使用 SQL 或其他查询语句查询或更新数据，最后关闭连接。Python 的对象存储机制提供了一种简单快捷的将变量和运行环境持久化的方法。通过对象存储接口，可以将程序运行过程中的对象直接存至文件，再次打开后可以将文件的内容直接转为对象。

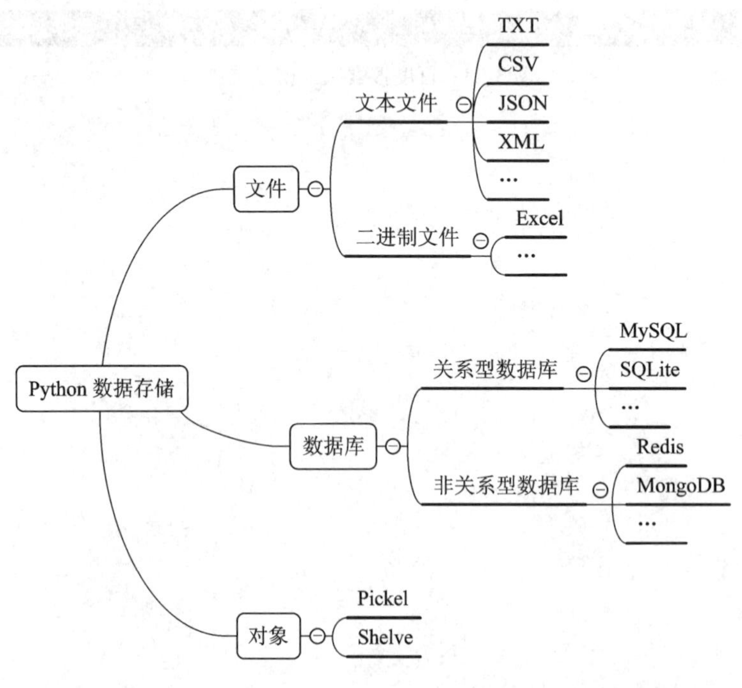

图 4-1　Python 数据存储分类

本章重点、难点、需要掌握的内容：

➢ 理解 CSV、XML、JSON 和 Excel 四种文件的格式；

- 掌握操作各种文件的方法，重点掌握使用 Pandas 库操作文件的方法；
- 了解各种常用的关系型和非关系型数据库的基础概念及区别；
- 理解操作关系型数据库和非关系型数据库的流程；
- 掌握使用 Python 进行 MySQL 数据库和 MongoDB 数据库操作的方法。

4.1 文件存储

数据可以存储在各种类型的文件中，计算机文件系统一般用不同的后缀来区分不同的文件。不同格式的文件中数据的组织方式也不相同，常见的用于数据保存和传输的文件格式包括 TXT、CSV(逗号分隔符文件)、JSON(JavaScript 对象符号)、 XML(可扩展标记语言)、Word、PDF、Excel 等。

一般情况下，网站提供的数据都保存在 CSV、Excel、JSON、XML 四种格式的文件中。例如，美国政府公开数据的网站①中的数据集大部分是 CSV、Excel、JSON 和 XML。著名的大数据竞赛 kaggle②中的数据集基本上都是 CSV 文件格式。国内的一些数据竞赛网站，比如天池大数据竞赛③使用的数据集是 Excel 和 CSV 格式，kesci④使用的数据集是 CSV 格式。

如何利用 Python 来读写不同格式的文件呢？根据文件格式的规定编写自己的文件读写函数是一种方法，但是这种方法需要对文件的格式有深刻的理解，费时费力，而且属于重复造轮子，因为 Python 已经提供了很多库来操作各种格式的文件。针对常用文件类型，Python 提供了对应的库来操作，如表 4-1 所示，这些库根据文件的内部格式从文件中读写数据。

表 4-1 Python 处理文件的库

文件格式	内置库	第三方库
CSV	CSV	NumPy、Pandas 等
JSON	JSON	Pickle/ujson/Pandas 等
XML	XML	lxml 等
Excel	无	xlrd/xlwt/Pandas 等
Word	无	python-docx/win32com 等
PDF	无	pdfminer/pyPDF2 等

一般情况下很少用 Word 和 PDF 来存储数据集，所以接下来的部分我们将重点介绍 CSV、Excel、JSON 和 XML 四种文件的相关操作，其他格式文件的读写方法可查找对应库的说明文档。

---

① https://www.data.gov/。

② https://www.kaggle.com/datasets。

③ https://tianchi.aliyun.com/。

④ https://www.kesci.com/。

4.1.1 CSV

CSV(Comma-Separated Values)是逗号分隔符文件，它以纯文本形式存储表格数据。CSV文件由多条记录组成，记录间以某种换行符分隔。每条记录由多个字段组成，字段间的分隔符一般是逗号或制表符。在数据库或电子表格中，最常见的导入导出的文件格式就是CSV文件，CSV文件的后缀是.csv。CSV格式的文件可以用多种软件打开，比较常见的有TXT和Excel。TXT打开时会显示出逗号，Excel打开时会自动将每个逗号隔开的数据作为一列在Excel中显示。

我们以机器学习中常用的鸢尾花数据集(参考本书的数据集：iris.csv)为例来介绍CSV数据。这个数据集一共五列，分别是花萼长度(Sepal.Length)、花萼宽度(Sepal.Width)、花瓣长度(Petal.Length)、花瓣宽度(Petal.Width)以及鸢尾花卉种类(Setosa，Versicolour，Virginica)，共有150个样本，每个种类的鸢尾花有50个样本。下面是用TXT打开的鸢尾花数据集中的部分数据，可以看到每行数据的不同字段用逗号隔开。

```
Sepal.Length,Sepal.Width,Petal.Length,Petal.Width,Setosa,Versicolour
5.1,3.5,1.4,0.2,Iris-setosa
4.9,3,1.4,0.2,Iris-setosa
4.7,3.2,1.3,0.2,Iris-setosa
4.6,3.1,1.5,0.2,Iris-setosa
5,3.6,1.4,0.2,Iris-setosa
5.4,3.9,1.7,0.4,Iris-setosa
4.6,3.4,1.4,0.3,Iris-setosa
```

图4-2所示是用Excel打开的鸢尾花数据集中的一部分数据。

	A	B	C	D	E	F
1	Sepal.Length	Sepal.Width	Petal.Length	Petal.Width	Setosa，Versicolour	
2	5.1	3.5	1.4	0.2	Iris-setosa	
3	4.9	3	1.4	0.2	Iris-setosa	
4	4.7	3.2	1.3	0.2	Iris-setosa	
5	4.6	3.1	1.5	0.2	Iris-setosa	
6	5	3.6	1.4	0.2	Iris-setosa	
7	5.4	3.9	1.7	0.4	Iris-setosa	
8	4.6	3.4	1.4	0.3	Iris-setosa	
9	5	3.4	1.5	0.2	Iris-setosa	
10	4.4	2.9	1.4	0.2	Iris-setosa	
11	4.9	3.1	1.5	0.1	Iris-setosa	
12	5.4	3.7	1.5	0.2	Iris-setosa	
13	4.8	3.4	1.6	0.2	Iris-setosa	
14	4.8	3	1.4	0.1	Iris-setosa	
15	4.3	3	1.1	0.1	Iris-setosa	
16	5.8	4	1.2	0.2	Iris-setosa	
17	5.7	4.4	1.5	0.4	Iris-setosa	
18	5.4	3.9	1.3	0.4	Iris-setosa	
19	5.1	3.5	1.4	0.3	Iris-setosa	
20	5.7	3.8	1.7	0.3	Iris-setosa	
21	5.1	3.8	1.5	0.3	Iris-setosa	
22	5.4	3.4	1.7	0.2	Iris-setosa	
23	5.1	3.7	1.5	0.4	Iris-setosa	
24	4.6	3.6	1	0.2	Iris-setosa	
25	5.1	3.3	1.7	0.5	Iris-setosa	

图4-2　鸢尾花数据文件的内容

Python 中操作 CSV 文件主要有两种方式：

(1) Python 标准库中的 CSV 模块。

(2) 第三方库，例如 NumPy、Pandas 等。

Python 标准库的 CSV 模块封装了很多常用的操作 CSV 的函数，这里我们仅介绍 CSV 模块中最常用的读取(csv.reader)及写入(csv.write)操作，语法如下：

```
def reader(csvfile,dialect='excel',**fmtparams) :
```

主要参数：

csvfile：支持迭代的对象，可以是文件(file)对象或者列表(list)对象，如果是文件对象，则打开时需要加“b”标志参数。

dialect：编码风格，默认为 Excel 的风格，也就是用逗号“,”分隔。dialect 方式也支持自定义，通过调用 register_dialect 方法来注册。

fmtparams：一系列参数列表，主要用于设置特定的格式，以覆盖 dialect 中的格式。

返回值：reader 的返回值是一个 csv.reader 类型，CSV 文件中的每一行就是一个元素。

reader 的常用属性如表 4-2 所示。

表 4-2　reader 的常用属性

属　性	描　　述
dialect	返回其 dialect
line_num	返回读入的行数

下面代码的功能是读取并打印鸢尾花文件的内容(参考代码：csv_reader.py)：

```
import csv                              #导入 csv 模块
file=open(r"data/iris.csv")             #打开鸢尾花数据集的文件，file 是相应的文件句柄
contents=csv.reader(file)               #读取鸢尾花数据，把数据放在 contents 中
for line in contents:                   #打印文件内容
    print(line)
```

程序运行结果的部分数据如下：

```
['Sepal.Length', 'Sepal.Width', 'Petal.Length', 'Petal.Width', 'Species']
['5.1', '3.5', '1.4', '0.2', 'setosa']
['4.9', '3', '1.4', '0.2', 'setosa']
['4.7', '3.2', '1.3', '0.2', 'setosa']
['4.6', '3.1', '1.5', '0.2', 'setosa']
['5', '3.6', '1.4', '0.2', 'setosa']
['5.4', '3.9', '1.7', '0.4', 'setosa']
```

使用 csv.write()函数可获得一个 csv.writer 对象，然后该对象的方法可以将数据写入 csv 文件，语法如下：

```
def writer(csvfile,dialect='excel',**fmtparams)
```

主要参数：

csvfile：是任何支持 write()方法的对象，通常为文件对象；

dialect 和 fmtparams：与 csv.reader 对象构造函数中的参数意义相同。

返回值：writer 的返回值是一个 csv.writer 类型，CSV 文件中的每一行就是一个元素。

writer 的常用属性如表 4-3 所示。

表 4-3　writer 的常用属性

属　性	描　　述
dialect	返回其 dialect
writerow()	写入一行数据到文件中，参数必须是 list 类型
writerows()	写入多行数据到文件中

下面代码的功能是把数据写入到指定的 csv 文件中(完整代码参考：csv_write.py)：

```
import csv
file=open(r"data/students.csv","w",newline="")    #打开文件，如果没有此文件则新建这个文件，newline 为是否换行的参数
writer=csv.writer(file)
row=["序号","学号","姓名","性别","学院"]
rows=[[1,"1409090312","张雨","女","计算机学院"],
      [2,"1409103265","陈敢","男","理学院"],
      [3,"1509111023","李家祥","女","计算机学院"],
      [4,"1409090311","邓贵","男","理学院"],
    ]
writer.writerow(row)
writer.writerows(rows)
```

如图 4-3 所示是成功写入的文件 student.csv。

	A	B	C	D	E	F
1	序号	学号	姓名	性别	学院	
2	1	1409090312	张雨	女	计算机学院	
3	2	1409103265	陈敢	男	理学院	
4	3	1509111023	李家祥	女	计算机学院	
5	4	1409090311	邓贵	男	理学院	
6						

图 4-3　CSV 模块写入的文件

除了 Python 的标准库外，很多第三方库也实现了读写 CSV 文件的功能，其中最出色的莫过于 Pandas。Pandas 是为了解决数据分析而创建的第三方工具，包含了大量的库和一些标准的数据模型，提供了高效的操作大型数据集所需的各种工具。Pandas 提供了多种不同格式文件的操作方法，如表 4-4 所示，这些方法将表格型数据读取为 DataFrame 对象。

表 4-4　Pandas 读取文件的常用方法

格式类型	格式描述	读取方法	写入方法
text	CSV	read_csv	to_csv
text	JSON	read_json	to_json
text	HTML	read_html	to_html
text	Local clipboard	read_clipboard	to_clipboard
binary	MS Excel	read_excel	to_excel
binary	OpenDocument	read_excel	
binary	HDF5 Format	read_hdf	to_hdf
binary	Feather Format	read_feather	to_feather
binary	Parquet Format	read_parquet	to_parquet
binary	Msgpack	read_msgpack	to_msgpack
binary	Stata	read_stata	to_stata
binary	SAS	read_sas	
binary	Python Pickle Format	read_pickle	to_pickle
SQL	SQL	read_sql	to_sql
SQL	Google Big Query	read_gbq	to_gbq

Pandas 使用 read_csv()方法读取 CSV 文件，语法如下(该方法有几十个参数，此处没有全部列出)：

```
defread_csv(filepath_or_buffer: Union[str, pathlib.Path, IO[~AnyStr]], sep=',', delimiter=None,
header='infer', names=None， …):
```

主要参数：

filepath_or_buffer：文件路径。

sep：指定分隔符，默认使用逗号分隔。

delimiter：定界符，备选分隔符，默认为 None。如果指定该参数，那么 sep 参数将会失效。

header：指定行作为列名。如果文件中没有列名，则设置为 None。header 参数可以是一个 list，这个 list 表示将文件中的这些行作为列标题(意味着每一列有多个标题)，介于中间的行将被忽略。

delim_whitespace：默认为 False。如果这个参数设定为 True，则指定空格(例如“　”或者“\t”)作为分隔符使用，同时 delimiter 参数失效。

names：表示列名的列表。如果文件不包含标题行，则通过设置 header=None，同时设置 names 列表可以设置数据的列名。列表中不能出现重复。

index_col：指定列号或者列名作为行索引，如果给定一个序列，则表示有多个行索引。

squeeze：布尔类型，默认为 False。如果解析后的数据只包含一列，则返回一个序列。

mangle_dupe_cols：布尔类型，为 False 时重复列名的数据将会被覆盖；为 True 时重复的列将被指定为 X_1, X_2,…,X_n 的形式。

dtype：用字典表示的每列数据的数据结构，如{'a':np.int32, 'b':np.int32}。

converters：用字典表示的列转换函数。key 可以是列名或列的序号。

因为 CSV 数据格式有很多可选项，所以 read_csv 函数的参数非常复杂，有超过 50 个参数，上面未完全列举出来，我们只需掌握常用的参数即可。当需要处理不太常见的 CSV 格式时可以直接查询 Pandas 官方文档。

返回值：pandas.DataFrame 对象。这个对象使用频率非常高，Python 的很多第三方库操作的就是这种数据类型。例如，Matplotlib 中的函数把 DadaFrame 对象当做输入参数进行画图，sklearn 中的函数把 DadaFrame 对象当做输入参数进行模型训练、评估模型等。

下面代码的功能是读取并打印鸢尾花文件的内容(代码参考 pd_read_csv.py)：

```
import pandas as pd
pd.set_option('display.max_columns', None)  #显示所有列
pd.set_option('display.max_rows', None)     #显示所有行
filepath= r"data/iris.csv"   #文件路径
data=pd.read_csv(filepath)                  #读 CSV 文件
print(data)                                 #打印文件内容
```

程序运行的结果如下：

```
     Sepal.Length  Sepal.Width  Petal.Length  Petal.Width  Species
0        5.1          3.5          1.4          0.2        setosa
1        4.9          3.0          1.4          0.2        setosa
2        4.7          3.2          1.3          0.2        setosa
3        4.6          3.1          1.5          0.2        setosa
4        5.0          3.6          1.4          0.2        setosa
5        5.4          3.9          1.7          0.4        setosa
```

Pandas 的 DataFrame 对象使用 to_csv()方法将数据写入 CSV 文件中，语法如下：

```
def to_csv(path_or_buf=None,sep=",",na_rep="",float_format=None,columns=None,header=True,index
=True,index_label=None,mode="w",encoding=None,compression="infer",quoting=None,quotechar='"',
line_terminator=None,chunksize=None,date_format=None,doublequote=True,escapechar=None,decimal
=".",):
```

主要参数：

path_or_buf=None：路径或对象，如果没有提供，结果将返回为字符串。

sep：输出文件的字段分隔符，默认字符为“,”。

na_rep：对缺失数据进行填充，默认为空格。

float_format：浮点数格式化字符串，默认为 None。

columns：要写入到文件中的列。

header：写入到文件中的列名。如果给定一个字符串列表，则将其作为列名的别名写到文件。

index：表示写入行索引，默认为 True，表示把行索引页写入到文件中。

mode：Python 写模式，默认为“w”。

encoding：表示输出文件中使用的编码方式，Python 2 中默认为“ASCII”，Python 3 中默认为“UTF-8”。

compression：表示在输出文件中使用的压缩方式，可以是 gzip、bz2、xz，仅在 path_or_buf 参数是文件名时有效。

line_terminator：在输出文件中使用的换行符，默认为“\n”。

chunksize：一次写入多行。

date_format：字符串对象转换为日期时间对象，默认为 None。

返回值：无返回值。

下面代码的功能是把数据写入到指定的 CSV 文件中：

```
import pandas as pd
data=pd.DataFrame([["1409090312","张雨","女","计算机学院"],
                   ["1509111023","李家祥","女","计算机学院"],
                   ["1409090311","邓贵","男","理学院"],
                   ["1409103265","陈敢","男","理学院"],
                   ])
data.to_csv(r"data/pd_students.csv",encoding="gb2312")
```

如图 4-4 所示是成功写入的文件 pd_student.csv 的输出文件。

A	B	C	D	E	F
序号	学号	姓名	性别	学院	
1	1409090312	张雨	女	计算机学院	
2	1409103265	陈敢	男	理学院	
3	1509111023	李家祥	女	计算机学院	
4	1409090311	邓贵	男	理学院	

图 4-4　pd_student.csv 的输出文件

4.1.2　XML

XML(eXtensible Markup Language)可扩展标记语言是一种常见的支持分层、嵌套数据及元数据的结构化数据格式，它可以用来标记数据、定义数据类型，是一种允许用户对自己的标记语言进行定义的源语言。从结构上看，XML 很像 HTML 超文本标记语言，但是在目的上，HTML 用于展示数据，其关注的焦点是数据及其显示控制，而 XML 是用于传输和存储数据，其焦点是数据的内容。XML 文件的后缀通常都是.xml。

XML 文件分为两类：Well-Formed XML 文件和 Validating XML 文件。如果一个文件满足 XML 规范中的规则，那么就是 Well-Formed XML 文件；如果一个文件满足 XML 规范中的规则且使用了 DTD (Document Type Definition)，则此 XML 文件称为 Validating XML 文件。

DTD 实际上是 XML 文件的模板，XML 文件中包含的元素、元素的顺序、元素的内容以及元素的属性都必须符合 DTD 中的定义。DTD 文件必须根据实际情况来进行制定，想要制定一份完整性高、适应性广的 DTD 文件是很难的，覆盖的范围越广，制定就越困难。

XML 文件由元素组成，每个元素包括一个开始标记、一个结束标记及两个标记之间的内容；标记是对文档存储格式和逻辑结构的描述。在形式上，标记中可能包括注释、引用、字符数据段、起始标记、结束标记、空元素、文档类型声明(DTD)和序言。

XML 文件的具体规则如下：

(1) 必须有声明语句。声明语句是 XML 文档的第一句，其格式如下：

```
<?xml version="1.0" encoding="utf-8"?>
```

(2) 注意大小写。在 XML 文档中，大小写是有区别的，如“<P>”和“<p>”是不同的标记。

(3) XML 文档有且只有一个根元素。XML 文档必须有一个根元素，就是紧接着声明后面建立的第一个元素，其他元素都是这个根元素的子元素，根元素完全包括文档中其他所有的元素。

(4) 属性值使用引号。XML 规定所有属性值必须加引号(可以是单引号，也可以是双引号)，否则将被视为错误。

(5) 所有的标记必须有相应的结束标记。XML 中所有标记必须成对出现，有一个开始标记，就必须有一个结束标记，否则将被视为错误。

(6) 所有的空标记也必须被关闭。空标记是指标记对之间没有内容的标记，比如“<img>”等标记。在 XML 中，规定所有的标记必须有结束标记。

XML 文件的一个示例文件(数据位置：data/bookstore.xml)如下：

```
<?xml version="1.0" encoding="utf-8"?>
<!DOCTYPE bookstore[
<!ELEMENT bookstore (book+)>
<!ELEMENT book (title,author,price,year)>
<!ELEMENT title (#PCDATA)>
<!ELEMENT author (#PCDATA)>
<!ELEMENT price (#PCDATA)>
<!ELEMENT year (#PCDATA)>
<!ATTLIST book No CDATA #REQUIRED>
]>
<bookstore>
<book No="1">
<title>Machine Learning</title>
        <author>MR.Zhou</author>
        <price>56.8</price>
        <year>2018</year>
</book>
<book No="2">
<title>Python For Data Analysis</title>
        <author>Wes McKinney</author>
        <price>119</price>
        <year>2001</year>
</book>
```

```
<book No="3">
    <title>Comuputing Method</title>
    <author>Jiang Shi Hong</author>
    <price>96.8</price>
    <year>2014</year>
</book>
</bookstore>
```

我们可以根据 XML 的基本结构直接编写代码进行读取和解析，但是并不推荐这种方法，因为 Python 已经提供了标准库 XML 和第三方库 lxml 解析 XML 文件。

Python 标准库中的 XML 包可以解析 Well-Formed、Validating 两类 XML 文件，且对这两类文件的解析方法是类似的。XML 包中最常用的是下面三个子包：

(1) DOM(Document Object Model)包：是 W3C 组织推荐处理 XML 的标准编程接口。它能够将 XML 数据在内存中解析成一棵树，然后通过对树的操作来操作 XML。但是这种方式将 XML 数据映射到内存，所以速度比较慢同时消耗很大的内存。

(2) SAX(Simple API for XML)包：SAX 以流式读取 XML 文件，不会将整个文件读取到内存中，只读取需要部分的内容，速度快，占用内存少，但是在操作上稍微复杂些，需要用户实现回调函数。

(3) ElementTree 包：提供了一个轻量级的对象模型，在 Python 2.4 之前需要单独安装，在 Python 2.5 以后成为 Python 标准库的一部分。ElementTree 包中的 ElementTree 类表示整个 XML 文档，Element 类表示 XML 的一个结点。ElementTree 类和 Element 类中的常用函数如表 4-5 和表 4-6 所示。通过操作 ElementTree 对象来操作整个 XML 文档，操作 Element 对象来操作 XML 结点。相对于其他两个模型来说，ElementTree 模型使用简单，接口友好，所以我们以 ElementTree 模块为例来解析 XML。

表 4-5　Element 类常用函数

函　数	描　　述
Element()	生成一个节点
root.find(node)	获得 root 节点中的第一个 node 子节点
root.findtext(node)	获取 root 节点中的第一个 node 子节点的内容
root.findall(node)	获取 root 节点中的所有 node 子节点
root.iter(node)	获取 root 节点中的 node 节点，并为之创建一个迭代器
root.tag	root 节点的名称
root.text	root 节点的内容
root.attrib	root 节点的属性
root.get(attr)	获取 root 节点中属性 attr 的值
root.items()	获取 root 节点中所有的属性值，每对属性都是键值对
root.keys()	获取 root 节点所有属性的 keys，返回列表
root.append(node)	向 root 节点加入 node 子节点
root.set(att,value)	设置 root 节点的属性 attr 的值为 value

表 4-6 ElementTree 类常用函数

函 数	描 述
find()	与 getroot().find()相同，即 Element.find()
findall()	与 getroot().findall()相同，即 Element. findall()
findtext()	与 getroot().findtext()相同，即 Element.findtext()
getroot()	获得根节点
parse()	将外部 XML 文档加载到元素树中
write()	将元素树作为 XML 写入文件

下面代码是使用 ElementTree 模块解析 XML 文件的一个简单例子，文件为上述的 XML 文件(完整代码参考 xml_parse_xml.py)：

```
import xml.etree.ElementTree as ET
filepath=r"data/bookstore.xml"          #不带 DTD 的 Well-Formed XML 文件路径
tree=ET.ElementTree(file=filepath)      #建立 xml 解析树对象
root=tree.getroot()                     #获取根节点
book=root.find("book")
print("xml 中第一个 book 标签:",book)
print("xml 中第一个 book 标签中的 tag:",book.tag)
print("xml 中第一个 book 标签中的 text:",book.text)
print("xml 中第一个 book 标签中的 text:",root.findtext("book"))
print("xml 中第一个 book 标签中的 attrib:",book.attrib)
print("xml 中第一个 book 标签中的 keys():",book.keys())
print("xml 中第一个 book 标签中的 items():",book.items())
print("xml 中第一个 book 标签中的'No'属性的值:",book.get("No"))
print("*"*50)
books=root.findall("book")              #找到根节点的所有子节点
for book in books:                      #遍历每一个根节点的子节点，显示对应的子节点的内容
    print("title:",book.find("title").text)
    print("author:",book.find("author").text)
    print("price:",book.find("price").text)
    print("year:",book.find("year").text)
    print("*"*50)
```

程序运行的结果如下：

```
xml 中第一个 book 标签: <Element 'book' at 0x000002E71D466DB8>
xml 中第一个 book 标签中的 tag: book
xml 中第一个 book 标签中的 text:


xml 中第一个 book 标签中的 text:
```

```
xml 中第一个 book 标签中的 attrib: {'No': '1'}
xml 中第一个 book 标签中的 keys(): ['No']
xml 中第一个 book 标签中的 items(): [('No', '1')]
xml 中第一个 book 标签中的'No'属性的值: 1
************************************************
title: Machine Learning
author: MR.Zhou
price: 56.8
year: 2018
************************************************
title: Python For Data Analysis
author: Wes McKinney
price: 119
year: 2001
************************************************
title: Comuputing Method
author: Jiang Shi Hong
price: 96.8
year: 2014
************************************************
```

XML 的写操作比解析操作要简单很多，主要步骤是：

(1) 创建 Element 节点；

(2) 设置节点的属性和节点的值；

(3) 加入新建节点到其父节点或添加其子节点(如果此节点是根节点则只需要添加子节点，如果此节点是叶子节点则只需要添加到其父节点)。

下面代码是写 XML 文件一个简单的例子(代码参考 xml_write.py)：

```
from xml.etree.ElementTree import Element,ElementTree,tostring
root=Element('bookstore')
root_book=Element("book")
root_book.set("No","1")
book_title=Element("title")
book_title.text="Machine Learning"
book_author=Element("author")
book_author.text="MR.Zhou"
book_price=Element("price")
book_price.text="56.8"
book_year=Element("year")
```

```
book_year.text="2018"
root_book.append(book_title)
root_book.append(book_author)
root_book.append(book_price)
root_book.append(book_year)
root.append(root_book)
file=ElementTree(root)
file.write("data/bookstore_write.xml")
```

bookstore_write.xml 文件中的内容如下：

```
<bookstore><book No="1"><title>Machine Learning</title><author>MR.Zhou
</author><price>56.8</price><year>2018</year></book></bookstore>
```

Python 的第三方库 lxml 也可以解析 XML 文件。lxml 是 Python 的一个解析库，支持 XPath 解析方式，可以解析 HTML 和 XML 文件。lxml 的底层是用 C 语言实现的，所以 lxml 在速度上有明显的优势，同时 lxml 的易用性也非常好。类似于 ElementTree 模块，lxml 使用 lxml.etree._ElementTree 类来表示整个 XML 文档，使用 lxml.etree._Element 类来表示 XML 的一个结点。lxml.etree._ElementTree 类和 lxml.etree._Element 类的方法和属性类似于 ElementTree 模块的 ElementTree 和 Element 类，这里不再阐述，可参考 ElementTree 模块中的函数解释。

解析上面的 bookstore.xml 文件的 lxml 代码如下(完整代码参考 lxml_parse_xml.py)：

```
from lxml import etree
filepath=r"data/bookstore.xml"   #文件路径
tree = etree.parse(filepath)
root = tree.getroot()   #获取根节点
for book in root:
    print(book.tag)
    for field in book:
        print(field.tag+":"+field.text)
```

程序运行的结果如下：

```
book
title:Machine Learning
author:MR.Zhou
price:56.8
year:2018
book
title:Python For Data Analysis
author:Wes McKinney
price:119
year:2001
```

```
book
title:Comuputing Method
author:Jiang Shi Hong
price:96.8
year:2014
```

lxml 的写操作和 XML 的写操作的步骤是一样的，这里不再阐述。

4.1.3 JSON

JSON(JavaScript Object Notation)即 JavaScript 对象表示法，是一种轻量级的数据交换格式。它是基于 JavaScript Programming Language, Standard ECMA-262 3rd Edition - December 1999 的一个子集，易于人进行阅读和编写，同时也易于机器解析和生成。JSON 是完全独立于语言的通用数据类型，但是也使用了类似于 C 语言家族的习惯(包括 C、C++、C#、Java、JavaScript、Perl、Python 等)。这些特性使 JSON 成为了理想的数据交换语言，目前 JSON 已经成为通过 HTTP 请求在网站和应用程序间交换数据的标准格式之一。

JSON 用 name/value 对保存数据，用{}保存对象，用[]保存数组。name/value 对中的 name 必须是字符串，value 可以是字符串(string)、数值(number)、对象(object)或者数组(array)、bool 值(true、false)、 null 等类型，数据之间用“,”隔开。

下面代码是一个 JSON 数据(数据位置：data/json_data.json)：

```
{
    "name": "Python",
    "age": 29,
    "author":"Guido von Rossum",
    "language": true,
    "books": [
        {
            "name": "Python For Data Analysis",
            "author": "Wes McKinney"
        },
        {
            "name": "Machine Learning",
            "author": "MR.Zhou"
        }
    ]
}
```

除空值 null 和一些其他的细微差别(如列表末尾不允许存在多余的逗号)外，JSON 非常接近于有效的 Python 代码。

Python 标准库中的 JSON 模块有四个专门处理 JSON 的函数：dump、dumps、load、loads，其函数的描述如表 4-7 所示。

表 4-7 JSON 模块常用函数

函 数	描 述
load()	从 JSON 文件中读取数据，将 JSON 格式数据转换为 Python 的数据类型
loads()	将 JSON 格式的字符串数据转换为 Python 的数据类型
dump()	将 Python 数据类型转换为 JSON 数据，存储到 JSON 文件
dumps()	将 Python 数据类型转换为 JSON 格式的字符串数据

Python 和 JSON 数据类型的转换，可以看成编码与解码。其中 load、loads 可以看做是解码过程，dump、dumps 可以看做是编码，对应关系见表 4-8。

表 4-8 Python 和 JSON 的编码解码表

编 码		解 码
Python	JSON	Python
dict	object	dict
list, tuple	array	list
str	string	str
int, int- -derived Enums	number(int)	int
float, float-derived Enums	number(real)	float
True	true	True
False	false	False
None	null	None

Python 使用 load()和 loads()函数从文件中读取 JSON 数据并转换为对应的 Python 数据类型，语法如下：

```
def load(s, *, cls=None, object_hook=None, parse_float=None,
        parse_int=None, parse_constant=None, object_pairs_hook=None, **kw):
def loads(fp, *, encoding=None, cls=None, object_hook=None, parse_float=None,
        parse_int=None, parse_constant=None, object_pairs_hook=None, **kw):
```

主要参数：

(1) json.loads()的参数：

s：需要反序列化为 Python 对象的字符串。

encoding=None：编码方式。

object_hook=None：把 loads()函数返回的数据对象转换成自定义的对象类型。

parse_float=None：将 JSON 字符串中包含的 float 类型数据转为指定的类型。

parse_intt=None：将 JSON 字符串中包含的 int 类型数据转为指定的类型。

返回值：JSON 格式对应的 Python 数据类型，对应关系参考表 4-8。

(2) json.load()的参数中 fp 为存储 JSON 数据的文件，其余参数同 json.loads()。

返回值：JSON 格式对应的 Python 数据类型，对应关系参考表 4-8。

load()和 loads()函数的主要区别在于：load()函数可以把 JSON 文件中的 JSON 数据转为 Python 字典，而 loads()函数可以把 JSON 格式字符串数据转为 Python 字典。

下面是使用 load()和 loads()函数读取上面介绍的 json_data.json 文件中的数据的一个例子(完整代码参见：load_loads.py)：

```
#load
read_file=open("data/json_data.json","r")      #将要读取数据的文件句柄
load_data=json.load(read_file)                 #JSON 文件数据->Python 字典
pprint(load_data)                              #打印数据
print()

#loads
my_dict='{"name": "Python", "age": 29, "author": "Guido von Rossum", "language": true, "books": [{"name": "Python For Data Analysis", "author": "Wes McKinney"}, {"name": "Machine Learning", "author": "MR.Zhou"}]}'
load_data=json.loads(my_dict)
pprint(load_data)                              #打印数据
```

程序运行的结果如下：

```
{'age': 29,
 'author': 'Guido von Rossum',
 'books': [{'author': 'Wes McKinney', 'name': 'Python For Data Analysis'},
           {'author': 'MR.Zhou', 'name': 'Machine Learning'}],
 'language': True,
 'name': 'Python'}

{'age': 29,
 'author': 'Guido von Rossum',
 'books': [{'author': 'Wes McKinney', 'name': 'Python For Data Analysis'},
           {'author': 'MR.Zhou', 'name': 'Machine Learning'}],
 'language': True,
 'name': 'Python'}
```

Python 使用 dump()和 dumps()函数将 Python 数据类型转换为 JSON 数据，语法如下：

```
def dumps(obj, *, skipkeys=False, ensure_ascii=True, check_circular=True,
        allow_nan=True, cls=None, indent=None, separators=None,
        default=None, sort_keys=False, **kw):
def dump(obj, fp, *, skipkeys=False, ensure_ascii=True, check_circular=True,
        allow_nan=True, cls=None, indent=None, separators=None,
        default=None, sort_keys=False, **kw):
```

主要参数：

(1) json.dumps()的参数：

obj：Python 对象(Boolean 类型、None、数字类型、字符串、Unicode、列表、元祖、字典)。

skipkeys=False：key 值不是基础类型时的处理方式，为 True 时表示跳过非基本数据类型的数据，为 False 时会报 TypeError 错误。

ensure_ascii=True：布尔类型，表示编码方式，为 True 时表示编码成 ASCII 码，为 False 时不进行编码。默认为 True。

indent=None：整数类型，表示缩进。默认为 None，即不进行缩进，所有数据在一行内打印。

sort_keys=False：布尔类型，表示是否将按字典 key 值排序输出。默认值是 False。

返回值：Python 数据类型对应的 JSON 格式的字符串数据，对应关系参考表 4-8。

(2) json.dump()的参数中的 obj 表示要写入文件的对象，fp 表示要写入的文件，其余参数同 json.dumps()。

返回值：无。

dump()和 dumps()函数的主要区别在于：dump()函数可以直接把 Python 字典转换为 JSON 然后存储到文件中，而 dumps()函数只能把 Python 字典转换为 JSON 格式字符串，如果需要保存成文件，则还需要另外进行文件操作。

下面是使用 dump()和 dumps()函数存储 JSON 数据到文件中的一个例子(完整代码参见：dump_dumps.py)：

```
my_dict={
    "name": "Python",
    "age": 29,
    "author":"Guido von Rossum",
    "language": True,
    "books": [
        {
            "name": "Python For Data Analysis","author": "Wes McKinney"
        },
        {
            "name": "Machine Learning","author": "MR.Zhou"
        }
    ]
}

#dumps
data= json.dumps(my_dict)        #Python 字典-->字符串型 JSON 数据
with open("data/json_data_dumps.json","w") as write_file:
```

```
        json.dump(my_dict,write_file)    #Python 字典-->JSON 数据，然后写到文件中


    #dump
    with open("data/json_data_dump.json","w") as write_file:
        json.dump(my_dict,write_file)    #Python 字典-->JSON 数据，然后写到文件中
```

Python 除了标准库之外还有一些第三方库也提供了处理 JSON 的功能，常见的有 Pickle、ujson、Pandas 等。其中 Pickle 模块和 JSON 模块的用法相同，但是 JSON 模块序列化出来的是通用的格式，其他的编程语言都可以处理，Pickle 模块序列化的格式只有 Python 可识别，其他的编程语言无法处理。ujson 模块提供了一个基于流的 API，用于读取 JSON 文件，从而可以读取非常大的 JSON 文件，且操作速度比传统的 JSON 快很多。但是在所有的第三方库中，最常用的还是 Pandas，因为 Pandas 操作起来极其简单。

Pandas 使用 read_json()和 to_json()两个函数进行 JSON 数据的读写，语法如下：

```
def read_json(path_or_buf=None, orient=None, typ='frame', dtype=True,
              convert_axes=True, convert_dates=True, keep_default_dates=True,
              numpy=False, precise_float=False, date_unit=None, encoding=None,
              lines=False):
```

主要参数：

path_or_buf：JSON 文件路径或者 JSON 格式的字符串。

orient：期望的 JSON 字符串格式。取值可以是：

"split "，这种取值要求 JSON 文件类似{index -> [index], columns -> [columns], data -> [values]}。

"values"，这种取值要求 JSON 文件类似值的数组。

"records"，这种取值要求 JSON 文件类似[{column -> value}, … , {column -> value}]。

"index "，这种取值要求 JSON 文件类似{index -> {column -> value}}。

"columns"，这种取值要求 JSON 文件类似{column -> {index -> value}}。

下面代码是 read_json()函数读取 JSON 的一个简单例子(完整代码参考本书：pd_read_json.py)：

```
import pandas as pd
data='{"index":[0,1],"columns":["a","b"],"data":[[1,2],[3,4]]}'
col_data=pd.read_json(data,orient="split")
print(col_data)
```

程序打印结果如下：

```
   a  b
0  1  2
1  3  4
```

Pandas 的 to_json()函数可以用来写 JSON 文件，但是使用频率很低，感兴趣的读者可以自行了解，其语法如下：

```
defto_json(self, path_or_buf=None, orient=None, date_format=None,double_precision=10, force_ascii=True, date_unit='ms', default_handler=None, lines=False, compression=None, index=True):
```

主要参数的定义可参照 read_json()函数。

4.1.4 Excel

Excel 是微软出品的 Office 系列办公软件中的一个组件，是全球使用频率最高的表格数据管理软件。它是一个电子表格软件，可以用来存储数据、制作电子表格、完成许多复杂的数据运算，进行数据的分析和预测，并且具有强大的制作图表的功能。

Python 标准库中没有提供操作 Excel 文件的模块，但是有很多第三方库可以操作 Excel 文件。常用的第三方库有下面几种：

(1) xlrd：从 Excel 文件中读取数据的库，支持.xls(Excel 2003 及以前版本生成的文件格式)以及.xlsx(Excel 2007 及以后版本生成的文件格式)文件。

(2) xlwt：将数据写入 Excel 文件中的库，支持.xls 文件写。

(3) xlutils：是一个处理 Excel 文件的库，依赖于 xlrd 和 xlwt，支持.xls 文件操作。

(4) xlwings：是一个可以实现从 Excel 调用 Python，也可在 Python 中调用 Excel 的库。xlwings 支持.xls 读，支持.xlsx 文件读写，支持 Excel 操作。

(5) win32com：一个读写和处理 Excel 文件的库。

(6) openpyxl：一个用于读取和编写 Excel 2010 xlsx/xlsm/xltx/xltm 文件的库。

(7) Pandas：具有极其丰富的数据操作功能，简单实用，支持.xls，.xlsx 文件的读写。

这些第三方库中最简单也最方便的就是 Pandas。Pandas 使用 read_excel()函数读取 Excel 文件并返回 DataFrame 对象，其语法如下：

```
defpandas.read_excel(io, sheet_name=0, header=0, names=None, index_col=None, usecols=None,squeeze=False, dtype=None, engine=None, converters=None, …, **kwds)
```

主要参数：

这个函数中的参数非常多，在这里仅列出一部分比较常用的参数。

io：文件路径对象。

sheet_name：可以是 None、string、int、字符串列表或整数列表。字符串表示工作表名称，整数表示索引工作表位置，字符串列表或整数列表表示多个工作表，为 None 时获取所有工作表。默认为 0。

header：指定作为列名的行。如果传递一个整数列表，那么这些行位置会被合并成一个多索引。如果数据不含列名，则设置为 None。默认为 0。

skiprows：整型，表示要跳过的行数。

index_col：指定作为索引的列。如果传递一个列表，则这些列将被组合成一个多索引。默认为 None。

names：要使用的列名列表。默认为 None。

converters：对指定的列进行转换，字典类型，键为整数或列标名，值是函数，返回转换后的内容。默认为 None。

dtype：指定某列的数据类型。默认为 None。

read_excel()读取 Excel 格式的鸢尾花数据的示例代码如下：

```
import pandas as pd
filepath="data/iris.xlsx"   #鸢尾花数据的路径
data=pd.read_excel(io=filepath)
print(data)     #打印数据
```

程序运行的部分结果如下：

```
     Sepal.Length  Sepal.Width  Petal.Length  Petal.Width  Species
0    5.1           3.5          1.4           0.2          setosa
1    4.9           3.0          1.4           0.2          setosa
2    4.7           3.2          1.3           0.2          setosa
3    4.6           3.1          1.5           0.2          setosa
4    5.0           3.6          1.4           0.2          setosa
5    5.4           3.9          1.7           0.4          setosa
6    4.6           3.4          1.4           0.3          setosa
7    5.0           3.4          1.5           0.2          setosa
8    4.4           2.9          1.4           0.2          setosa
9    4.9           3.1          1.5           0.1          setosa
```

Pandas 的 Dataframe 通过 to_excel()函数将 DataFrame 的内容写入 Excel，其语法如下：

```
def DataFrame.to_excel(excel_writer, sheet_name='Sheet1', na_rep='', float_format=None,
columns=None, header=True, index=True, index_label=None, startrow=0, startcol=0,
engine=None, merge_cells=True, encoding=None, inf_rep='inf', verbose=True, freeze_panes=None)
```

主要参数：

excel_writer：字符串、ExcelWriter 对象、文件路径等类型，表示目标路径。

sheet_name：字符串，表示包含 DataFrame 对象的表名称。默认为“Sheet1”。

na_rep：字符串，填充缺失数据。默认为空格。

columns：序列，表示要输出的列。

header：布尔型或字符串列表，表示要输出的列名所在的行。默认为 Ture。

index：布尔型，表示是否要输出索引。默认为 Ture。

使用 to_excel()函数把鸢尾花数据集的内容写入 Excel 文件中的示例代码如下(完整代码参考：pd_to_excel.py)：

```
import pandas as pd
read_filepath="data/iris.xlsx"  #鸢尾花数据集的路径
data=pd.read_excel(io=read_filepath,sheet_name=0)   #data 中存储的就是将要输出到 Excel 文件中的鸢尾花数据集
write_filepath="data/write_iris.xlsx"  #鸢尾花数据将要写到的 Excel 路径
data.to_excel(excel_writer=write_filepath)  #将鸢尾花数据写到 Excel 文件中
```

data/write_iris.xlsx 中的部分数据如图 4-5 所示。

A	B	C	D	E	F
	Sepal.Length	Sepal.Width	Petal.Length	etal.Widt	Species
0	5.1	3.5	1.4	0.2	setosa
1	4.9	3	1.4	0.2	setosa
2	4.7	3.2	1.3	0.2	setosa
3	4.6	3.1	1.5	0.2	setosa
4	5	3.6	1.4	0.2	setosa
5	5.4	3.9	1.7	0.4	setosa
6	4.6	3.4	1.4	0.3	setosa
7	5	3.4	1.5	0.2	setosa
8	4.4	2.9	1.4	0.2	setosa
9	4.9	3.1	1.5	0.1	setosa
10	5.4	3.7	1.5	0.2	setosa
11	4.8	3.4	1.6	0.2	setosa
12	4.8	3	1.4	0.1	setosa
13	4.3	3	1.1	0.1	setosa
14	5.8	4	1.2	0.2	setosa
15	5.7	4.4	1.5	0.4	setosa
16	5.4	3.9	1.3	0.4	setosa

图 4-5　data/write_iris.xlsx 中的部分数据

4.2　数据库存储

数据库被广泛应用在各种不同的应用中，包括数据分析、网络爬虫和机器学习等。主流的数据库可分为关系型数据库和非关系型数据库。

关系型数据库是指采用了关系模型来组织数据的数据库，以行和列的形式存储数据。关系型数据库中的行和列被称为表，一个数据库中包括一组表。用户可通过标准的结构化查询语句(Structured Query Language，简称 SQL)来检索和操作数据库中的数据。关系模型可以简单理解为二维表格模型，而一个关系型数据库就是由二维表及其之间的关系组成的一个数据组织。关系型数据库在生产环境中应用极其广泛，主要代表产品有 SQL Server、Oracle、SQLite、MySQL(开源)、PostgreSQL(开源)等。关系型数据库对数据完整性和格式有严格的要求。在实际应用中有些数据并不符合这样的要求，如爬虫获取的来自不同网站的数据、微博用户关系等。

非关系型数据库也称为 Not Only SQL(简称 NoSQL)。它是基于键值对的，一般不支持 SQL，数据之间没有耦合性，使用灵活方便。

Python 社区已经提供了多种操作关系型数据库和非关系型数据库的第三方库，通过这些扩展库，Python 可以很方便地访问各种类型的数据库。

4.2.1　关系型数据库通用流程

主流的关系型数据库都可以通过 SQL 语言对数据库中的对象进行定义、查询、修改和控制。对于表内数据的常用的操作包括增加、删除、修改、查询，也简称为增删改查。支持 SQL 标准的数据库包括 SQLite、MysQL、SQL Server 等，在 Python 中都有对应的客户端模块，并且数据库的绝大多数功能基本上都是相同的。

Python 制定了 DB API 规范，它定义了一系列操作关系数据库必需的对象，以及操作数据库的存取方式。这个规范在底层数据库和多种数据库接口程序间提供了一致的访问接口，这也简化了在不同数据库之间移植代码的操作。

Python 的 DB API 目前最新的版本为 2.0，其中主要定义了三个全局变量，两个数据库相关的核心类，也定义了操作数据库的基本流程。

DB API 2.0 中规定了 3 个描述模块特性的全局变量。在使用数据库之前，程序应该通过检查这三个全局变量确定模块的特性，包括版本号、是否支持多线程，以及 SQL 语句的样式等。这三个全局变量是：

(1) apilevel：数据库模块的 API 版本号。对于支持 DB API 2.0 版本的数据库模块来说，该变量值可能是 1.0 或 2.0。如果这个变量不存在，则可能该数据库模块暂时不支持 2.0 版本的 API。

(2) threadsafety：指定数据库模块的线程安全等级，该等级值为 0～3，其中 3 代表该模块完全是线程安全的；1 表示该模块具有部分线程安全性，线程可以共享该模块，但不能共享连接；0 则表示线程完全不能共享该模块。

(3) paramstyle：该全局变量指定当 SQL 语句需要参数时，可以使用哪种风格的参数。该变量可能返回如下变量值：

① format：表示在 SQL 语句中使用 Python 标准的格式化字符串代表参数。例如，在程序中需要参数的地方使用 %s，接下来程序即可为这些参数指定参数值。

② pyformat：表示在 SQL 语句中使用扩展的格式代码代表参数。比如使用 %(name)，这样即可使用包含 key 为 name 的字典为该参数指定参数值。

③ qmark：表示在 SQL 语句中使用问号(?)代表参数。在 SQL 语句中有几个参数，全部用问号代替。

④ numeric：表示在 SQL 语句中使用数字占位符(:N)代表参数。例如，:1 代表一个参数，:2 也表示一个参数，这些数字相当于参数名，因此它们不一定需要连续。

⑤ named：表示在 SQL 语句中使用命名占位符(:name)代表参数。例如，:name 代表一个参数，:age 也表示一个参数。

DB API 2.0 定义了两个数据库相关的核心类，一个是连接和操作数据库，一个是使用 SQL 语句对数据库进行增删改查。

遵循 DB API 2.0 规范的数据库模块通常要提供一个 connect()函数用于连接数据库，并返回一个数据库连接对象。表 4-9 列出了数据库连接对象常用的方法和属性。

表 4-9 数据库连接对象常用的方法和属性

方法或属性	功 能 描 述
cursor()	打开游标
commit()	提交事务
rollback()	回滚事务
close()	关闭数据库连接
isolation_level	返回或设置数据库连接中事务的隔离级别
in_transaction	判断当前是否处于事务中

表 4-9 中的第一个方法可以返回一个游标对象，游标对象是 Python DB API 的核心对象，该对象主要用于执行各种 SQL 语句，包括 DDL、DML、select 查询语句等。使用游标执行不同的 SQL 语句返回不同的数据。表 4-10 列出了数据库游标对象的方法和属性。

表 4-10 数据库游标对象的方法和属性

方法或属性	功能描述
execute(sql[, parameters])	执行 SQL 语句。parameters 参数用于为 SQL 语句中的参数指定值
executemany(sql, seq_of_parameters)	重复执行 SQL 语句。可以通过 seq_of_parameters 序列为 SQL 语句中的参数指定值，该序列有多少个元素，SQL 语句就被执行多少次
executescript(sql_script)	这不是 DB API 2.0 的标准方法。该方法可以直接执行包含多条 SQL 语句的 SQL 脚本
fetchone()	获取查询结果集的下一行。如果没有下一行，则返回 None
fetchmany(size=cursor.arraysize)	返回查询结果集的下 N 行组成的列表。如果没有更多的数据行，则返回空列表
fetchall()	返回查询结果集的全部行组成的列表
close()	关闭游标
rowcount	该只读属性返回受 SQL 语句影响的行数。对于 executemany() 方法，该方法所修改的记录条数也可通过该属性获取
lastrowid	该只读属性可获取最后修改行的 rowid
arraysize	用于设置或获取 fetchmany() 默认获取的记录条数，该属性默认为 1。有些数据库模块没有该属性
description	该只读属性可获取最后一次查询返回的所有列的信息
connection	该只读属性返回创建游标的数据库连接对象。有些数据库模块没有该属性

在数据库中，游标是一个十分重要的概念。游标提供了一种对从表中检索出的数据进行操作的灵活手段。就本质而言，游标实际上是一种能从包括多条数据记录的结果集中每次提取一条记录的机制。游标总是与一条 SQL 选择语句相关联，因为游标由结果集(可以是零条、一条或由相关的选择语句检索出的多条记录)和结果集中指向特定记录的游标位置组成。

Python 中数据库操作主要使用到数据库连接和游标两个对象，数据库连接用于获得游标并控制事务，而通过游标的方法执行各种 SQL 语句可获得结果。如图 4-6 所示，操作关系型数据库的基本流程如下：

(1) 调用 connect()方法打开数据库连接，该方法返回数据库连接对象。

(2) 通过数据库连接对象打开游标。

(3) 使用游标执行 SQL 语句(包括 DDL、DML、select 查询语句等)。如果执行的是查询语句，则处理查询数据。

(4) 关闭游标。

(5) 关闭数据库连接。

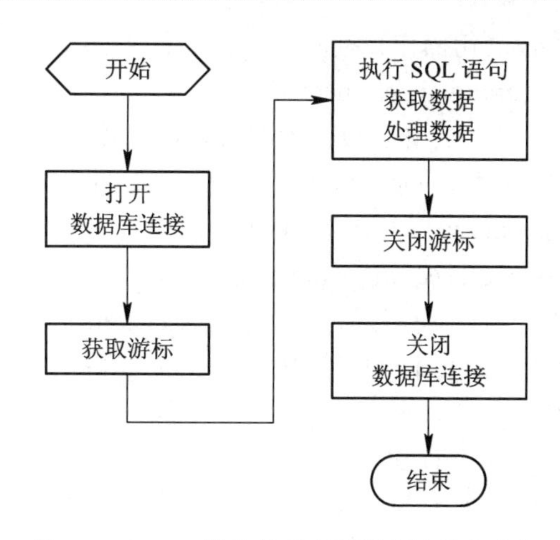

图 4-6 Python 操作关系型数据库的基本流程

4.2.2 SQLite 关系型数据库

SQLite 是一个无服务器的、轻量级的、不需要配置和任何外部依赖的、完全兼容 ACID 的数据库管理系统。它的可移植性好，简单高效，可以嵌入到应用程序中。SQLite 已经在很多嵌入式产品中使用，通常只需要占用几百 KB 的内存资源。它能够支持 Windows/Linux/Unix 等主流操作系统，同时能够与很多程序语言相结合，包括 C#、PHP、Java、Python 等。

SQLite 的数据存放在文件中，文件的后缀一般为 db 或 db3。从外部看，它并不像一个数据库管理系统，但在进程内部，它是一个完整的、自包含的数据库引擎。

Python 内置模块 sqlite3 可以操作 SQLite 数据库。操作数据库的流程如图 4-6 所示，主要包括连接数据库、获取游标、操作数据库、关闭游标和数据库连接等几步。

(1) 连接数据库：

sqlite3.connect(database [,timeout ,other optional arguments])

该 API 打开一个到 SQLite 数据库文件 database 的连接。这里 database 一般是磁盘上的数据库文件名。也可以使用“:memory:”打开一个存放在内存中的 database 的数据库连接。如果数据库成功打开，则会返回一个连接对象。

当一个数据库被多个连接访问，且其中一个修改了数据库时，SQLite 数据库被锁定，直到事务提交。timeout 参数表示连接等待锁定的持续时间，直到发生异常断开连接。timeout 参数默认是 5.0，即超时时间为 5 秒。

如果 database 指定了目录，则会打开指定目录下的数据库文件。如果给定的数据库名称 filename 不存在，则该调用将创建一个空的数据库文件。此时返回的 connection 对象可用于在空数据库中创建表格、增加数据等。

(2) 从连接对象获取游标：

connection.cursor([cursorClass])

该 API 创建一个 cursor，这是一个可用于操作数据库的游标。该方法接受一个单一的可选的参数 cursorClass。如果提供了该参数，则它必须是一个扩展自 sqlite3.Cursor 的自定义的 cursor 类。

(3) 利用游标执行 SQL 语句操作数据库：

cursor.execute(sql,[optional parameters])

该方法执行一个 SQL 语句。该 SQL 语句可以被参数化(即使用占位符代替 SQL 文本)。sqlite3 模块支持两种类型的占位符：问号和命名占位符(命名样式)。例如：cursor.execute("insert into people values (?, ?)", (who, age))。

cursor.executemany(sql, seq_of_parameters)

该方法重复执行 SQL 语句。可以通过 seq_of_parameters 序列为 SQL 语句中的参数指定值，该序列有多少个元素，SQL 语句就被执行多少次。在执行多条 SQL 语句时，该方法比循环执行 execute()效率高很多。

cursor.executescript(sql_script)

该方法接收脚本，会执行多个 SQL 语句。它首先执行 commit 语句，然后执行作为参数传入的 SQL 脚本。所有的 SQL 语句应该用分号(;)分隔。

cursor.fetchone()

该方法获取查询结果集中的下一行，返回一个单一的序列，当没有更多可用的数据时，则返回 None。

cursor.fetchmany([size=cursor.arraysize])

该方法获取查询结果集中的下一行组，返回一个列表。当没有更多的可用的行时，则返回一个空的列表。该方法尝试获取由 size 参数指定的尽可能多的行。

cursor.fetchall()

该例程获取查询结果集中所有(剩余)的行，返回一个列表。当没有可用的行时，则返回一个空的列表。

使用 connection 对象进行事务处理：

connection.commit()

该方法提交当前的事务。如果程序没有调用该方法，那么上一次调用 commit() 之后所做的任何更新对其他数据库连接来说是不可见的。

connection.rollback()

该方法回滚自上一次调用 commit() 以来对数据库所做的更改。

(4) 关闭游标和数据库连接：

cursor.close()

关闭游标。

connection.close()

该方法关闭数据库连接。注意该方法不会自动调用 commit()。如果关闭连接前没有调用 commit()方法，则程序所做的所有更改将全部丢失。

下面是从脚本创建数据库，并批量导入数据的程序。

```
import sqlite3
import os

conn=sqlite3.connect("school.db");    #创建 SQLite3 数据库 school
cursor=conn.cursor();
```

```
#使用 executescript 从 data 目录下调用脚本创建三个数据表：学生，课程，成绩。
sql=open("data/sqlite_create_table.txt","r").read()
cursor.executescript(sql)

#使用 executemany 分别在三个数据表中批量导入数据
cursor.executemany('insert into student(sno,sname,sage,ssex) values(?, ?, ?, ?)',
    (('20182000','张三', 23, 'male'),
    ('20182001','李四', 25, 'female'),
    ('20182002','王五', 26, 'male'),
    ('20182003','赵六', 24, 'male')))

cursor.executemany('insert into course(courseid,cname) values(?, ?)',
    ((1,'数据库'),
    (2,'高等数学'),A
    (3,'python 程序设计')))

cursor.executemany('insert into score (sno,courseid,grade) values(?, ?, ?)',
    (('20182000',1, 65),
     ('20182000',2, 80),
     ('20182000',3, 90),
     ('20182001',1, 80),
     ('20182001',2, 56),
     ('20182001',3, 55),
     ('20182002',1, 76),
     ('20182002',2, 58),
     ('20182002',3, 92),
     ('20182003',1, 80),
     ('20182003',2, 40),
     ('20182003',3, 86)))
conn.commit()   #提交事务
cursor.close()  #关闭游标
conn.close()    #关闭数据库
```

上述代码执行完毕之后会产生一个名为 school.db 的文件，里面创建了一个名为 school 的数据库。数据库中有 student、course、score 三张表。表中的数据参考表 4-11、表 4-12 和表 4-13。三个表的结构如下：

student 表：sno(学号)，sname(姓名)，sage(年龄)，ssex(性别))

course 表：courseid(课程号)，cname(课程名)

score 表：sno(学号)，courseid(课程号)，grade(成绩)

表 4-11 student 数据表

sno	sname	sage	ssex
20182000	张三	23	male
20182001	李四	25	female
20182002	王五	26	male
20182003	赵六	24	male

表 4-12 course 数据表

courseid	cname
1	数据库
2	高等数学
3	python 程序设计

表 4-13 score 数据表

sno	数据库	高等数学	Python 程序设计
20182000	65	80	90
20182001	80	56	55
20182002	76	58	92
20182003	80	40	86

score 表中的数据如果按照数据库中数据表的表示形式，则在这里会占用很大的篇幅，所以我们将数据表换成下面的形式进行展示。

下面的示例代码在上面建立的表中展示 SQL 查询和删除等功能。

```
conn=sqlite3.connect("school.db");   #创建 sqlite3 数据库 school
cursor=conn.cursor();

#用 execute 查询所有高等数学不及格的学生成绩
cursor.execute("select * from scorewhere grade<60 and courseid=2")
result = cursor.fetchall()
print("成绩表中高等数学不及格的所有学生：")
print(result)
print()

cursor.execute("select * from scorewhere courseid=2")
result = cursor.fetchall()
print("修改成绩之前，成绩表中选修了高等数学课程的所有学生数据：")
print(result)
print()

#修改高等数学成绩在 55 分以上学生的成绩为 60
```

```
cursor.execute("update scoreset grade=60 where grade>=55 and grade<60")

cursor.execute("select * from scorewhere courseid=2")
result = cursor.fetchall()
print("修改成绩之后，成绩表中选修了高等数学课程的所有学生数据：")
print(result)
print()

conn.commit()  #提交事务
cursor.close()    #关闭游标
```

程序运行的结果如下：

```
成绩表中高等数学不及格的所有学生：
[('2018202001', 2, 56),('2018202002', 2, 58),('20182003', 2, 40)]
修改成绩之前，成绩表中选修了高等数学课程的所有学生数据：
[('2018202000', 2, 80), ('2018202001', 2, 56), ('2018202002', 2, 58),( '20182003', 2, 40)]
修改成绩之后，成绩表中选修了高等数学课程的所有学生数据：
[('2018202000', 2, 80), ('2018202001', 2, 60), ('2018202002', 2, 60),( '20182003', 2, 40)]
```

Pandas 也提供了关系数据库的操作函数。在建立连接后，Pandas 的 read_sql()函数可以方便地读取 SQL 语句得到的数据。read_sql()函数的定义语法如下：

```
    def pandas.read_sql(sql, con, index_col=None, coerce_float=True, params=None, parse_dates=
None, columns=None, chunksize=None)
```

主要参数：

sql：SQL 命令字符串。

con：连接 SQL 数据库的 engine，可以用 sqlalchemy 构建数据库连接或用 DB API 构建数据库连接。

index_col：选择某一列作为 index。

coerce_float：将数字形式的字符串直接以 float 型读入。

parse_dates：将某一列日期型字符串转换为 datetime 型数据。

columns：要选取的列。用处不大，因为在 SQL 命令里面一般已经指定了要选择的列。

chunksize：如果提供了一个整数值，那么就会返回一个 generator，每次输出的行数就是提供的值的大小。

利用 read_sql 读取上面建立好的 school 数据库中 student 表中的所有数据的代码如下(完整的代码参考 sqlite_pandas.py)：

```
conn=sqlite3.connect("school.db")          #创建 sqlite3 数据库 school
sql="select * from student"                #sql 查询语句
students=pd.read_sql(sql,conn)
print(students)
```

程序运行的结果如下：

```
        sno         sname    sage    ssex
0    20182000    张三       23      male
1    20182001    李四       25      female
2    20182002    王五       26      male
3    20182003    赵六       24      male
```

4.2.3 MySQL 关系型数据库

MySQL 是由瑞典 MySQL AB 公司开发的关系型数据库。其采用了关系模型来组织数据，以行和列的形式存储数据，这一系列的行和列被称为表，一组表组成了数据库，用户通过查询来检索数据库中的数据。与其他的大型数据库 Oracle、DB2、SQL Server 等相比，MySQL 具有体积小、速度快、成本低、开源等优点，并且对于一般的个人使用者和中小型企业来说，MySQL 提供的功能绰绰有余，这使得 MySQL 成为最流行的关系型数据库管理系统之一。

安装 MySQL 需要在官网下载安装程序。Windows 版本的安装程序如图 4-7 所示。下载后按照安装向导界面的提示依次进行操作即可，要牢记自己设置的数据库的用户名和密码，这是登录数据库的必要条件。

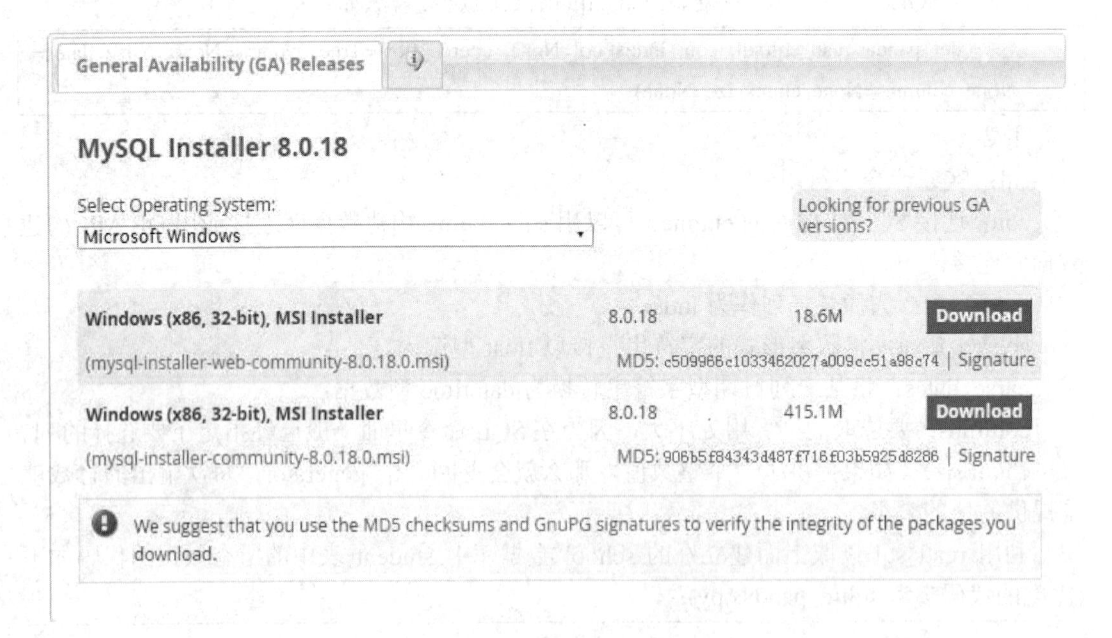

图 4-7　MySQL 下载界面

常用的关系型数据库操作如表 4-14 所示，我们可以通过命令行方式或图形化方式操作数据库，这两种方式的功能基本一致，都是通过数据库提供的 SQL 接口操作。

表 4-14　常用的关系型数据库操作

操作层次	操　作	功　　能
数据库层次操作	create databse 数据库名称 [其他选项]	创建数据库
	show databases	查看所有的数据库
	use 数据库名称	切换数据库
	drop database 数据库名称	删除指定的数据库
表层次操作	show tables	查看当前数据库中所有的表
	drop table 表名称	删除表
	create table 表名称(列名称)	创建表
	rename table 旧表名 to 新表名	表重命名
	show columns from 表名/describe 表名	获取表中所有列的信息
CURD	insert into 表名(字段名) values(字段值)	向表中插入一行数据
	select 表字段 from 表名 where 条件	根据查询条件进行简单查询
	update 表名 set 字段名=新值 where 条件	更新数据
	delete from 表名 where 条件	删除指定条件的数据

下面通过命令行方式在 MySQL 中创建一个与 4.2.2 小节相同的数据库，步骤如下：

(1) 登录 MySQL 数据库所在机器，打开命令行窗口，输入命令“mysql –u 用户名–p 密码”。

(2) 在 MySQL 的交互式环境中创建数据库 school，命令为“create database school;”。

(3) 选择数据库，命令为“use school;”。

(4) 使用 SQL 命令创建 student、course、score 三张数据表，代码如下，运行界面如图 4-8 所示。

```
create table student( sno varchar(10) not null primary key, sname varchar(40) not null, sage tinyint(2),ssex varchar(40));
create table course( courseid int not null primary key, cname varchar(40) not null);
create table score (sno varchar(10) not null, courseid int not null,grade int not null);
```

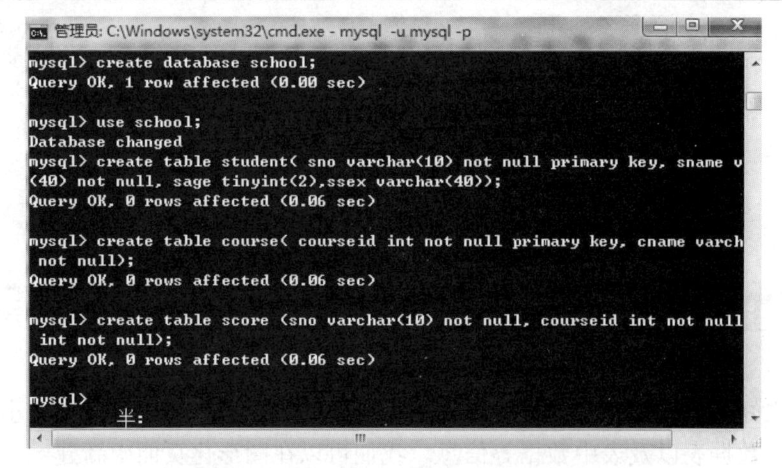

图 4-8　在 MySQL 交互环境中创建表

(5) 插入数据。图 4-9 仅展示了向 score 表中插入一条数据的操作，向另外两张表插入数据的操作是类似的。

```
管理员: C:\Windows\system32\cmd.exe - mysql -u mysql -p

mysql> insert into student(sno,sname,sage,ssex) values('20182000','张三', 23, 'm
ale');
Query OK, 1 row affected (0.03 sec)

mysql> _
```

图 4-9　在 MySQL 交互环境中插入数据

使用命令行的方式操作 MySQL 不够直观，而且需要熟记 SQL 语句的语法，目前有很多 MySQL 图形管理工具可以简化 MySQL 的操作，例如 Navicat、SQLyog、Workbench 等。

Navicat 是目前开发者用得最多的一款 MySQL 图形用户管理工具，它的界面简洁，功能也非常强大，简单易学。SQLyog 是 Webyog 公司的产品，是一款易于使用、快速而简洁的 MySQL 数据库图形化管理工具，可以直观地在任何地点高效地管理数据库。Workbench 是 MySQL 官方的一个图形管理工具，支持数据库的创建、设计、迁移、备份、导出、导入等功能，支持 Windows、Linux、MAC 主流的操作系统。

这些图形管理工具大同小异，本节使用 Navicat 简要说明图形化管理工具的用法。启动 Navicat 之后需要输入数据库的 IP 地址、端口号、用户名和密码等信息，连接数据库后进入如图 4-10 所示的界面。

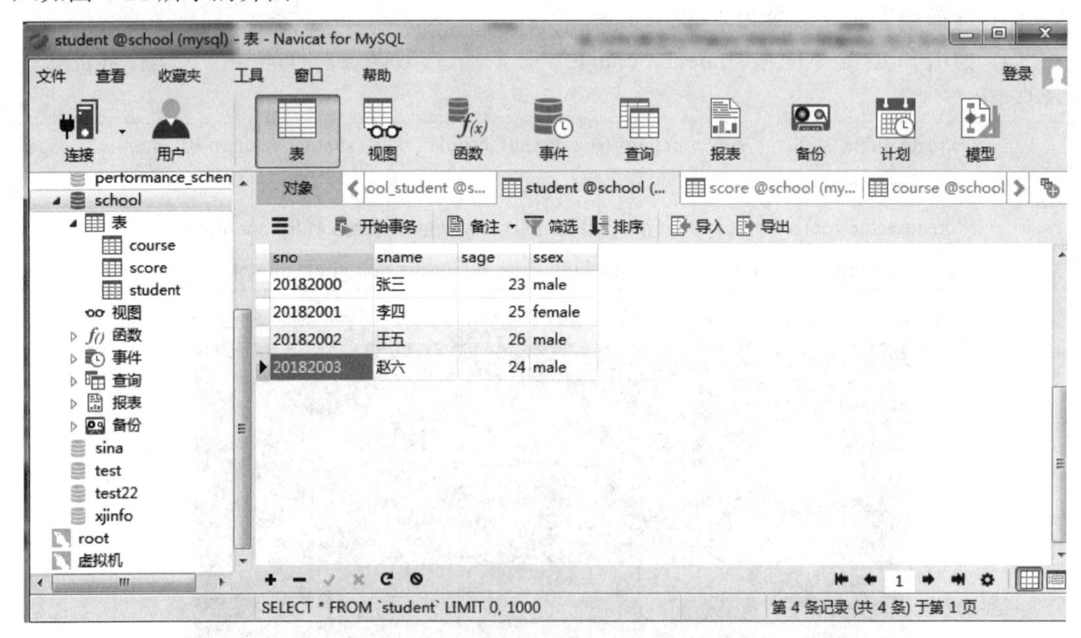

图 4-10　Navicat 图形化页面

上面建立好的数据库和三张数据表如图 4-11 所示，从图中可以方便地看出我们创建的所有数据库、数据表以及表中数据等信息。我们可以在图形化页面中新建一个查询，写上需要增删查改等的 SQL 语句，然后执行，可以发现和 cmd 中的效果是一样的。例如查询 student 表中的所有学生。

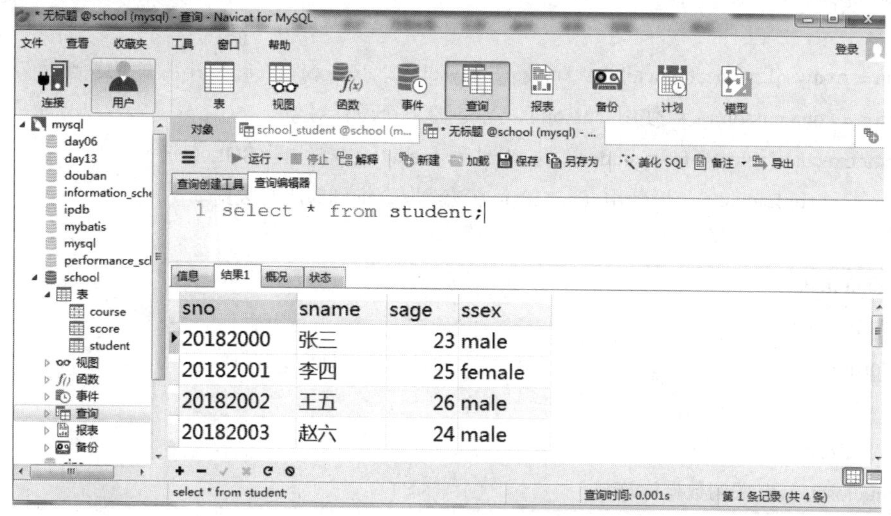

图 4-11 利用图形化界面进行查询操作

使用 Python 操作 MySQL 数据库也是通过 SQL 语句来实现的。Python 中操作 MySQL 数据库主要有 DB API 库和 ORM 框架两种方式。

Python 中通过 DB API 操作 MySQL 的第三方库有很多，但是最常用的是 mysqldb、mysqlclient 和 pymsql 三个库。

mysqldb 又称为 MySQL-python，是 Python 连接 MySQL 最流行的一个原生模块，但是它只支持 Python2.x，而且安装需要很多前置条件。因为它是基于 C 开发的库，所以在 Windows 平台安装非常不友好，经常会失败，现在基本不推荐使用此方法。

为了克服 mysqldb 的缺点，出现了 mysqldb 的衍生版本 mysqlclient。mysqlclient 完全兼容 mysqldb，同时支持 Python3.x。

pymysql 是纯 Python 实现的，是 Python3.x 版本中用于连接 MySQL 服务器的一个模块。pymysql 最大的特点是其安装方式简单，同时也兼容 mysqldb。我们以 pymysql 连接数据库为例介绍 Python 是如何操作 MySQL 数据库的。

这三个库都符合 DB API 2.0 规范，对 MySQL 数据库的操作流程也和图 4-6 中所示的流程一致，与 4.2.2 节介绍的 sqlite3 的差异主要在于连接函数。以 pymysql 库为例，使用 pymysql.connnect()方法：

```
pymysql.connect(host, user, password, database, port, unix_socket ,charset…)
```

主要参数：

host：要连接的主机地址。

user：用于登录的数据库用户。

password：密码。

database：要连接的数据库。

port：端口。

unix_socket：选择是否要用 unix_socket 而不是 TCP/IP。

charset：字符编码。

利用 pymysql 读取 student 表中的数据的示例代码如下：

```
import pymysql

conn = pymysql.connect("localhost","mysql","mysql123","school" )  # 打开数据库连接
cursor = conn.cursor()  # 使用 cursor() 方法创建一个游标对象
cursor.execute("select * from student")    # 使用 execute()方法执行 SQL 查询
datas = cursor.fetchall()  # 使用 fetchall() 方法获取查询到的所有数据

for data in datas:
    print(data)
    print()

cursor.close()
conn.close()  # 关闭数据库连接
```

程序运行的结果如下：

```
('20182000', '张三', 23, 'male')
('20182001', '李四', 25, 'female')
('20182002', '王五', 26, 'male')
('20182003', '赵六', 24, 'male')
```

ORM(Object Ralational Mapping，对象关系映射)框架是另一种操作数据库的方法。Python 是面向对象语言，其中的数据都是对象。ORM 框架将对象模型映射到基于 SQL 的关系模型数据库结构中。这样在操作实体对象时，就不需要和复杂的 SQL 语句打交道，而只需简单地操作实体对象的属性和方法。Python 中常用的 ORM 框架有 SQLAlchemy、SQLObject、Storm、Peewee 等。其中 SQLAlchemy 是 Python 社区最常用的 ORM 工具之一，接下来我们以 SQLAlchemy 为例进行介绍。

SQLAlchemy 是 Python 编程语言下的一款 ORM 框架，该框架建立在数据库 API 之上，使用关系对象映射进行数据库操作，即将对象转换成 SQL，然后使用数据 API 执行 SQL 并获取执行结果。SQLAlchemy 抽象地去除了 SQL 数据库之间许多常见的差异，能兼容众多数据库，包括 SQLite、MySQL、Postgres、Oracle、MS-SQL、SQL Server 等。SQLAlchemy 的架构如图 4-12 所示。

SQLAlchemy 的解析步骤如下：

(1) 通过 ORM 对象提交命令。

(2) 将命令交给 Schema/Types，创建一个特定的结构对象。

(3) 通过 SQL Expression Language 将该对象转换成 SQL 语句。

(4) 使用 Engine/ConnectionPooling/Dialect 进行数据库操作。

① 匹配事先配置好的 Engine。

② Engine 从连接池 Connection Pooling 中取出一个连接数据库的连接。

③ 基于连接通过 Dialect 调用 DB API，执行 SQL 语句，并返回结果。

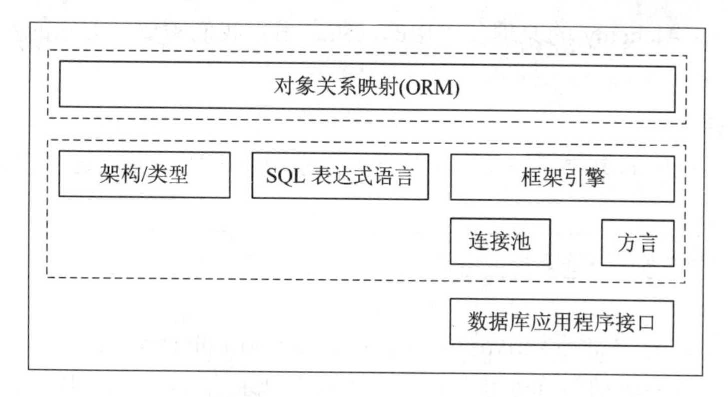

图 4-12　SQLAlchemy 架构图

SQLAlchemy 提供了丰富的类和函数方便我们对数据库进行操作。常用的类和函数分别如表 4-15 和表 4-16 所示。

表 4-15　SQLAlchemy 中常用的有关数据库表和字段数据类型描述

类	功 能 描 述
Table(name, metadata, **kwargs)	映射数据库中的表，返回生成的表对象对应的实例
Column(name,type,primary_key, **kwargs)	映射数据库中表的字段，返回表的字段对应的列对象实例
ForeignKey(column)	生成外键，返回生成的外键实例对象
Integer 类	常用于列生成时传入的数据类型对象，等同于 SQL 中的 int/integers
DATETIME 类	常用于列生成时传入的数据类型对象，等同于 SQL 中的 datetime 类型
String 类	常用于列生成时传入的数据类型对象，等同于 SQL 中的 VARCHAR 类型

表 4-16　SQLAlchemy 的常用函数

方法或属性	功 能 描 述
declarative_base(**kwargs)	构建一个可以用作表格类的 Base 类，基于 Base 类可以生成表格对象 sqlalchemy.schema.Table
orm.sessionmaker(bind=None, **kwargs)	可配置的 Session 工厂函数，根据传入的参数创建一个 Session 类
session.execute(clause,params=None, mapper=None, bind=None)	利用会话对象执行 SQL 语句或一个表达式结构，返回 ResultProxy 结果代理类
sesssion.add(instance)	通过会话对象向表格中添加一项数据
sesssion.add_all(instances)	通过会话对象向表格添加多项数据
sesssion.query(*entities, **kwargs)	通过会话对象查询表格，返回一个 Query 对象
query.filter(*criterion)	按照条件进行筛选，返回一个筛选后的 Query 对象
query.order_by(*criterion)	按照关键字进行排序，返回新的 Query 对象

在了解了 SQLAlchemy 的原理和常用的函数之后，我们需要学习它的基本使用，其使用步骤如下：

1．连接数据库

使用 create_engine()函数可创建一个数据库连接引擎，随后通过这个对象操作数据库，语法如下：

```
def create_engine(url, **kwargs)
```

主要参数：

url：str 类型，为 dialect+driver://user:password@host/dbname[?key=value..]的形式，即“数据库类型+数据库驱动名称://用户名:密码@机器地址:端口号/数据库名”。

返回值：返回一个引擎实例。

函数参数中常用的 dialect 如表 4-17 所示。

表 4-17　常用的 dialect

dialect+driver	url
sqlite+pysqlite	sqlite+pysqlite:///file_path
mysql+pymysql	mysql+pymysql://<username>:<password>@<host>/<dbname>[?<options>]
mysql+mysqldb	mysql+mysqldb://<user>:<password>@<host>[:<port>]/<dbname>
mysql+mysqlconnecto	mysql+mysqlconnector://<user>:<password>@<host>[:<port>]/<dbname>
oracle+cx_oracle	oracle+cx_oracle://user:pass@host:port/dbname[?key=value&key=value...]

sqlalchemy 支持的数据库 API 可参考 sqlalchemy 的官方文档[1]。

2．定义数据库表对应的类

建立表对应的对象有两种方式：

(1) 对__tablename__进行赋值，确定表名，然后建立列实例，赋值给同名的类属性。

(2) 直接利用 Table()类对__table__进行赋值，通过 Table 类建立起表的各项属性信息。

这两种方法都使用声明层作为基类，第一种方法未传入 metadata，会自动使用 Base.metadata，第二种方法直接传入了 metadata。利用这两种方式创建 student 表对应的对象如下：

```
#方法一
class Student(Base):
    __tablename__='student'    # 表的名字
    sno=Column(String(32),primary_key=True)
    sname=Column(String(32),nullable=False,index=True)
    sage=Column(Integer,nullable=False,index=True)
    ssex=Column(String(32),nullable=False,index=True)
#方法二
class Student(Base):
```

① https://www.osgeo.cn/sqlalchemy/。

```
    __table__ = Table('student', Base.metadata,
    Column('sno', String(32),primary_key=True),Column("sname",String(32)),
    Column("sage",Integer),Column("ssex",String(32))
    )
```

3. 增删查改

下面是利用 SQLAlchemy 查询 student 表中数据的示例代码，完整地对 student、course 及 score 表进行增删查改的代码可以参考 sqlalchemy_test.py。

```
from sqlalchemy import create_engine
from sqlalchemy.ext.declarative import declarative_base
from sqlalchemy import Table,Column,Integer,String,ForeignKey
from sqlalchemy.orm import sessionmaker

engine = create_engine("mysql+pymysql://mysql:mysql123@localhost/school") #创建引擎
#利用声明层函数产生一个声明层类，能够自动将对象的修改变为表格的修改
Base=declarative_base()
class Student(Base): #创建表 student 的对应类 Student，这里采用的是方法一
    __tablename__='student'    # 表的名字
    sno=Column(String(32),primary_key=True)
    sname=Column(String(32),nullable=False,index=True)
    sage=Column(Integer,nullable=False,index=True)
    ssex=Column(String(32),nullable=False,index=True)
#以上代码完成 SQLAlchemy 的初始化和具体每个表的 class 定义

Session=sessionmaker(bind=engine)
session=Session()    #生成 session 实例，相当于游标
res=session.query(Student).all()    #查 student 表中的所有数据
for row in res:
print(row.sno,row.sname,row.sage,row.ssex)
print()
```

4.2.4　NoSQL 数据库

NoSQL(Not Only SQL)意为不仅仅是 SQL，SQL 主要用于结构化数据的查询与分析，而 NoSQL 是基于键值对的，不需要经过 SQL 层的解析，数据之间没有耦合度，性能较高。

NoSQL 数据库根据数据组织方式可以细分为以下四种类型。

(1) 键值存储数据库：主要代表有 Redis、Rocksdb、Voldemort 等。

(2) 列存储数据库：代表有 Cassandra、Hbase、Riak 等。

(3) 文档型数据库：代表有 MongoDB、CouchDB 等。

(4) 图形数据库：代表有 Neo4J、InfoGrid、Infinite Graph 等。

表 4-18 列出了常用的 NoSQL 数据库，以及操作这些数据库的对应模块。

表 4-18　常用的 NoSQL 数据库及操作所需模块

数 据 库	Python 对应模块
Redis	redis
Cassandra	cassandra
HBase	hbase-thrift、happybase
MongoDB	pymongo
CouchDB	couchdb
Neo4J	py2neo

NoSQL 数据库非常适合存储半结构化或非结构化数据，它的一个典型存储领域是存储爬虫数据。爬虫数据有两个特点：① 爬取到的数据可能会在一些属性字段上因为提取失败而缺失；② 爬取到的数据之间可能存在嵌套关系。如果使用关系型数据库存储爬虫数据，不仅需要提前建表，而且如果存在数据嵌套的话，还需要进行序列化操作，而非关系型数据库可以很好地适用爬虫的特点。

NoSQL 数据库没有统一的查询语言，各种不同的 NoSQL 数据库的操作流程和函数也不尽相同。本节以 MongoDB 为例，介绍如何利用 Python 操作 MongoDB 数据库。

MongoDB 是文档型非关系型数据库，具有开源、高性能、高可用、可扩展等优点。其基本概念和 MySQL 的基本概念的对比如表 4-19 所示。

表 4-19　MySQL 与 MongoDB 的概念对比

SQL 概念	MongoDB 概念	解释说明
database	database	数据库
table	collection	数据库表/集合
row	collection	数据行/文档
column	field	数据字段/列
index	Index	索引
primary key	primary key	主键

MongoDB 以文档的方式组织数据，文档就是键值对的一个有序集，类似于 Python 中的有序字典。文档中的键/值对是有序的，其中键是字符串类型，值可以是多种不同的数据类型，也可以是一个完整的内嵌文档。

一组文档就组成了集合。我们可以将 MongoDB 中的文档类比于 MySQL 的行，MongoDB 中的集合类比于 MySQL 的表。注意集合没有固定的结构，这就意味着我们可以把不同格式、不同类型的数据插入到一个集合中。但是为了便于管理，我们应该尽量将不同格式和类型的数据插入到不同的集合中，这样多个集合就组成了数据库。表 4-20 列出了 MongoDB 数据库的常用操作。

表 4-20　MongoDB 数据库常用操作

操作层次	操　作	功　能
数据库层次操作	db/db.getName()	查看当前的数据库
	show dbs /show databases	查看所有的数据库
	use 数据库名称	切换当前数据库/创建数据库
	db.dropDatabase()	删除当前的数据库
集合层次操作	show collections	查看所有的集合
	db.集合名称.drop()	删除集合
	db.createCollection(name,options)	显示创建名字为 name 的集合，当向不存在的集合中第一次插入数据时，集合会被隐式创建
	db.集合名称.renameCollection('新的集合名称')	集合重命名
CURD	db.集合名称.insert(document)	向集合中插入一个文档数据
	db.集合名称.find({query})	根据查询条件进行简单查询
	db.集合名称.update({query},{ update},{multi:})	对查询得到的数据进行更新。multi 为 False 表示只更新找到的第一条数据，为 True 表示更新找到的所有数据
	db. 集合名称.remove({query})	删除查询到的数据
	db.集合名称.save()	按照_id 字段进行判定，如果_id 存在就进行更新，否则就插入数据

Python 中使用 pymongo 操作 MongoDB，其操作方式类似于 pymysql 模块与 MySQL 的交互。表 4-21 列出了 pymongo 模块常用的方法。

表 4-21　pymongo 模块常用方法

方　法	功能描述
find()	查询得到的是所有结果，返回一个生成器对象
find_one()	查询得到的是单个结果
insert()	插入一条或者多条数据，如果插入多条数据，则把要插入的数据组织成列表的形式。返回数据对应的 ObjectId 类型的_id 属性
insert_one(document)	插入一条数据。返回 InsertOneResult 类型对象
insert_many(documents)	插入多条数据，要插入的数据组织成列表的形式。返回 InsertManyResult 类型对象
delete_one(filter)	删除满足条件的第一条文档
delete_many(filter)	删除满足条件的多个文档
update_one(filter, update)	更新满足条件的第一条文档
update_many(filter, update)	更新满足条件的多个文档

关于 PyMongo 的更多详细用法，可参见官方文档[①]。

下面我们以存储在 MongoDB 数据库中的豆瓣电影为例来介绍 Python 如何操作 MongoDB。

豆瓣影评的每部电影都有电影名(name)、导演(director)、主演(actor)、豆瓣评分(aggregateRating)四个字段。其中主演有名字(name)、饰演角色(role)和主演首页(url)三个字段，且各个电影的主演人数不定；豆瓣评分有评论数(ratingCount)、最高得分(bestRating)、最低得分(worstRating)以及得分(ratingValue)四个字段。下面代码展示了一条需要存储的电影数据：

```
name:大话西游之大圣娶亲,
director: 刘镇伟,
actor: [ {name:周星驰, role: 至尊宝, url: /celebrity/1048026/},
         {name: 吴孟达, role: 二当家, url: /celebrity/1016771/},
         {name: 朱茵 ,role: 紫霞仙子, url: /celebrity/1041734/},
         {name: 蓝洁瑛, role: 春三十娘, url: /celebrity/1046343/}],
 aggregateRating: {bestRating: 10.0,
                   ratingCount: 922689.0,
                   ratingValue: 9.2,
                   worstRating: 2.0}
```

像这样的字段中既包含字段又包含字段的数目不定的情况，使用 MySQL 等关系型数据库会很难进行存储，但是 MongoDB 就可以很好地解决这个问题。

以下的代码展示了如何使用 Python 查看并修改 MongoDB 中存储的豆瓣电影。在运行程序前，需要安装 MongoDB 数据库，创建 douban 数据库和 movie 集合，且插入了部分电影数据，我们的例子中已经插入了上面示例的电影。在 MongoDB 中创建数据库和集合并插入数据的指令参见 mongodb.txt。完整地利用 Python 操作 MongoDB 中存储的豆瓣电影的增删查改操作的代码可参考 mongodb_test.py。

```
client=pymongo.MongoClient(host="localhost",port=27017)   #连接 MongoDB
db=client.douban   #指定 database
collection=db.movies   #指定 collection

data=collection.find({"name":"大话西游之大圣娶亲"})    #查询指定名字的电影
for i in data:
    pprint.pprint(i)
    #修改大话西游之大圣娶亲的导演为：刘_镇_伟
collection.update_one({"name":"大话西游之大圣娶亲"},
                      {"$set":{"director":"刘_镇_伟"}})
data=collection.find({"name":"大话西游之大圣娶亲"})
```

① https://api.mongodb.com/python/current/。

```
    for i in data:
        pprint.pprint(i)    #从 data 目录下读取一些数据，然后批量放到数据库中
```

程序运行结果如图 4-13 所示。

```
{'_id': ObjectId('5dfa2ac7d8b6f52dc0001874'),
 'actor': [{'name': '周星驰', 'role': ' 至尊宝', 'url': '/celebrity/1048026/'},
           {'name': '吴孟达 ', 'role': '二当家', 'url': '/celebrity/1016771/'},
           {'name': '朱茵 ', 'role': ' 紫霞仙子', 'url': '/celebrity/1041734/'},
           {'name': '蓝洁瑛', 'role': '春三十娘', 'url': '/celebrity/1046343/'}],
 'aggregateRating': {'bestRating': 10.0,
                     'ratingCount': 922689.0,
                     'ratingValue': 9.2,
                     'worstRating': 2.0},
 'director': '刘镇伟',
 'name': '大话西游之大圣娶亲'}
{'_id': ObjectId('5dfa2ac7d8b6f52dc0001874'),
 'actor': [{'name': '周星驰', 'role': ' 至尊宝', 'url': '/celebrity/1048026/'},
           {'name': '吴孟达 ', 'role': '二当家', 'url': '/celebrity/1016771/'},
           {'name': '朱茵 ', 'role': ' 紫霞仙子', 'url': '/celebrity/1041734/'},
           {'name': '蓝洁瑛', 'role': '春三十娘', 'url': '/celebrity/1046343/'}],
 'aggregateRating': {'bestRating': 10.0,
                     'ratingCount': 922689.0,
                     'ratingValue': 9.2,
                     'worstRating': 2.0},
 'director': '刘_镇_伟',
 'name': '大话西游之大圣娶亲'}
```

图 4-13　豆瓣电影操作结果

练　习　题

1. 简述 Python 的 JSON 模块中 dump()与 dumps()函数的异同，load()与 loads()函数的异同。

2. 利用表 4-22 的数据构造不同格式的 JSON 字符串，分别适用于 Pandas 的 read_json()函数中 orient 参数的 5 种不同取值，并使用 read_json()函数分别进行解析(数据文件位置：data/execise02.csv)。

表 4-22　习题 2 的表

name	age	sex
张三	23	male
李四	24	male
王五	null	male

3. 对于表 4-23 和表 4-24 所示的 Excel 表格数据，利用 Pandas 模块完成以下要求(数据文件位置：data/execise03-1.csv, data/execise03-2.csv)。

表 4-23　Student_course.xlsx 中的第一个表单 student 表单

学　号	姓　名	年　龄
2018200000	张三	23
2018200001	李四	24
2018200002	王五	
2018200003	赵柳	20

表 4-24　Student_course.xlsx 中的第二个表单 course 表单

课程编号	课程名称	授课教师
1	数据库	赵老师
2	计算机网络	钱老师
3	操作系统	孙老师
4	Python 程序设计	李老师

(1) 使用三种不同的方式读取名字为 student 的表单。

(2) 使用三种不同的方式读取全部两个表单。

(3) 默认情况下读取的 student 表单中的“学号”列的数据类型为 int 类型，在读取时修改“学号”列的数据类型为 str。

(4) 将 student 表单数据保存为 Excel 文件，缺失值填充为 10，并且不保存行索引。

4. 简述关系型数据库与非关系型数据库的适用场景，并阐述 Python 对它们的支持。

5. 简述 Python 操作关系型数据库的流程。

6. 简述 SQLite 数据库的特点。

7. 解释什么是 Python ORM，并列举几个常用的 ORM。

8. 简述 SQLAlchemy 架构的组成部件，以及各个部件的功能。

9. 依次完成以下要求，实现将 iris.csv 文件(即鸢尾花数据集，数据文件位置: data/iris.csv)中的数据存储到 MySQL 中。

(1) 在 MySQL 或 SQLite 中创建 exercisedb 数据库。

(2) 在 exercisedb 数据库中创建 iris 表，字段如下:

Num int　　表示序号，
Sepal_Length double　　花萼长度，
Sepal_Width double　　花萼宽度，
Petal_Length double　　花瓣长度，
Petal_Width double　　花瓣宽度，
Species varchar(40)　　花的种类

(3) 利用 Pandas 的 read_csv 函数读取 iris.csv 文件，并将数据存入 iris 表中。

10. 下面的 JSON 数据显示了学生的个人信息和选课信息，其中每个学生至少要选修两门课，以此 JSON 为操作数据，基于 MongoDB 数据库，利用 Python 的 pymongo 模块实现以下要求(数据文件位置：data/ execise10.json):

```
{
    "school": [
    {
        "no": "201820000",
        "name": "张三",
        "coursegrage": [
         {"cname": "计算机网络","grade": 96},
         { "cname": "C 语言", "grade": 80}
         ]
    },
    {
        "no": "201820001",
        "name": "李四",
        "coursegrage": [
         {"cname": "线性代数","grade": 65},
         {"cname": "离散数学","grade": 80},
         {"cname": "Python 基础","grade": 90}
         ]
    },
    {
        "no": "201820002",
        "name": "王五",
        "coursegrage": [
         {"cname": "计算机网络","grade": 99},
         {"cname": "线性代数","grade": 87},
         {"cname": "C 语言", "grade": 69},
         {"cname": "离散数学","grade": 85},
         {"cname": "Python 基础","grade": 87}
         ]
    }
    ]
}
```

(1) 新建一个名为 school 的数据库，并在此数据库中创建名为 student 的集合。

(2) 将第 1 个学生插入到 student 集合中。

(3) 一次将第 2～3 个学生全部插入到 student 集合中。

(4) 查询选修了 Python 基础课程的学生。

(5) 查询有课程成绩大于 96 的学生的学号和姓名。

第 5 章　大数据的数学基础

大数据处理中需要用到线性代数、矩阵论、概率论的一些方法，本节介绍如何使用 Python 的第三方库 NumPy 和 Pandas 进行这方面的计算。

本章重点、难点、需要掌握的内容：

- 掌握 NumPy 数组的创建方法，尤其是 array()函数；
- 掌握 NumPy 数组的通用方法；
- 理解多维数组的合并、拆分及切片操作；
- 了解矩阵的各种线性代数的原理，了解 linalg 库中对应方法的操作；
- 理解各种统计值的计算及随机数的生成算法。

5.1　基本的数据结构和运算

5.1.1　数组对象的创建与属性

Python 本身没有数组类型，但是它的 list 列表可以存储一维数组，通过列表的嵌套可以实现多维数组。但是，list 中可以存储不同类型的元素，且 Python 对 list 支持的数组相关运算较少，这就使得在实际的科学计算中一般都是使用 NumPy 数组。NumPy 提供了多维数组的数据结构，且 NumPy 专门针对数组的操作和运算进行了设计，存储效率和输入输出性能都大大优于 Python 中的嵌套列表，数组越大，NumPy 的优势就越明显。NumPy 的多维数组称为 ndarray，它包括数据和元数据两个部分。

NumPy 的数组通常由相同元素组成，这样可以确定存储数据所需的空间，通过索引即可定位特定元素的位置。另外，不同于 Python 列表处理需要循环遍历列表元素，ndarray 可以通过向量化运算处理整个数组。此外，NumPy 底层使用 C 语言的 API，运算速度较快。

生成 NumPy 数组的方法有很多种，表 5-1 列出了常用的一些生成数组的方法。

表 5-1　NumPy 数组生成方法

函　数	函 数 说 明
array	将输入的数据 object 转换为 dtype 参数指定类型的 ndarray 对象
arrange	Python 内建函数 range 的 NumPy 数组版本
zeros	根据 shape、dtype 参数返回指定形状、指定类型的全 0 数组
zeros_like	根据 a、dtype 参数返回和 a 同样形状的、指定类型的全 0 数组

续表

函　数	函 数 说 明
ones	根据 shape、dtype 参数返回指定形状、指定类型的全 1 数组
ones _like	根据 a、dtype 参数返回和 a 同样形状的、指定类型的全 1 数组
empty	根据 shape、dtype 参数返回指定形状、指定类型的没有初始化数值的空数组
empty_like	根据 a、dtype 参数返回和 a 同样形状的、指定类型的没有初始化数值的空数组
full	根据 shape、dtype、fill_value 参数返回指定形状、指定类型的全 fill_value 数组
full_like	根据 a、dtype、fill_value 参数返回和 a 同样形状的、指定类型的全 fill_value 数组
eye	根据 N、M、dtype 生成主对角线全为 1 的 N×M 的数组
identity	根据 n、dtype 生成主对角线全为 1 的 n×n 的数组

表 5-1 中列出的方法都有具体的例子，完整代码可以参考 NumPy 开发者手册[①]。由于篇幅有限，这里不一一列举，只介绍在实际环境中最常用到的 arange、array 两种方法。

NumPy 的 arange()函数和 range()函数类似，这个函数会返回包含一个连续数字列表和元数据的 ndarray 对象；NumPy 的 array()函数将输入的数据转换为 ndarray，该函数根据输入的数据创建矩阵，其中输入的数据可以是列表、元组、NumPy 数组及其他的 Python 序列。ndarray 的 dtype 和 shape 属性可以获取数组的内部元素类型、行数和列数。

NumPy 使用 arange()方法创建连续数字数组的示例程序如下(参考本书代码 array.py)：

```
import numpy as np
a=np.arange(0,5)
b=np.arange(5,10)
c=np.array([a,b])
print(a,a.shape)
print(b,b.shape)
print(c,c.shape)
```

程序运行的结果如下：

```
[0 1 2 3 4] (5,)
[5 6 7 8 9] (5,)
[[0 1 2 3 4]
 [5 6 7 8 9]] (2, 5)
```

对于已经创建的数组，可以通过下标选择对应的数组元素。比如对于数组 a，通过 a[m,n]的形式即可访问第 m 行、第 n 列的元素。

NumPy 创建数组时可以通过设置 dtype 参数来指定数据类型，创建数组时指定数据类型的示例见数组常见属性 dtype 部分。常用的数据类型主要有布尔型(bool)、整型(int)、无符号整型(uint)、浮点型(float)和复数类型(complex)五类，见表 5-2。除了布尔型外，其他类

① https://docs.scipy.org/doc/numpy-1.6.0/。

型都可以在类型后加上数字以明确数据所占的位数，同时明确了数据的取值范围。使用Python 的内置函数 type()可以查看变量的数据类型。注意在 Python2 中，整数的大小是有限制的，即当数字超过一定的范围就不再是 int 类型，而是 long 长整型，而在 Python3 中，无论整数的大小长度为多少，统称为整型 int。

表 5-2 NumPy 中的数据类型

类 型	类型定义	数据大小	取值说明
布尔型	bool	1 bit	Ture 或 False
整型	int	和平台相关，int32 或 int64	
	int8	8 bit	-2^7～2^7-1
	int16	16 bit	-2^{15}～$2^{15}-1$
	int32	32 bit	-2^{31}～$2^{31}-1$
	int64	64 bit	-2^{63}～$2^{63}-1$
无符号整型	uint	和平台相关，uint32 或 uint64	
	uint8	8 bit	0～2^8-1
	uint16	16 bit	0～$2^{16}-1$
	uint32	32 bit	0～$2^{32}-1$
	uint64	64 bit	0～$2^{64}-1$
浮点型	Float	Float64 的简写	
	float16	半精度浮点型：1 位符号位，5 位指数，10 位尾数	
	float32	标准单精度浮点型：1 位符号位，8 位指数，23 位尾数	
	float64	标准双精度浮点型：1 位符号位，11 位指数，52 位尾数	
复数类型	Complex	complex128 的简写	
	complex64	实部和虚部都是 32 位浮点数	
	complex128	实部和虚部都是 32 位浮点数	

整数之间、浮点数之间、整数与浮点数之间都可以进行相应的转换，各种转换都有对应的转换函数，一般和类型名同名，如 float(26)将返回一个 float 类型的值。转换有无损转换和有损转换两种，例如 int16 类型的变量转换为 int32 类型，转换后数据类型的表示范围比转换前的表示范围大，这就属于无损转换；int32 类型的数据转换为 int16，并且其值超过了 int16 能表示的范围，则会导致高位数值丢失，这就是有损转换。

下面的示例程序展示了 int 型之间的无损转换和有损转换(更多有关数值之间转换的例子参考本书代码 numconvert.py)：

```
import numpy as np
#无损转换，拟转换的类型所占空间小于将转换的类型
#int8->int16->int32
a=np.int8(12)
b=np.int16(a)
c=np.int32(b)
print(a,b,c)
#有损转换，超出范围的数值会丢失
#300 超过了 int8 的范围，300 转换为 16 进制为 0x12C，需要 2 个字节保存
#在转换为 int16 时没有问题，转为 int8 时高位的 1 丢失，变成了 0x2C，即 44
a=np.int32(300)
b=np.int16(a)
c=np.int8(b)
print(a,b,c)
```

程序运行的结果如下：

```
12 12 12
300 300 44
```

NumPy 的 array()方法可以将传入的数据转换为 NumPy 数组，转换过程保留输入数据的值和形状。而 Python 的 tolist()方法的作用和 NumPy 的 array 方法作用相反，可以将 NumPy 数组转换为 Python 数组，数组的值和形状是一致的，代码如下(完整代码参考本书代码 array.py)：

```
ori_data=[[1,3,4,7],[2,4,6,8]]
data=np.array(ori_data)
print(data,data.dtype)
ori_data=data.tolist()
print(type(data))
print(type(ori_data))
```

程序运行的结果如下：

```
[[1 3 4 7]
 [2 4 6 8]] int32
<class 'numpy.ndarray'>
<class 'list'>
```

ndarray 数组是 NumPy 中最重要的数据结构，有很多元数据保存了数组的常用属性。表 5-3 列出了数组的常用属性，图 5-1 直观展现了其属性。

表 5-3 NumPy 数组属性

属 性	属 性 说 明
ndarray.shape	数组的形状
ndarray.ndim	数组的轴的数量
ndarray.size	数组中元素的总个数
ndarray.dtype	数组中元素的数据类型
ndarray.itemsize	数组中元素的大小(单位：字节)
ndarray.nbytes	数组的内存大小
ndarray.real	ndarray 元素的实部
ndarray.imag	ndarray 元素的虚部
ndarray.flat	数组转换为 1-D 的迭代器，按行进行转换。NumPy 有个 flaten()函数既可以按照行转换也可以按照列转换
ndarray.T	对数组进行转置

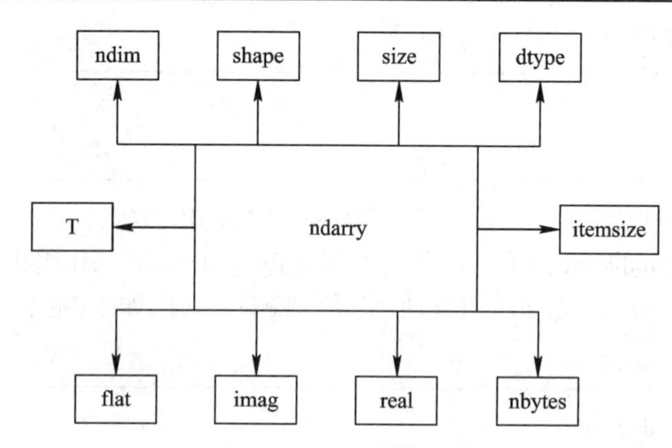

图 5-1 NumPy 数组属性

下面的示例介绍了数组常见属性的使用。

NumPy 数组的元素所属的数据类型可以使用 dtype.type 属性得到，元素所属数据类型占用的字节数可用 dtype.itemsize 属性获取(参考本书代码 npattributes.py)。如：

```
x="int32"
darray=np.arange(10,dtype=x)
print("type:{}\t size:{} bytes".format(x,darray.dtype.itemsize))
print(darray.dtype.type)
```

程序运行的结果如下：

```
type:int32      size:4 bytes
<class 'numpy.int32'>
```

从输出结果可知 darray 数组元素的数据类型是 int32 类型，每个元素占 4 个字节。

ndarray.nbytes 表示数组占用的内存空间，也就是数组中元素个数乘元素的数据类型占用的字节数，即 ndarray.size* ndarray.itemsize(参考本书代码 npattributes.py)。如：

```
print("total size:{} bytes".format(darray.nbytes))
print("nums:{} ".format(darray.size))
print("size:{} bytes".format(darray.itemsize))
print()
```

程序运行的结果如下：

```
total size:40 bytes
nums:10
size:4 bytes
```

ndarray.flat 属性将数组按行转换为一维的迭代器(参考本书代码 npattributes.py)。如：

```
import numpy as np
data=np.array([[1,2], [3,4], [5,6]])
#ndarray.flat:将数组转换为迭代器,flat 返回的是一个迭代器，可以用 for 访问数组中的每一个元素
print("flat:")
print(data.flat)
for i in data.flat:
    print(i)
```

程序运行的结果如下，ndarray.flat 得到的是一个 numpy.flatier 迭代器对象，遍历这个迭代器对象可以依次获得数组中的元素。

```
<numpy.flatiter object at 0x0000000003196340>
1
2
3
4
5
6
```

ndarray.flatten()函数的功能类似于 ndarray.flat 属性，但是它的功能更加丰富，通过修改 order 参数，该函数既可以使数组按行转换也可以按列转换(参考本书代码 npattributes.py)。如：

```
# 'C': C-style，行序优先
# 'F': Fortran-style，列序优先
# 'A': 如果 a 是内存中连续的 Fortran，则列序优先
# 'K': 按照元素在内存出现的顺序进行排序
#默认为'C'
print(data.flatten(order="C"))   #行序优先
print(data.flatten(order="F"))   #列序优先
print(data.flatten(order="A"))   #如果 a 是内存中连续的 Fortran，则列序优先
print(data.flatten(order="K"))   #按照元素在内存中出现的顺序进行排序
```

程序运行的结果如下：

```
[1 2 3 4 5 6]
[1 3 5 2 4 6]
[1 2 3 4 5 6]
[1 2 3 4 5 6]
```

ndarray 数组其他属性的示例代码参考本书代码 npattributes.py。

5.1.2 数组对象的元素级运算

不同于 Python 内置的列表结构用 for 循环依次处理每个元素，NumPy 提供了对 ndarray 数组批量操作的方法，这种方法更加简单高效。数组的算术操作分为两种：① 数组与数值之间的算术操作；② 数组与数组之间的算术操作。

数组与数值之间的算术运算规则：数组中的每个数分别和指定的常数进行数学运算。示例代码如下(完整代码参考 arithmetic_calculation.py)。

```
a=np.arange(1,7).reshape(2,3)
print(a)
print(a+2)
print(a-2)
print(a*2)
print(2/a)
```

程序运行的结果如下：

```
[[1 2 3]
 [4 5 6]]
[[3 4 5]
 [6 7 8]]
[[-1  0  1]
 [ 2  3  4]]
[[ 2  4  6]
 [ 8 10 12]]
[[2.         1.         0.66666667]
 [0.5        0.4        0.33333333]]
```

数组与数组之间的算术操作可以细分为同尺寸数组之间的操作和不同尺寸数组之间的操作。同等尺寸的数组之间的算术操作的规则是：两个数组中对应位置的两个元素进行相应的算术操作，不同尺寸的数组之间的操作涉及复杂的广播机制，这里不再阐述。

下面是数组常见的算术操作(完整代码参考 arithmetic_calculation.py)：

```
import numpy as np
a=np.arange(1,7).reshape(2,3)
b=np.ones((2,3))+1
print(a)
```

```
print(b)
print(a+b)
print(a-b)
print(a*b)
print(b/a)
print(a==b)
```

程序运行的结果如下：

```
[[1 2 3]
 [4 5 6]]
[[2. 2. 2.]
 [2. 2. 2.]]
[[3. 4. 5.]
 [6. 7. 8.]]
[[-1.  0.  1.]
 [ 2.  3.  4.]]
[[ 2.  4.  6.]
 [ 8. 10. 12.]]
[[2.         1.         0.66666667]
 [0.5        0.4        0.33333333]]
[[False  True False]
 [False False False]]
```

对于常用的数组操作，为了更好的复用性，我们一般都会将这些操作封装成简单的一元或二元函数，这样就可以重复使用这些函数。NumPy 实现了对常用数组操作的函数化，并且对这些函数进行可向量化封装，即通用函数(又叫做 ufunc 函数)。NumPy 的通用函数可以对数组进行逐元素操作。通用函数包括一元通用函数和二元通用函数。一元函数的输入为一个 ndarray 数组，二元函数输入为两个 ndarray 数组。表 5-4 和表 5-5 分别列出了常用的一元通用函数和二元通用函数。

表 5-4　一元通用函数

函　数	函 数 说 明
numpy.abs/fabs()	计算绝对值
numpy.sqrt()	计算各元素的平方根，等价于 numpy**0.5
numpy.square()	计算各元素的平方，等价于 numpy**2
numpy.exp()	对各元素 i 进行 e^[i] 计算
numpy.log/log10/log2()	计算各元素的各种对数值
numpy.cos()/ sin()/tan()	计算各元素的三角函数值
numpy.modf()	将数组中每个元素进行整数和小数分离，得到两个数组后返回
numpy.ceil()	对数组各元素进行向上取整，也就是取比这个数大的整数

续表

函　数	函 数 说 明
numpy.floor()	对数组各元素进行向下取整，也就是取比这个数小的整数
numpy.rint()	对数组各元素进行四舍五入
numpy.trunc()	对数组各元素进行向 0 取整
numpy.sign()	计算各元素正负号(正数：1；0:0；负数：–1)
numpy.isnan()	判断各元素是否为 NaN，返回一个 bool 数组
numpy.isinf()	判断各元素是否为有限(即 inf)，返回一个 bool 数组
numpy.isfinite()	判断各元素是否为有限，返回一个 bool 数组

表 5-5　二元通用函数

函　数	函 数 说 明
numpy.add(a,b)	数组对应元素相加
numpy.multiply(a,b)	数组对应元素相乘
numpy.divide(a,b)/ numpy.floor_divide(a,b)	数组 a 元素除以(整除以)数组 b 对应元素
numpy.mod(a,b)	数组对应元素相乘求模
numpy.subtract(a,b)	数组 b 中去掉数组 a 中的元素，也就等价于数学上的集合相减
numpy.power(a,b)	数组 b 中元素作为数组 a 中对应元素的幂次方
numpy.maximum/ numpy.minimum(1,aray2)	数组 a、数组 b 中对应元素的最大值(最小值)
numpy.fmax/fmin(a,b)	数组 a、数组 b 中对应元素的最大值(最小值)，忽略 NaN
numpy.copysign(a,b)	将数组 b 中元素的符号复制给数组 a 中的元素
numpy.greater/greater_equal/less/less_equal/ equal/not_equal (a,b)	数组 a、数组 b 中对应元素进行比较运算(等价于数学中的>，>=，<，<=，=，! =)，产生布尔数组
numpy.logical_end/logical_or/logic_xor(a,b)	数组 a、数组 b 中对应元素进行逻辑运算(等价于&，|，^)，产生布尔数组

例如 np.abs()对数组元素进行逐个取绝对值。np.add()将两个数组中的对应元素逐个相加(有关 ufunc 函数的完整代码参考本书代码 ufunc.py)。

```
import numpy as np
#np.abs():每个元素取绝对值
data=np.array([1,2,-3,4,-5,6])
print("原数组:",data)
print("数组进行 abs 操作:",np.abs(data))
#np.add():两个数组的对应元素相加
a=np.array([[1,2,3],
            [11,22,33]])
b=np.array([[1,-1,2],
```

```
              [2,3,1]])
print("两个数组对应元素相加得到的新数组：")
c=np.add(a,b)
print(c)
```

程序运行的结果如下：

```
原数组: [ 1   2   -3   4   -5   6]
数组进行 abs 操作: [1 2 3 4 5 6]
两个数组对应元素相加得到的新数组：
[[ 2   1   5]
 [13 25 34]]
```

5.2 矩阵运算

矩阵运算是线性代数的一个重要分支，矩阵的理论和方法已在很多领域得到了应用。诸如数值分析、优化理论、微分方程、概率统计、控制论、力学、电子学、网络等学科领域都与矩阵理论有着密切的联系，甚至在经济管理、金融、保险、社会科学等领域，矩阵理论和方法也有着十分重要的应用。

NumPy 用 matrix 类表示矩阵，但是因为：① matrix 类是 ndarray 的子类，二维的 ndarray 的数据结构和绝大部分方法均和 matrix 矩阵相同，matrix 和 ndarray 在很多时候都是通用的；② 数组 ndarray 是 NumPy 中的默认值，大部分 NumPy 函数返回的都是 ndarray 类型；③ ndarray 比 matrix 更灵活，速度更快，使用范围更广。所以关于矩阵的相关操作我们全部用二维的 ndarray 代替。接下来的部分将主要介绍多维数组的合并拆分及矩阵的相关操作。

5.2.1 数组的合并、拆分及切片

数组可以水平叠加，也可以垂直叠加。水平叠加是将两个具有相同行数的数组叠加每一行，如数组 a 的形状是[m,n]，b 的形状是[m,k]，则水平叠加后得到的数组的形状是[m,n+k]。

NumPy 中可以用于叠加的函数有：stack()、vstack()、dstack()、hstack()、column_stack()、row_stack()、concatenate()等。下面介绍各种合并函数中最常用的两个：vstack()和 hstack()。

vstack()：沿着垂直方向将矩阵叠加起来。注意除了第一维外，被堆叠的多维数组的各维度要一致，如图 5-2 所示。

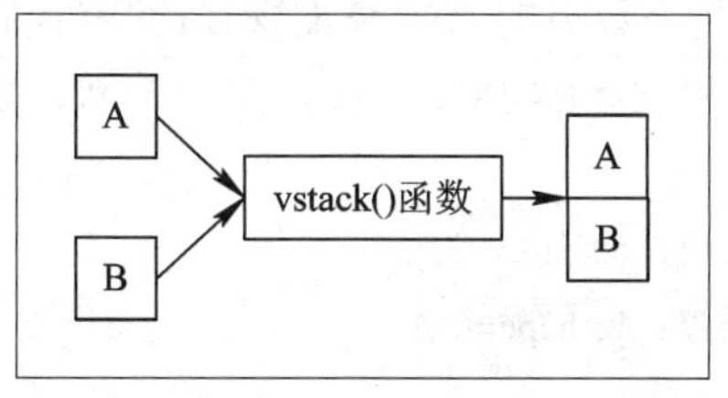

图 5-2　矩阵垂直叠加示意图

下面的示例代码演示了两个数组的垂直叠加操作(完整代码参考 vstack_hstack.py)：

```
import numpy as np
#vstack()：沿着垂直方向将矩阵叠加起来。除了第一维可以不一致，其余维的维度必须一致。
#第一维、第二维的维度都一致
a=np.array([1,2,3])     #维度：a.shape=(3,)
b=np.array([4,5,6])     #维度：a.shape=(3,)
print(np.vstack((a,b)))
#第一维不一致，第二维的维度一致
a=np.array([[1],[2],[3]])  #维度：a.shape=(3, 1)
b=np.array([[4],[5],[6],     #维度：b.shape=(6, 1)
            [7],[8],[9]])
print(np.vstack((a,b)))
```

程序运行的结果如下：

```
[[1 2 3]
 [4 5 6]]
[[1]
 [2]
 [3]
 [4]
 [5]
 [6]
 [7]
 [8]
 [9]]
```

hstack()：沿着水平方向将数组叠加起来。注意除了第二维外，被叠加的多维数组各维度要一致，如图 5-3 矩阵水平叠加示意图所示。

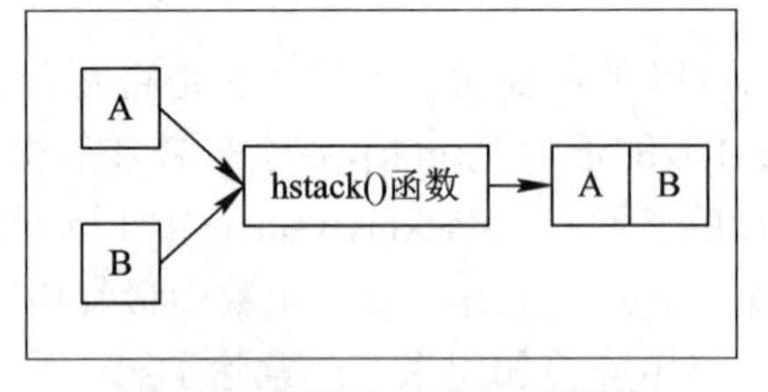

图 5-3　矩阵水平叠加示意图

下面的示例代码演示了两个数组的水平叠加操作(完整代码参考 vstack_hstack.py)：

```
#hstack()：沿着水平方向将数组叠加起来。注意除了第二维外，被叠加的数组各维度要一致。
#第一维、第二维的维度都一致
a=np.array([1,2,3])       #维度：a.shape=(3,)
b=np.array([4,5,6])       #维度：b.shape=(3,)
print(np.hstack((a,b)))
```

```
#第一维一致，第二维的维度不一致
a=np.array([[1,2,3],[4,5,6]])     #维度：a.shape=(2,3)
b=np.array([[4,5],[6,7]])         #维度：b.shape=(2,2)
print(np.hstack((a,b)))
```

程序运行的结果如下：

```
第一个输出是：[1 2 3 4 5 6]
第二个输出是：[[1 2 3 4 5] [4 5 6 6 7]]
```

NumPy 中常用于数组拆分的方法有 split()、hsplit()和 vsplit()。其中 split()函数最为常用，在此我们仅介绍这个函数。

split()函数可以将一个数组拆分成多个子数组，它有三个参数 ary、indices_or_sections 和 axis，其中 ary 表示要切分的数组；indices_or_sections 取值为整数或一维数组，整数 N 表示数组将沿轴分为 N 个相等的数组，数组表示为沿轴切分的位置；axis 表示沿着哪个维度进行切向，默认为 0 表示横向切分，为 1 表示纵向切分。其代码如下(完整代码参考 npsplit.py)：

```
import numpy as np
x=np.arange(12).reshape(3,4)
x1,x2=np.split(x,2,axis=1)
print(x1)
print(x2)
```

程序运行的结果如下：

```
[[0 1]
 [4 5]
 [8 9]]
[[ 2  3]
 [ 6  7]
 [10 11]]
```

其中数组 x 为[[0 1 2 3] [4 5 6 7] [8 9 10 11]]，np.split(x,2,axis=1)表示将数组 x 按第二维即 y 轴方向切分为 2 份。

NumPy 数组的切片操作可以用来提取数组中的部分元素。NumPy 数组的切片和列表、元组的工作方式完全相同，但是 NumPy 数组的切片可以应用于多维数组。

注意：数组切片只会产生原始数据的视图，而不会复制内部数组数据，所以对数组切片的修改会改变原始数组。之所以设计成这种方式，主要是因为 NumPy 设计用于非常大的数组，如果每个切片操作都是复制的话就会需要大量的内存。调用 copy()方法可以获得数据切片的拷贝，对这个拷贝的修改不会改变原始数组的内容。

一维数组的切片操作比较简单，比如(参考代码 arrayslice.py)：

```
import numpy as np
arr=np.arange(12)
print(arr)        #输出：[0  1  2  3  4  5  6  7  8  9  10  11]
```

```
print()
print(arr[0])           #输出：0
print(arr[:2])          #输出：[0 1]
print(arr[3:6])         #默认步长是 1，输出：[3 4 5]
print(arr[3:6:2])       #步长是 2，输出：[3 5]
```

对于二维数组，每个索引值对应的元素不再是一个值，而是一个一维数组，比如(参考代码 arrayslice.py)：

```
arr=np.arange(12)
arr=arr.reshape(3,4)
print(arr)              #输出：[ [0  1  2  3] [4  5  6  7]  [8  9 10  11]]
print()
print(arr[0])           #输出：[0 1 2 3]
print(arr[:2])          #输出：[[0 1 2 3]  [4 5 6 7]]
```

二维数组中选择单个元素有两种方式：递归和逗号分隔符列表，代码如下：

```
print(arr[0][1])        #(1)递归，输出：1
print(arr[0,1])         #(2)逗号分隔符列表输出：1
```

更高维数组的操作类似二维数组。

5.2.2 矩阵的乘积与线性代数

两个矩阵的乘积定义如下：

设 $\boldsymbol{A}$ 为 $m\times k$ 的矩阵，$\boldsymbol{B}$ 为 $k\times n$ 的矩阵，称 $m\times n$ 的矩阵 $\boldsymbol{C}$ 为矩阵 $\boldsymbol{A}$ 与 $\boldsymbol{B}$ 的乘积，记作 $\boldsymbol{C}=\boldsymbol{AB}$，其中矩阵 $\boldsymbol{C}$ 中的第 i 行第 j 列元素可以表示为

$$C_{ij}=\sum_{k=1}^{K}a_{ik}b_{kj}=a_{i1}b_{1j}+a_{i2}b_{2j}+\cdots+a_{iK}b_{Kj}$$

注意：

(1) 只有当矩阵 $\boldsymbol{A}$ 的列数等于矩阵 $\boldsymbol{B}$ 的行数时，$\boldsymbol{A}$ 与 $\boldsymbol{B}$ 才可以相乘。

(2) 矩阵 $\boldsymbol{C}$ 的行数为矩阵 $\boldsymbol{A}$ 的行数，矩阵 $\boldsymbol{C}$ 的列数为矩阵 $\boldsymbol{B}$ 的列数。

(3) 矩阵乘法不满足交换律。

NumPy 中计算两个矩阵的乘积的方法有很多种，@运算符、dot 函数和 matmul 函数都可以进行矩阵乘积的计算。下面代码是 numpy.matmul 函数计算矩阵乘积的一个简单的例子(参考本书代码 matrix.py)：

```
import numpy as np
A=np.array([1,2])
B=np.array([[2,5,3],[2,1,6]])
print("A=\n",A)
print("A 的形状：",A.shape)
print()
print("B=\n",B)
```

```
print("B 的形状:",B.shape)
print()
C=np.matmul(A,B)
print("C=\n",C)
print("C 的形状",C.shape)
```

程序运行的结果如下：

```
A=
 [1 2]
A 的形状： (2,)

B=
 [[2 5 3]
 [2 1 6]]
B 的形状: (2, 3)

C=
 [6  7  15]
C 的形状 (3,)
```

如果两个矩阵不满足矩阵相乘的定义，那么就会报错。如将上例中的 B 修改为 3×3 的矩阵，则程序会提示没有对齐，如：

```
Traceback (most recent call last):
…
    C=np.matmul(A,B)
ValueError: shapes (2,2) and (3,3) not aligned: 2 (dim 1) != 3 (dim 0)
```

Numpy.linalg(linear algebra)中包含线性代数的函数，这些函数是通过在 Matlab 和 R 等语言使用的相同的行业标准线性代数库来实现的。常用的线性代数的相关操作都可以通过这个库方便地实现，例如常见的计算逆矩阵、广义逆矩阵、求解行列式、求特征值、求特征向量、进行矩阵分解以及解线性方程组等操作。Numpy.linalg 常用函数如表 5-6 所示。

表 5-6　Numpy.linalg 常用函数

常用函数	解　释
inv	计算方阵的逆矩阵(矩阵必须是方阵且可逆，否则会抛出 LinAlgError 异常)
pinv	计算矩阵的逆矩阵
det	计算矩阵的行列式
eig	计算矩阵的特征值和特征向量
eigvals	计算矩阵的特征值
qr	矩阵进行 qr 分解
svd	矩阵进行 svd 分解
solve	计算线性方程组的解
lstsq	计算线性方程组的最小二乘解

逆矩阵的定义：

设 $\boldsymbol{A}$ 是数域上的一个 n 阶方阵，若在相同数域上存在另一个 n 阶方阵 $\boldsymbol{B}$，使得：

$$\boldsymbol{AB} = \boldsymbol{BA} = \boldsymbol{E}$$

则称 $\boldsymbol{B}$ 是 $\boldsymbol{A}$ 的逆矩阵，而 $\boldsymbol{A}$ 被称为可逆矩阵。求解逆矩阵的方法有：待定系数法、伴随矩阵法、初等变换法。这些方法我们在线性代数中都学过，我们当然可以使用任意的方法手动计算出一个矩阵的逆矩阵，但是 linalg.inv()函数已经帮我们实现了逆矩阵的计算，这个函数可以直接得到一个矩阵的逆矩阵，而不需要知道具体的求解过程。

下面就是 linalg.inv()函数计算矩阵的逆矩阵的一个简单的例子(完整代码参考linalg.py)。

```
import numpy as np
#求 A 的逆矩阵
A=np.array([[1,-1],
            [1,1]])
Av=np.linalg.inv(A)
print(Av)
#验证 A*Av=E
print(np.dot(A,Av))
```

程序运行的结果如下：

```
[[ 0.5   0.5]
 [-0.5   0.5]]
[[1. 0.]
 [0. 1.]]
```

广义逆矩阵的定义：

设 $\boldsymbol{A}$ 是一个矩阵，若存在另一个矩阵 $\boldsymbol{B}$，使得下面三个条件同时成立：

(1) $\boldsymbol{ABA} = \boldsymbol{A}$；

(2) $\boldsymbol{BAB} = \boldsymbol{B}$；

(3) $\boldsymbol{AB}$、$\boldsymbol{BA}$ 是对称矩阵。

这样的矩阵 $\boldsymbol{B}$ 称为矩阵 $\boldsymbol{A}$ 的广义逆矩阵。广义逆矩阵在数理统计、系统理论、优化计算和控制论等多领域中有重要应用，广义逆矩阵理论与应用的研究是矩阵论的一个重要分支。

使用 linalg.pinv()函数方便得到一个矩阵的广义逆矩阵。下面是 linalg.pinv()函数计算广义逆矩阵的例子(完整代码参考 linalg.py)。

```
#求 A 的广义逆矩阵
np.set_printoptions(suppress=True)
A=np.array([[1,-1],
            [1,1],
            [1,1]])
Av=np.linalg.pinv(A)
```

```
print("A 的广义逆矩阵:\n",Av)
print()
#验证(1)A*Av*A=A   (2)Av*A*Av=Av   (3)(A*Av).T=A*Av (Av*A).T=Av*A
print("验证：A*Av*A=A:\n",A@Av@A)      # 验证：A*Av*A=A
print("验证：Av*A*Av=Av:\n",Av@A@Av) # 验证：Av*A*Av=Av
print("验证：A*Av 是对称阵\n",A@Av)      # 验证：A*Av 是对称阵
print("验证：A*Av 是对称阵:\n",Av@A)     # 验证：Av*A 是对称阵
```

程序运行的结果如下：

```
A 的广义逆矩阵:
 [[ 0.5    0.25  0.25]
 [-0.5    0.25  0.25]]

验证：A*Av*A=A:
 [[ 1. -1.]
 [ 1.   1.]
 [ 1.   1.]]
验证：Av*A*Av=Av:
 [[ 0.5    0.25  0.25]
 [-0.5    0.25  0.25]]
验证：A*Av 是对称阵
 [[1.   0.   0. ]
 [0.   0.5 0.5]
 [0.   0.5 0.5]]
验证：A*Av 是对称阵:
 [[1. 0.]
 [0. 1.]]
```

行列式的定义：

设 $\boldsymbol{A}$ 是一个 $n\times n$ 的矩阵，那么 $\boldsymbol{A}$ 的行列式等于其任意行(或列)的元素与对应的代数余子式乘积之和。对于低阶方阵，例如 2、3 阶，我们可以进行手动计算，但是对于高于三阶的方阵，手动计算就会特别复杂。这时就需要借助工具进行计算了，linalg.det()函数就是计算高阶矩阵行列式的一个很好的工具，代码如下(完整代码参考 linalg.py)：

```
import numpy as np
#|A|
np.set_printoptions(suppress=True)
data=np.array([[1,-1],
               [1,1]])
data_det=np.linalg.det(data)
print(data_det)    #输出结果是：2.0
```

在线性代数中，特征值和特征向量是篇幅很大的一部分内容。特征值和特征向量无论是在数学领域还是计算机领域都有着极其重要的应用。

特征值和特征向量的定义如下：

设 $\boldsymbol{A}$ 是 n 阶方阵，如果存在数 m 和非零 n 维列向量 $\boldsymbol{x}$，使得 $\boldsymbol{Ax} = m\boldsymbol{x}$ 成立，则称 m 是 $\boldsymbol{A}$ 的一个特征值(characteristic value)或本征值(eigenvalue)。非零向量 $\boldsymbol{x}$ 称为矩阵 $\boldsymbol{A}$ 的对应于特征值 m 的特征向量或本征向量，简称 $\boldsymbol{A}$ 的特征向量或 $\boldsymbol{A}$ 的本征向量。使用 linalg.eig()函数可以方便地得到一个矩阵的特征值和特征向量。下面是利用 linalg. eig ()函数计算特征值和特征向量的一个简单的例子(完整代码参考 linalg.py)。

```
import numpy as np
#Ax=ax
A=np.array([[1,2],
            [2,1]])
a,x=np.linalg.eig(A)
print("a")
print(a)
print("s")
print(x)
print()
#验证 Ax=ax
print("AX")
for i in range(len(a)):
print(np.dot(A,x[:,i]))
print()
print("aX")
for i in range(len(a)):
print(np.dot(a[i],x[:,i]))
```

程序运行结果如下：

```
a
[ 3. -1.]
x
[[ 0.70710678 -0.70710678]
 [ 0.70710678  0.70710678]]


AX
[2.12132034 2.12132034]
[ 0.70710678 -0.70710678]


aX
```

```
[2.12132034 2.12132034]
[ 0.70710678 -0.70710678]
```

SVD(Singular Value Decomposition)称为奇异值分解，是线性代数中一种重要的矩阵分解，应用非常广泛。在机器学习中经常使用 SVD 和 PCA 进行数据的降维。

奇异值分解的定义：

设 $\boldsymbol{A}$ 是 $m \times n$ 的矩阵，如果 $\boldsymbol{A}$ 可以表示成下面的形式：

$$\boldsymbol{A} = \boldsymbol{U\Sigma V}^{\mathrm{T}}$$

其中 $\boldsymbol{U}$ 和 $\boldsymbol{V}$ 均为单位正交阵，$\boldsymbol{U}$ 称为左奇异矩阵，$\boldsymbol{V}$ 称为右奇异矩阵，$\boldsymbol{\Sigma}$ 为对角矩阵，对角线的值称为奇异值，则称上式为 $\boldsymbol{A}$ 的 SVD 分解。

使用 linalg.svd()函数可以方便地进行矩阵的奇异值分解。下面是 linalg.svd()函数进行矩阵的奇异值分解的一个简单的例子(完整代码参考 linalg.py)。

```
import numpy as np
#A=U*S*V
data=np.array([[1,2,3],
               [2,1,2],
               [1,3,3]])
u,s,v=np.linalg.svd(data)
print("u")
print(u)
print("s")
print(s)
print("v")
print(v)
print()
#验证 A=U*S*V
temp=np.dot(u,np.diag(s))
print(np.dot(temp,v))
```

程序运行结果如下：

```
u
[[-0.58951441  0.09409914 -0.80225813]
 [-0.43397907 -0.87456836  0.2163154 ]
 [-0.68127449  0.47568428  0.55640771]]
s
[6.31285157 1.39322221 0.45479326]
v
[[-0.33879254 -0.57926775 -0.74139631]
 [-0.84649333  0.5316329  -0.02855715]
 [ 0.41069291  0.61791207 -0.67045955]]
```

```
[[1. 2. 3.]
 [2. 1. 2.]
 [1. 3. 3.]]
```

线性方程组的求解是线性代数的基础，linalg.solve(a,b)函数可以求线性方程组 $ax = b$ 的解 x 的值。下面是利用 linalg.solve()函数求解线性方程组的一个简单例子(完整代码参考 linalg.py)。

```
import numpy as np
#Ax=b
A=np.array([[1,2,3],
            [2,1,2],
            [1,3,3]])
b=np.array([2,1,4])
x=np.linalg.solve(A,b)
print("解为：",x)        #输出：解为：  [ 0.25    2.     -0.75]
#验证 Ax=b
print("Ax:",np.dot(A,x))      #输出：Ax  :  [2. 1. 4.]，验证得到 Ax=b
```

上面各个例子的完整代码可参考本书代码 linalg.py，关于 numpy.linalg 的更多使用方法可以参考 numpy.linalg 的官网[①]。

5.3 统计与概率计算

NumPy 提供了一系列函数用来计算数组的最大值、最小值、平均值、中位数和标准差等统计值。这些统计值的计算既可以使用对应的 ndarray 数组实例的方法，也可以使用顶层的 NumPy 的方法。表 5-7 列出了常用的一些统计值计算函数。

表 5-7 常用的一些统计值计算函数

常用函数	解 释
min，max	计算数组中指定轴 Axis 的最大值和最小值
std，var	计算数组中指定轴 Axis 标准差和方差
sum	计算数组指定轴方向上的和
mean	计算数组中指定轴 Axis 的平均值
average	计算数组中指定轴 Axis 的加权平均值
median	计算数组中指定轴 Axis 的中位数
ptp	计算数组中指定轴 Axis 的最大值与最小值之差
percentile	计算数组中指定轴 Axis 的特定百分比所对应的值

① https://docs.scipy.org/doc/numpy/reference/routines.linalg.html。

下面的代码用两种不同方式输出了最大值、最小值、平均值和标准差(参考代码 stats.py)：

```
import numpy as np
data = np.array([1,3,5,6,9,12,10])
print("Max method:\t", data.max())
print("Max function:\t", np.max(data))
print("Min method:\t", data.min())
print("Min function:\t", np.min(data))
print("Mean method:\t", data.mean())
print("Mean function:\t", np.mean(data))
print("Std method:\t", data.std())
print("Std function:\t", np.std(data))
```

程序运行结果如下：

```
Max method:      12
Max function:    12
Min method:      1
Min function:    1
Mean method:     6.571428571428571
Mean function:   6.571428571428571
Std method:      3.6589281356759136
Std function:    3.6589281356759136
```

对于一个数组，使用分段统计可以统计出数据的分布情况。这在实际生活中有着非常广泛的应用，例如统计一所大学中所有在校生的年龄分布。有四种常用的方法可以统计数组中各个值出现的次数：① 调用 collections 库中的 Counter 函数可得到一个字典，字典的 key 是数组中出现的值，value 是对应值出现的次数；② 通过 NumPy 的 unique 函数统计各个值的个数；③ 通过 NumPy 的 sum 函数统计符合条件的值的个数；④ 当数组中所有值为非负整数时，可调用 NumPy 的 bincount 方法进行统计。下面是使用上面介绍的方法统计数组中值出现次数的例子(参考代码 countnum.py)。

```
import numpy as np
from collections import Counter
data = np.array([1,2,4,7,1,2,6,2,7,6])
# 方法一：使用 Counter 统计次数
print("Counter(data):",Counter(data)) # 调用 Counter 函数


'''
方法二：使用 np.unique 函数统计次数
使用 unique 函数也可以直接统计出每个元素出现的个数
unique 返回的是一个两个元素的元组，第一个是已排序的数组，第二个是各个元素出现的个数
```

```
'''
print('np.unique(data,return_counts=True)\n',np.unique(data,return_counts=True))

#方法三: 使用 np.sum 函数统计次数
print("np.unique(data):",np.unique(data)) # unique 返回的是已排序数组
for i in np.unique(data):
    # 对照 unique 数组，依次统计每个元素出现的次数
    print("{}:{}".format(i,np.sum(data==i)))

#方法四: 使用 np.bincount 函数统计次数
#返回值中的每个 bin，给出了它的索引值在 x 中出现的次数
count=np.bincount(data)
print("np.bincount(data):",count)
```

程序运行结果如下：

```
Counter(data): Counter({2: 3, 1: 2, 7: 2, 6: 2, 4: 1})
np.unique(data,return_counts=True)
 (array([1, 2, 4, 6, 7]), array([2, 3, 1, 2, 2], dtype=int64))
np.unique(data): [1 2 4 6 7]
1:2
2:3
4:1
6:2
7:2
np.bincount(data): [0 2 3 0 1 0 2 2]
```

其中 bincount 函数的输出结果对应的分别是 0～7 之间的数字出现的次数，结合数据可视化可以很方便地展示数据的分布，如图 5-4 所示。

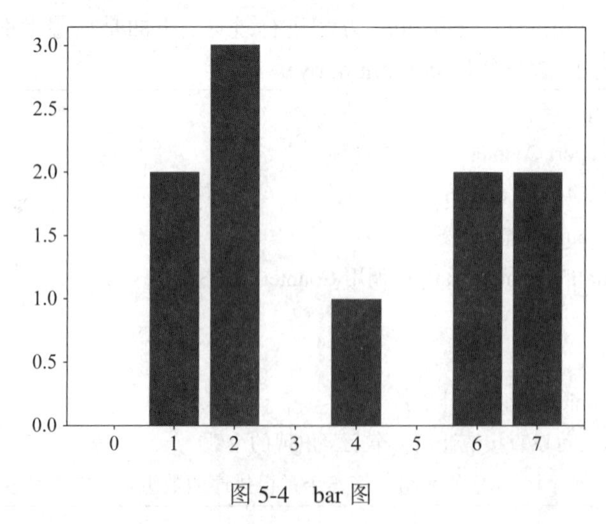

图 5-4　bar 图

其代码如下(参考本书代码 countnum.py)：

```
import matplotlib.pyplot as plt
plt.bar(range(len(count)),count)
plt.show()
```

另一种常用的统计数据为累积分布函数(Cumulative Distribution Function，常简写为 cdf)，又叫分布函数，是概率密度函数(Probability Density Function，常简写为 pdf)的积分，能完整描述一个实随机变量 X 的概率分布。

累积分布函数的定义：对于所有的实数 x，FX(x)=P(X<x)。

对离散变量而言，累积分布函数表示所有小于等于 x 的值出现概率的和。

NumPy 的 cumsum 函数可统计累积分布函数，代码如下(参考本书代码 countnum.py)：

```
#累积分布函数
cdf=np.cumsum(count)/np.sum(count)
print(cdf)
plt.plot(range(len(count)),cdf)
plt.show()
```

累积分布函数如图 5-5 所示。

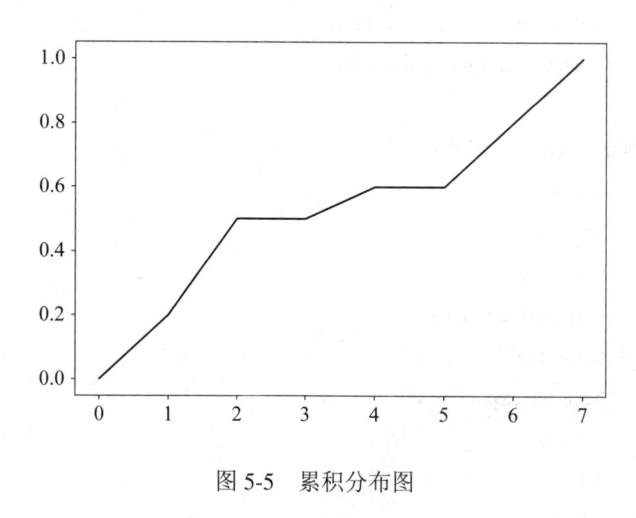

图 5-5　累积分布图

5.4　随机数生成

随机数的应用及其广泛，但是真正的随机数很难获得，这主要是因为随机数是专门的随机试验的结果，其结果是不可预测、不可见的。目前大部分程序使用的都是按照一定算法模拟产生的伪随机数，伪随机数是由随机种子根据一定的算法计算出来的值，只要随机种子和生成算法确定，生成的随机数就是确定的。大部分随机数生成算法都是使用系统时钟作为默认情况下的随机种子。

Python 的 random 库提供了随机生成整数、浮点数的函数，也提供了几种非连续分布的随机数函数。表 5-8 展示了 help 函数打印的 random 包的帮助信息。

表 5-8　random 包的帮助信息

```
Help on module random:

NAME
    random - Random variable generators.

DESCRIPTION
        integers
        --------
                uniform within range

        sequences
        ---------
                pick random element
                pick random sample
                pick weighted random sample
                generate random permutation

        distributions on the real line:
        ------------------------------
                uniform
                triangular
                normal (Gaussian)
                lognormal
                negative exponential
                gamma
                beta
                pareto
                Weibull

        distributions on the circle (angles 0 to 2pi)
        ---------------------------------------------
                circular uniform
                von Mises
```

常用的随机函数如表 5-9 所示。

表 5-9　常用的随机函数

随 机 函 数	函 数 说 明
random.random()	随机生成一个大于 0 小于 1 的浮点数
random.uniform(a,b)	用于生成一个指定范围内的随机浮点数，两个参数中一个是下限一个是上限(a<b)
random.randint(a, b)	用于生成一个指定范围内的整数(a<=N<=b)
random.randrange([start], stop[, step])	从指定范围内，按指定的基数递增的集合中获取一个随机数
random.choice(sequence)	参数 sequence 表示一个有序类型，从序列中获取一个随机元素
random.shuffle(x[, random])	将序列内的元素随机排列，会修改原有序列
random.permutation(x)	将序列内的元素随机排列，不会修改原有序列

下面是把 0～9 的有序序列进行打乱的代码(完整代码参考 randomtest.py)：

```
import numpy as np
from numpy import random
data=np.arange(10)
print(data)
np.random.shuffle(data)
print(data)
```

程序运行结果如下：

```
[0 1 2 3 4 5 6 7 8 9]
[5 2 9 7 6 8 1 3 4 0]
```

除了上面列出的针对整数和针对序列的随机函数外，random 还提供了按指定分布生成随机数的函数，包括正态分布、指数分布、三角分布、伽马分布等。相关的函数如下：

(1) 高斯分布的随机数 random.gauss(mu, sigma)；

(2) 正态分布的随机数 random.normalvariate(mu, sigma)；

(3) 三角分布的随机数 random.triangular(low, high, mode)；

(4) beta β 分布的随机数 random.betavariate(alpha, beta)；

(5) 指数分布的随机数 random.expovariate(lambd)；

(6) 伽马分布的随机数 random.gammavariate(alpha, beta)；

(7) 对数正态分布的随机数 random.lognormvariate(mu, sigma)；

(8) 冯米塞斯分布的随机数 random.vonmisesvariate(mu, kappa)；

(9) 帕累托分布的随机数 random.paretovariate(alpha)；

(10) 韦伯分布的随机数 random.weibullvariate(alpha, beta)。

以标准正态分布(standard normal distribution)为例，这是一个在数学、物理及工程等领域都非常重要的概率分布，在统计学的许多方面有着重要的影响力。正态分布的概率密度函数曲线关于 Y 轴对称，整个图像呈钟型。期望值 $\mu = 0$、标准差 $\sigma = 1$ 条件下的正态分布称为标准正态分布，记为 N(0，1)。标准正态分布曲线下面积分布规律是：在 −1.96～+1.96 范围内曲线下的面积等于 0.9500，在 −2.58～+2.58 范围内曲线下面积为 0.9900。下面的示例程序随机生成 10 万个符合正态分布的随机数，并按照 100 个区间统计它们的概率分布曲线(完整代码参考 standarddistribution.py)。图 5-6 展示了生成的随机数的概率分布曲线，可以看出落在不同区间的随机数数量和正态分布一致。

```
import matplotlib.pyplot as plt
import random

plt.rcParams['font.sans-serif']=['SimHei'] #用来正常显示中文标签
plt.rcParams['axes.unicode_minus']=False#用来正常显示负号

ll=[]
for i in range(100000):
    a = random.normalvariate(0, 1)
    ll.append(a)

plt.title("正态随机数分布图")
plt.xlabel("随机数取值范围")
plt.ylabel("随机数个数")
plt.hist(ll,100)
plt.show()
```

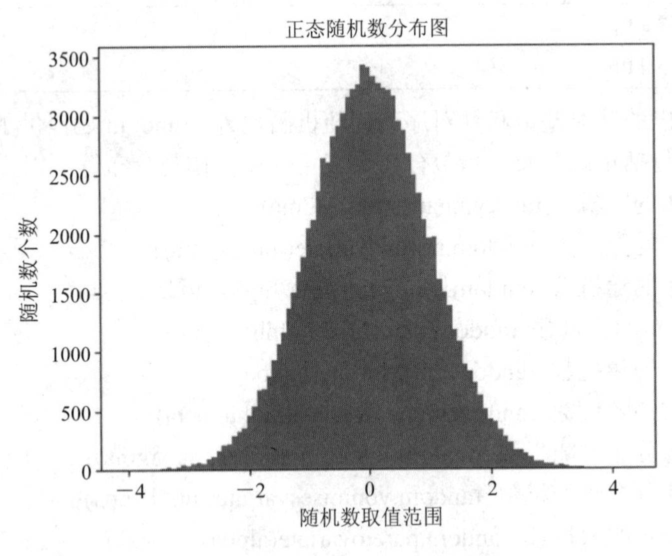

图 5-6　符合正态分布的随机数概率分布曲线

除了上面介绍的 Python 的 random 模块能生成随机数之外，NumPy 的 random 子程序也提供了生成随机数的功能，它的随机数发生器是基于梅森旋转算法的。它既可以生成连续分布的随机数，也可以生成非连续分布的随机数。分布函数有一个可选的 size 参数，指定生成的随机数个数。size 参数可用整型或元组进行赋值，如指定整型则得到一个长度为该整型的一维数组，如指定元组则得到相应维数的多维数组，数组的值是生成的随机数。

连续分布包括正态分布、对数正态分布等。离散分布包括几何分布、超几何分布和二项式分布等。

练 习 题

1. 阐述 Python 的 list 列表和 NumPy 数组之间的区别。

2. NumPy 常用的生成数组的方法有哪些?

3. 根据表 5-10 所示的数据创建一个类型为 float32 的 NumPy 数组 data，并计算 data 数组占用的内存大小。

表 5-10　习题 3 的表

1.2	3	2
4	5.5	6
7	9	8

4. 根据第 3 题得到的 NumPy 数组 data，试用三种方法得到一个新的同形状的数组，新数组的每个元素的值是 data 数组对应位置值的平方。

5. 阐述 NumPy 中数组和矩阵之间的关系。

6. 下面的数据是某大学大一、研一、博一中随机调查的五名学生的年龄，根据表 5-11 所示的数据依次完成以下要求(数据文件位置：data/execise06.csv):

表 5-11　习题 6 的表

	学生 1	学生 2	学生 3	学生 4	学生 5
大一	17	16	18	17	19
研一	23	25	24	23	23
博一	23	25	28	30	23

(1) 根据数据生成形状为(3,5)的 ndarray 数组，其中每行数据表示一届学生;

(2) 将(1)中得到的数组使用 split()函数按行拆分成三个数组，每个数组表示一届学生;

(3) 将(2)中得到的三个数组使用合并函数合并成一个一维数组，这个数组的前 5 个数据表示大一学生的年龄，中间 5 个数据表示研一学生的年龄，最后 5 个数据表示博一学生的年龄。

7. 对于数据[[3, −1], [1, 0]]构成的矩阵，计算其行列式、特征值和特征向量，并且判断此矩阵是否可逆，如果可逆求其逆矩阵。

8. 计算第 3 题中数据构成的数组中每一列的最大值、最小值、中位数、平均值和标准差。

9. 统计第 6 题(2)中得到的每届学生各个年龄的人数及累计概率密度函数和(3)中得到的全部 15 名学生各个年龄的人数及累计概率密度函数。

10. 简述什么是随机数，什么是伪随机数。

11. 利用 Python 的 random 模块，生成 4 位包含数字和大小写字母的验证码。

第 6 章 数据预处理

数据预处理的目的是将数据转换为更利于数据挖掘和分析的形式。现实中采集到的原始数据往往不够规范，会存在一定程度的缺失值、重复值以及噪声数据等，这些异常值会影响整个数据集的完整性和正确性，直接采用这些数据进行分析有很大的可能得到错误的结论。另一方面，数据的类型和数值范围也会影响算法的效率和效果，如一些分类数据需要转换为数值类型。因此，在开始数据挖掘和处理之前，需要对数据进行预处理。

数据预处理一般包括数据清洗、数据集成、数据转换和数据规约四类，本章将介绍这几种数据预处理的方法。Python 的 Pandas 库提供了对数据进行统计分析和处理的函数，数据预处理工作主要通过 Pandas 库进行。

本章重点、难点、需要掌握的内容：

- 理解为什么要进行数据预处理以及其所包含的内容；
- 结合实践掌握如何进行缺失值的处理、数据去噪；
- 掌握数据集成及 Pandas 对数据的常用处理方法；
- 掌握进行数据归一化的几种常用方法，学会使用 scikit-learn 中提供的归一化函数；
- 了解数据规约。

6.1 数据清洗

原始数据中的数据因为各种原因，可能存在缺失和错误。一般表现为数据的某些特征缺失，有噪声和不一致。数据清洗过程首先识别出缺失的值、噪声数据和异常数据点等，并纠正数据中的缺失和错误。

6.1.1 缺失值处理

缺失值是指原始数据中的一部分记录缺少某些特征，这种情况下无法进行数据处理，或者会得出错误的结论。使用循环检查每条记录中所有特征是否缺失可以得到数据缺失情况。Pandas 库提供了更快捷的统计缺失值的方法。

对于缺失值，通常有下面几种处理方式。

(1) 忽略元组：当缺少类标号时通常这样做(比如在进行分类任务时)。除非元组有多个属性缺少值，否则该方法不是很有效。

(2) 直接使用含有缺失值的特征：这种方法适用于包含缺失值的特征含有少量缺失值

(一般认为该特征的数据缺失率在 25%以内为少量缺失)。

(3) 删除含有缺失值的特征：若某一特征含有大量缺失值，则可以直接删除该特征。

(4) 人工填写缺失值：一般情况下，该方法比较费时。

(5) 使用一个全局常量填充缺失值：将缺失值用同一个常数(如 Unknown 或 $-\infty$)替换。如果缺失值都用 Unknown 替换，则挖掘程序可能误认为它们形成了一个类，因为它们都具有相同的值“Unknown”。所以此方法虽然简单但不可靠。

(6) 使用属性的均值填充缺失值：例如，假定顾客的平均年收入为 60 000 元，则使用该值替换 income 中的缺失值。

(7) 使用与给定元组属同一类的所有样本的属性均值：例如，将顾客按 credit_risk 分类，则用具有相同信用度给定元组的顾客的平均收入替换 income 中的缺失值。

(8) 使用最可能的值填充缺失值：可以用回归、贝叶斯形式化的基于推理的工具或决策树归纳确定。例如，利用数据集中其他顾客的属性，可以构造一棵决策树来预测 income 的缺失值。

下面以来自 kaggle 网站的泰坦尼克号乘客的数据为例，介绍如何找到缺失值并进行处理。该数据集收集了乘坐泰坦尼克号的乘客信息，包括年龄、性别、船舱等，以及是否获救。希望通过机器学习的方法分析训练集的数据，并建立模型判断测试集中的哪些乘客会获救。数据来源为 https://www.kaggle.com/c/titanic/data，这里只分析测试集的数据 tatnic_train.csv。参考代码：source/titanic_preprocessing.ipynb。

使用 Pandas 库的 read_csv()引入数据集，并使用 Dataframe 的 head()方法观察前几条数据，如图 6-1 所示，代码如下：

```
import pandas as pd
import numpy as np
titanic_df = pd.read_csv('data/tatnic_train.csv')
titanic_df.head()
```

	PassengerId	Survived	Pclass	Name	Sex	Age	SibSp	Parch	Ticket	Fare	Cabin	Embarked
0	1	0	3	Braund, Mr. Owen Harris	male	22.0	1	0	A/5 21171	7.2500	NaN	S
1	2	1	1	Cumings, Mrs. John Bradley (Florence Briggs Th...	female	38.0	1	0	PC 17599	71.2833	C85	C
2	3	1	3	Heikkinen, Miss. Laina	female	26.0	0	0	STON/O2. 3101282	7.9250	NaN	S
3	4	1	1	Futrelle, Mrs. Jacques Heath (Lily May Peel)	female	35.0	1	0	113803	53.1000	C123	S
4	5	0	3	Allen, Mr. William Henry	male	35.0	0	0	373450	8.0500	NaN	S

图 6-1 使用 head()方法查看数据

图 6-1 中 Cabin 中部分数据为 NaN，即表示对应的数据缺失。通过 Dataframe 的 info()方法可以查看数据描述，代码如下：

```
titanic_df.info()
```

输出结果如下：

```
<class 'pandas.core.frame.DataFrame'>
RangeIndex: 891 entries, 0 to 890
Data columns (total 12 columns):
PassengerId      891 non-null int64
```

```
Survived        891 non-null int64
Pclass          891 non-null int64
Name            891 non-null object
Sex             891 non-null object
Age             714 non-null float64
SibSp           891 non-null int64
Parch           891 non-null int64
Ticket          891 non-null object
Fare            891 non-null float64
Cabin           204 non-null object
Embarked        889 non-null object
dtypes: float64(2), int64(5), object(5)
memory usage: 83.6+ KB
```

从上面可以看出，数据集共有 891 条数据，每条数据有 12 个特征。其中 Age、Cabin(船舱)、Embarked(登船港口)几个特征存在缺失。

Dataframe 的 isnull()方法根据 Dataframe 中的数据是否为空，返回一个布尔值的 Dataframe。通过求和即可得到数据为空的数目。isnull()方法示例代码如下：

```
def show_missing_data(df):
    missing_data_count = df.isnull().sum() #统计每个特征的缺失数量
    total=missing_data_count.sort_values(ascending=False)
    percent=(missing_data_count/df.isnull().count()).sort_values(ascending=False)
    missing_data = pd.concat([total, percent], axis=1, keys=['Total', 'Percent'])
return missing_data
show_missing_data(titanic_df)
```

显示结果如图 6-2 所示。

	Total	Percent
Cabin	687	0.771044
Age	177	0.198653
Embarked	2	0.002245
Fare	0	0.000000
Ticket	0	0.000000
Parch	0	0.000000
SibSp	0	0.000000
Sex	0	0.000000
Name	0	0.000000
Pclass	0	0.000000
Survived	0	0.000000
PassengerId	0	0.000000

图 6-2　用 isnull()方法的结果

从结果可以看到，特征 Cabin、Age 和 Emarked 有缺失。

1．Cabin 缺失值的处理

其中 Cabin 的缺失率高达 77%，根据前面介绍的缺失值处理方法，可以选择直接删除该特征，语法如下：

```
titanic_df.drop('Cabin', axis=1, inplace=True)
titanic_df.head()
```

其中，axis=1 表示删除 Cabin 列；inplace=True 表示不创建新的对象，直接对原始对象进行修改。

当然，从另外一种角度考虑，Cabin 的缺失可能代表这类乘客本身并没有船舱，如果直接删除，或许会丢失一些重要的隐含信息，因此我们可以使用一个符号代表缺失的值，在这里我们用'UNKNOWN' 表示。因为上面的语句已将 Cabin 特征删除，需要再次执行第一个 block 中的 read_csv()函数调入原始数据。这里 fillna()函数的作用是将无效值填充为指定的值，结果如图 6-3 所示，代码如下：

```
titanic_df['Cabin'] = titanic_df['Cabin'].fillna('UNKNOWN')
titanic_df.head()
```

	PassengerId	Survived	Pclass	Name	Sex	Age	SibSp	Parch	Ticket	Fare	Cabin	Embarked
0	1	0	3	Braund, Mr. Owen Harris	male	22.0	1	0	A/5 21171	7.2500	UNKNOWN	S
1	2	1	1	Cumings, Mrs. John Bradley (Florence Briggs Th...	female	38.0	1	0	PC 17599	71.2833	C85	C
2	3	1	3	Heikkinen, Miss. Laina	female	26.0	0	0	STON/O2. 3101282	7.9250	UNKNOWN	S
3	4	1	1	Futrelle, Mrs. Jacques Heath (Lily May Peel)	female	35.0	1	0	113803	53.1000	C123	S
4	5	0	3	Allen, Mr. William Henry	male	35.0	0	0	373450	8.0500	UNKNOWN	S

图 6-3　fillna()函数作用

从结果可以看出 Cabin 缺失的值被设置为了“UNKNOWN”。

2．Emarked 缺失值的处理

对于特征 Embarked，因为仅有 2 条数据缺失，所以可以选择使用众数填充，语法如下：

```
titanic_df['Embarked'].fillna(titanic_df['Embarked'].mode()[0], inplace=True)
```

titanic_df['Embarked'].mode()函数返回一个最常出现的值，默认不统计无效值。如果有多个值出现的次数一样，则也可能出现多个值。这里使用第一个作用为指定 Embarked 列中出现次数最多的值。

3．Age 缺失值的处理

Age 特征值非常重要。当泰坦尼克号沉没时，会让老人和孩子优先使用救生艇，所以显然不能简单地指定一个值或众数。这种情况可以使用其他未缺失的数据集作为训练集，来预测缺失值。预测的方法有很多，可以使用线性回归、随机森林、支持向量回归(SVR)等方法。后面的数据处理章节将详细讲解回归方法的选择和使用。这里使用 sklearn 提供的 SVR 进行预测。

首先确定哪些特征参与预测，我们采用排除法，把 PassengerId(乘客编号)、Name(乘客姓名)、Ticket(客票编号)排除(不用直接删除列，预测时不使用即可)，使用其他的特征进行预测。

其次，SVR 模型只能处理数值特征，所以需要先把非数值特征转换为数值型。

查看特征的类型：

```
titanic_df.info()
```

结果如下(略去了其他不相关的特征)：

```
PassengerId          int64
  Name               object
  Ticket             object
  …
dtype: object
```

查看不同特征的取值范围和分布：

```
print("Sex Categories:\n",titanic_df['Sex'].value_counts())
print("-"*20)
print("Embarked Categories:\n",titanic_df['Embarked'].value_counts())
print("-"*20)
print("Cabin value counts",len(titanic_df['Cabin'].value_counts()))
```

结果如图 6-4 所示。

```
Sex Categories:
 male      577
female    314
Name: Sex, dtype: int64
--------------------
Embarked Categories:
 S    644
C    168
Q     77
Name: Embarked, dtype: int64
--------------------
Cabin value counts 148
```

图 6-4 SVR 模型结果

下面的代码使用 SVR 模型根据完整的数据预测 Age 缺失的数据的 Age 值，使用了 9 个特征值，并将预测的 Age 值赋值给缺失的数据。使用预测值填充缺失值对机器学习也有影响。通过查看 Age 的预测值可以发现预测值是实数，会预测出类似 34.2739 这样的值，可以采用取整后再赋值，也可以选择不同的特征、模型预测缺失的 Age 值。

```
from sklearn.svm import SVR      #从 sklearn 中导入 SVR
age_df = titanic_df[['Age', 'Survived', 'Pclass', 'SibSp', 'Parch', 'Fare','Sex_female', 'Sex_male', 'Embarked_cat', 'Cabin_cat']]      #选取参与预测的特征，其中 Age 为目标特征
age_df_notnull = age_df.loc[(titanic_df['Age'].notnull())]      #获取 Age 列的值不为空的数据
age_df_isnull = age_df.loc[(titanic_df['Age'].isnull())]      #获取 Age 列的值为空的数据
X = age_df_notnull.values[:,1:]      #训练数据列
y = age_df_notnull.values[:,0]      #目标数据列
```

```
svr_rbf = SVR(kernel='rbf', C=1e3, gamma=0.1)      #这里使用 RBF 内核
y_rbf = svr_rbf.fit(X, y)
predictAges = y_rbf.predict(age_df_isnull.values[:,1:])
titanic_df.loc[titanic_df['Age'].isnull(), 'Age'] = predictAges
show_missing_data(titanic_df)
```

再调用自定义的函数查看数据缺失的情况就可以看到已经没有数据缺失了，结果如图 6-5 所示。

	Total	Percent
Cabin_cat	0	0.0
Embarked_cat	0	0.0
Sex_male	0	0.0
Sex_female	0	0.0
Embarked	0	0.0
Cabin	0	0.0
Fare	0	0.0
Ticket	0	0.0
Parch	0	0.0
SibSp	0	0.0
Age	0	0.0

图 6-5　补充后的数据缺失情况

至此，对于缺失的特征值已经处理完毕。可以选择不同的特征值建立分类模型，通过机器学习的方法学习这些特征值和 Survived 的对应关系。

6.1.2　噪声数据处理

噪声(noise)是被测量的变量的随机误差或偏差。如果数据集中含有大量噪声数据，对于通过迭代来获取最优解的算法，将大大影响其收敛速度，也会对模型的准确性造成很大影响。噪声数据对于某些数据分析结果影响很大，例如聚类分析、线性回归(逻辑回归)。但是对决策树、神经网络、SVM 支持向量机影响较小。

一般噪声数据是指明显偏离观测值的值。以某连续监测心跳的运动手环为例，一般人的安静心率为 60～100 次/分钟，中低强度的运动心率在 110～140 次/分钟之间，强度比较激烈的像减肥运动心率在 160～180 次/分钟之间，最大不超过 210 次/分钟。如果数据序列中出现下面的数据都属于噪声数据：

(1) 一段连续时间内监测到的心率都是 0，可能原因是佩戴者摘下了手环。

(2) 出现了超过 210 的心率数值。

(3) 一段连续时间内监测到的心率都在 60～100 之间，其中有一分钟心率在 130，随后又立刻恢复。

(4) 一段连续时间内监测到的心率都在 110～140 之间，其中有一分钟心率在 75，随后又立刻恢复。

那么前两种情况都可以直接判断为异常值，删除对应的数据即可；后两种情况则需要具体情况具体分析，是手环传感器故障，还是佩戴者本人心率确实不稳定。这里假设传感器故障，需要处理噪声数据。

下面的程序生成一天的心跳数据，假设被检测者一天处于平静状态，在午休期间(13:00～15:00)没有佩戴手环，并且由于手环质量问题，中间有 10 个异常数据(完整代码参考 source/noise_treatment.ipynb)。

```
import pandas as pd
import numpy as np

np.random.seed(10)

datasize=1440      #数据集的大小
data=[]

zero_count=120
zero_start=780   #假设午休时没有数据

temp=np.random.randint(60,111)   #初始心跳
data.append(temp)

for i in range(datasize-1):

    if(i>zero_start and i<zero_start+zero_count):   #在 abnormal_idx 位置插入异常值
        data.append(0)
        continue

    temp=np.random.randint(temp-3,temp+4) #心跳在前一分钟正负 3 之间变动
    if temp<60:
        temp=60
    if temp>110:
        temp=110
    data.append(temp)

abnormal_count=10        #异常值的个数
for i in range(abnormal_count):
    abnormal_idx=np.random.randint(1,datasize)   #表示在这个位置插入异常值
    data[abnormal_idx]=np.random.randint(140,200)   #随机插入 10 个异常数据
```

通过绘制直方图或散点图可以很直观地发现异常数据，包括超出有效范围的异常数据，以及数值正常但是和前后数据差异过大的数据，如图 6-6 所示，代码如下：

```
from matplotlib import pyplot as plt

plt.rcParams['font.sans-serif']=['SimHei'] #用来正常显示中文标签
x=np.arange(datasize)      #用于画散点图的横坐标
plt.figure(figsize=(10,8))
plt.scatter(x,data,s=1)

plt.axis((0,datasize,0,210))
xl=range(0,datasize,60)
labels=[int(x/60) for x in xl]
plt.xticks(xl,labels)
plt.xlabel("时刻(小时)",fontsize=20)
plt.ylabel("心跳次数(单位：次/分钟)",fontsize=20)
plt.title("心跳数据",fontsize=20)
plt.show()
```

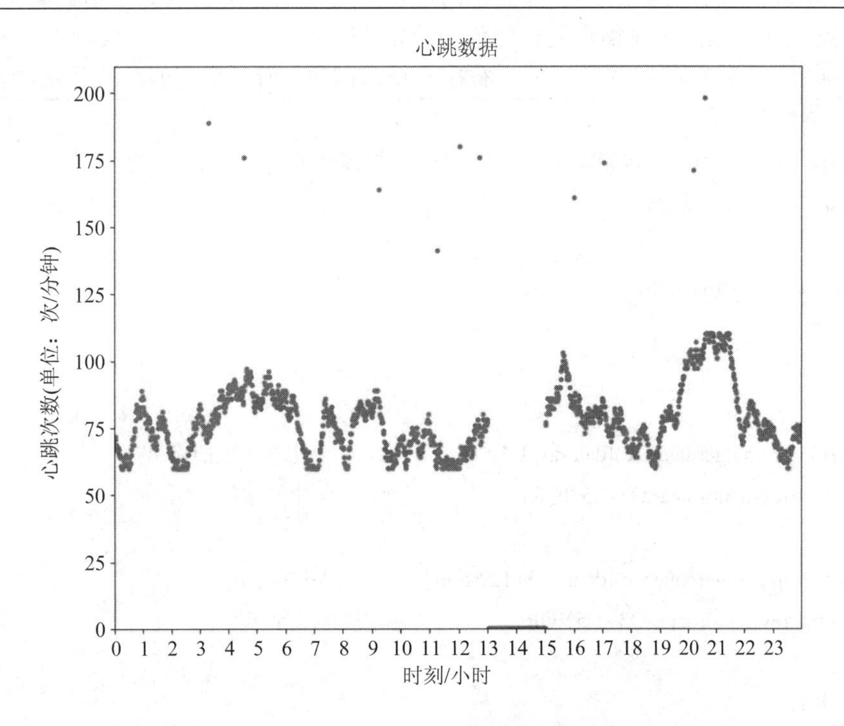

图 6-6　模拟生成的心跳监测数据

对于超出有效范围的数据，可使用 DataFrame 结合条件 df[condition]提取符合条件的数据，并返回一个 DataFrame。常用的条件包括：

比较运算：>、>=、==、<=、<、!=。如 df[df.heartbeat>210]。

范围运算：between(min,max)返回值在[min,max]之间的数据。如 df[df.hearbeat.between(60,200)]。

逻辑运算：与(&)、或(|)、非(not)。如 df[(df.heartbeat>=60&df.heartbeat<=210)]。

空置判断：isnull()。如 titanic_df[titanic_df.Age.isnull()]返回所有年龄为空的数据。

字符匹配：str.contains(patten.na=False)。如 titanic_df[titanic_df.name.contains("Jack")]返回所有名字中含有 Jack 的数据。

下面的程序将不在有效范围的数据删除：

```
df=pd.DataFrame(data,columns=['hearbeat'])
df2=df[df.hearbeat.between(60,200)]
data=df2.hearbeat.tolist()
```

对于数值在有效范围内，但是和其他数据相差过大的数据，有下面几种方法进行判断：

(1) 如果所有数据均匀分布在同一个范围内，则可通过四分位数法检测。它的核心思想是计算数据的四分位数 Q1、Q2、Q3，四分位距 IQR 为 Q3～Q1，如果样本 xi 满足条件 xi< Q1 – 1.5 * IQR or xi> Q3 + 1.5 * IQR，则 xi 为异常值。

(2) 如果数据分布为正态分布，则一般认为比标准差大 3 倍的元素视为异常值。使用 Pandas 中的 std()函数可求得标准差，然后进行判断即可。

(3) 如果数据没有明显的分布特征，则可以通过聚类算法检测异常值。将类似的值组织为群或簇。直观地，在簇集合之外的值为异常点。

在本例中，心跳数据应该是均匀分布在一个范围内，所以采用四分位数法检测异常值。

```
#异常值检验部分
datasize = len(data)#上一步删除了重复的数据，所以需要重新获取 data 长度
Q1=np.percentile(data,25)

Q3=np.percentile(data,75)

IQR=Q3-Q1

ab_idx1=np.arange(datasize)[data<(Q1-1.5*IQR)]    #数据集中异常值的索引
ab1=np.array(data)[data<Q1-1.5*IQR]              #数据集中异常值

ab_idx2=np.arange(datasize)[data>Q3+1.5*IQR]    #数据集中异常值的索引
ab2=np.array(data)[data>Q3+1.5*IQR]             #数据集中异常值

print(ab1)
print(ab2)
```

输出结果如下：

```
ab1: []
ab2: [189 176 164 141 180 176 161 174 171 107 198 108 110 110 110 110 110 110
  110 108 107 110 110 110 110 110 110 110 110 109 107 109 110 110 110 109
  109 108 109 108 107 109 110 109 110 110 110 110 108]
```

对于检测出的异常数据，可以将数据进行光滑处理，去掉噪声的影响。

(1) 分箱(binning)：分箱方法通过考察数据的“近邻”来光滑有序数据的值。有序值分布到一些桶或箱中。由于分箱方法考察近邻的值，因此是对数据进行局部光滑的。Pandas提供 cut()和 qcut()函数，cut()函数保证每个箱的区间大小相同，但是箱中的个体数量不同，qcut()分箱可以保证每个箱中的个体数量相同，但每个箱的区间大小不同。

(2) 可以用一个回归函数拟合数据来光滑数据，代码如下：

```
data_cut = pd.cut(data, 4)
pd.value_counts(data_cut)#使用 value_counts 函数查看每一组的个数
```

输出结果如下：

```
(59.862, 94.5]      1189
(94.5, 129.0]        122
(163.5, 198.0]         8
(129.0, 163.5]         2
Name: hearbeat, dtype: int64
```

6.1.3 数据错误发现与修复

数据中存在各种潜在的错误，在数据挖掘与处理之前需要发现并尽可能地修复。数据错误主要包括数据格式不一致、非法数据和不合理值等。

数据格式不一致通常与输入有关，在整合多来源数据时会遇到。例如，时间、日期、数值、全半角等表示的不一致等。这种情况下的数据错误检测通常需要根据类型预定义数据显示格式，根据显示格式将不符合显示格式的数据处理成一致格式。

某些属性值只允许包括一部分字符，例如身份证是数字加字母 X，中文名是汉字。最典型的就是头、尾和中间的空格，也可能出现姓名中存在数字符号、身份证号中出现汉字等问题。这种情况下，可以通过在元数据规定属性值包含的字符集合，并除去非法的字符来实现。

常见的不合理值包括属性值不满足约束条件和互相矛盾两类。对于用户填入的一些不合理值，例如年龄 900 岁，需要能够有效地检测和修复这些不合理值。不合理值的检测主要依靠属性值上的约束，例如，人的年龄在[1,200]之间。由于这类不合理值能够提供的信息非常少，所以其修复需要按照缺失值处理。

有些字段是可以相互验证的，例如，某个用户的电话区号是“010”，但是城市是“上海”，我们就可以知道区号和城市两个属性中有一个是错的。这种错误的检测可以通过规则来实现，经常用到的规则包括函数依赖和条件函数依赖。

6.2 数 据 集 成

很多数据分析任务会涉及数据集成。数据集成是指将多个数据源中的数据合并，并存放到一个一致的数据存储(如数据仓库)中，数据集成的框架如图 6-7 所示。这些数据源可能包括多个数据库、网站或一般文件。数据集成技术已有 20 多年的研究历史。随着数据库技术的迅速发展，积累了大量封闭、完备的异构数据库。这些异构数据库需要进行数据集成。其次，随着 Web 技术的发展，积累了大量开放，多源异构的数据源。最后，随着物联网技术的发展，流数据等实时数据也需要进行数据集成。

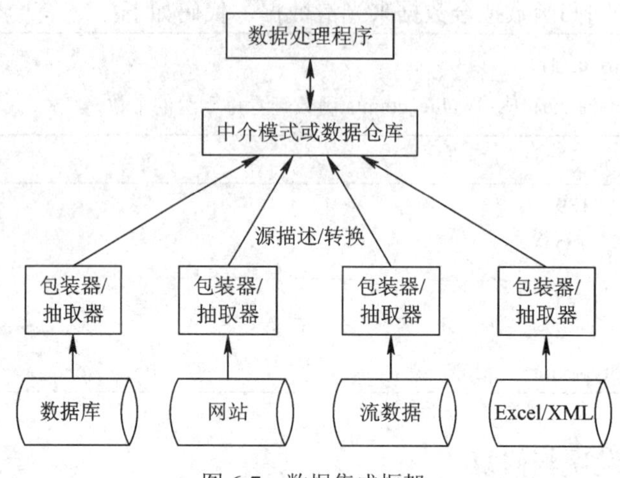

图 6-7　数据集成框架

对于异构的数据源，数据仓库模式是将所有数据源的数据整合到一个数据库中，通常使用 ETL(Extraction Transformation Loading)工具定期执行抽取-转换-加载的工作。数据处理程序在这种模式下的设计方式与使用单一数据库一致。对于中介模式，每个数据源有一个抽取程序从其中获取数据，转换为包含数据描述信息的数据。数据处理程序通过中介模式自动选择数据来源和获取方式，中介负责数据集成和转发请求。

实体识别是指从不同数据源识别出现实世界的等价实体。它的任务是统一不同源数据的矛盾之处，一般有下面三种形式：

(1) 同名异义。数据源 A 中的属性 NO 和数据源 B 中的 NO 分别描述的是学生学号和课程编号，即描述不同的实体。

(2) 异名同义。数据源 A 中的 class_score 和数据源 B 中的 score 都是描述课程成绩的。

(3) 单位不统一。描述同一个实体分别用的是不同度量的单位。

检测和解决这些冲突就是实体识别的任务。

数据集成往往导致属性冗余，一般有下面两种形式：

(1) 同一属性多次出现。

(2) 同一属性命名不一致导致重复。

对于冗余属性要先分析，检测到后再将其删除。有些冗余属性可以用相关分析检测。

数据集成涉及多个数据源中的数据合并，通常来说我们都是利用 Pandas 来读入数据源中的数据的，这样每个数据源就对应一个 Series 或者 DatFrame 类型数据，数据源中的数据合并也就相当于 Series 或者 DatFrame 类型数据的合并，这就要求我们要了解 Series、DatFrame 类型的合并操作。

操作一列数据是合并操作中最简单的形式。这里的操作一列数据具体来说就是增加一列、删除一列。

Pandas 的 DataFrame 中添加一列的方法有很多，但是最常用最简单的还是下面三种：

(1) insert 函数。insert 可以指定插入位置和插入列名称，语法如下：

```
def insert(self, loc, column, value, allow_duplicates=False)
```

其中，loc 表示列号，在哪个位置添加一列；column 表示要添加的列名；value 表示列的值。

(2) 直接添加。

(3) concat 函数。

下面代码是在数据的第一列插入名为“perfect”的新列的例子(完整代码参考 source/data_integration.ipynb)，插入前后的对比如图 6-8 所示。

```
import numpy as np
import pandas as pd

df=pd.DataFrame({"name":["Jon","Bob","Marry","Jon","Tom","Marry"],
"score":[78,89,76,78,90,76],
"class":["数学","英语","语文","数学","生物","化学"]})

print(df)
print("*"*50)

df.insert(1,"perfect",["否","是","否","否","是","否"])
print(df)
```

```
    name  score  class
0    Jon     78     数学
1    Bob     89     英语
2  Marry     76     语文
3    Jon     78     数学
4    Tom     90     生物
5  Marry     76     化学
**************************************************
    name perfect  score  class
0    Jon       否     78     数学
1    Bob       是     89     英语
2  Marry       否     76     语文
3    Jon       否     78     数学
4    Tom       是     90     生物
5  Marry       否     76     化学
```

图 6-8　“perfect”列插入前与插入后

insert 方法可以在指定位置添加一列。对于 DataFrame，使用类似字典的操作方法可以直接在最后添加一列，比如下面代码所示的方式，插入结果如图 6-9 所示。

```
import numpy as np
import pandas as pd

df=pd.DataFrame({"name":["Jon","Bob","Marry","Jon","Tom","Marry"],
"score":[78,89,76,78,90,76],
"class":["数学","英语","语文","数学","生物","化学"]})

print(df)
print("*"*50)

df["perfect"]=["否","是","否","否","是","否"]
print(df)
```

```
    name  score  class
0    Jon     78     数学
1    Bob     89     英语
2  Marry     76     语文
3    Jon     78     数学
4    Tom     90     生物
5  Marry     76     化学
***********************************
    name  score  class  perfect
0    Jon     78     数学        否
1    Bob     89     英语        是
2  Marry     76     语文        否
3    Jon     78     数学        否
4    Tom     90     生物        是
5  Marry     76     化学        否
```

图 6-9　插入“perfect”到最后一列

DataFrame 数据类中通常删除一列的方法是 drop()，这个函数可以很方便地删除 DataFrame 中的任意行、任意列，如下面的例子，删除“class”列之后的结果如图 6-10 所示。

```
import numpy as np
import pandas as pd

data=pd.DataFrame({"name":["Jon","Bob","Marry","Jon","Tom","Marry"],
"score":[78,89,76,78,90,76],
"class":["数学","英语","语文","数学","生物","化学"]})
print("原数据")
print(data)
print("*"*50)
```

```
data.drop(["class"],axis=1,inplace=True)
print("删除 class 列之后的数据")
print(data)
```

```
原数据
   class   name  score
0   数学    Jon     78
1   英语    Bob     89
2   语文  Marry     76
3   数学    Jon     78
4   生物    Tom     90
5   化学  Marry     76
**********************************************
删除class列之后的数据
    name  score
0    Jon     78
1    Bob     89
2  Marry     76
3    Jon     78
4    Tom     90
5  Marry     76
```

图 6-10　使用 drop()函数删除“class”列

Pandas 提供了 concat 函数，专门用于 Pandas 的 Series 和 DataFrame 对象的合并。表 6-1 列出了 concat 函数的常用参数。

表 6-1　concat 函数的常用参数

参　数	描　　述
objs	需要合并的对象，可以是列表或者字典
axis	合并的方向，axis=0 表示按行合并
join	指定合并方式，“inner”表示内合并，“outer”表示外合并
join_axes	指定除了 axis 指定的轴之外其余轴的特定索引
keys	与要连接的对象关联的值
names	多层索引的层级名称
levels	指定多层索引的层级
ignore_index	忽略原有的索引，自动产生一组新的索引

我们以具体的例子来了解 Pandas 的合并操作。现在有两个 DataFrame：df1、df2。df1、df2 是两个班级，它们中的内容是每个班级的学生各个课程中的成绩，数据展示如图 6-11 所示，代码如下：

```
df1=pd.DataFrame([[76,86,56],[78,89,69],[89,91,71]],index=["a","b","c"],columns=["语文","数学
","外语"])

df2=pd.DataFrame([[76,86,100,90],[78,78,98,88]],index=["d","e"],columns=["语文","数学","生物
","化学"])
```

	语文	数学	外语
a	76	86	56
b	78	89	69
c	89	91	71

	语文	数学	生物	化学
d	76	86	100	90
e	78	78	98	88

图 6-11 df1 和 df2 的数据展示

如果要得到每个学生所有课程的成绩，就是要把 df1、df2 按行进行合并，代码如下：

```
df=pd.concat([df1,df2],join="outer")
print(df)
print()
```

合并后的结果如图 6-12 所示。

	化学	外语	数学	生物	语文
a	NaN	56.0	86	NaN	76
b	NaN	69.0	89	NaN	78
c	NaN	71.0	91	NaN	89
d	90.0	NaN	86	100.0	76
e	88.0	NaN	78	98.0	78

图 6-12 df1 和 df2 合并后的结果

如果只需要得到所有学生都有成绩的课程，就需要用到 join 参数，执行如下代码，结果如图 6-13 所示。

```
df=pd.concat([df1,df2],join="inner")
print(df)
```

	语文	数学
a	76	86
b	78	89
c	89	91
d	76	86
e	78	78

图 6-13 concat()函数中使用 join 参数执行后的结果

如果还要加上班级信息，就需要使用 keys 参数，设置班级的信息，执行如下代码，结果如图 6-14 所示。

```
df=pd.concat([df1,df2],keys=["一班","二班"])
print(df)
print()
```

		化学	外语	数学	生物	语文
一班	a	NaN	56.0	86	NaN	76
	b	NaN	69.0	89	NaN	78
	c	NaN	71.0	91	NaN	89
二班	d	90.0	NaN	86	100.0	76
	e	88.0	NaN	78	98.0	78

图 6-14 concat()函数中使用 keys 参数执行后的结果

加上班级信息之后就有了两层索引，我们还想给出索引的名字，就需要使用 names 参数，设置索引的名字，执行如下代码，执行后的结果如图 6-15 所示。

```
df=pd.concat([df1,df2],keys=["一班","二班"],names=["班级","姓名"])
print(df)
```

```
班级  姓名   化学    外语   数学    生物   语文
一班  a      NaN   56.0   86     NaN   76
      b      NaN   69.0   89     NaN   78
      c      NaN   71.0   91     NaN   89
二班  d     90.0    NaN   86   100.0   76
      e     88.0    NaN   78    98.0   78
```

图 6-15 concat()函数中使用 names 参数执行后的结果

如果想要改变列的显示顺序，比如我们想表示为“语文，数学，外语，生物，化学”的顺序，则执行如下代码，结果如图 6-16 所示。

```
df=pd.concat([df1,df2],keys=["一班","二班"],names=["班级","姓名"])
df = df[["语文","数学","外语","生物","化学"]]
print(df)
```

```
班级  姓名  语文  数学   外语    生物    化学
一班  a     76    86    56.0    NaN    NaN
      b     78    89    69.0    NaN    NaN
      c     89    91    71.0    NaN    NaN
二班  d     76    86     NaN  100.0   90.0
      e     78    78     NaN   98.0   88.0
```

图 6-16　concat()函数中使用 join_axes 参数执行后的结果

如果要得到每个班级的学生在所有班级的成绩，就需要把 df1、df2 按照列进行合并，要使用 axis 参数，执行如下代码，执行后的结果如图 6-17 所示。

```
df=pd.concat([df1,df2],join="outer",axis=1)
print(df)
print()
```

```
    语文   数学   外语   语文   数学    生物   化学
a  76.0  86.0  56.0   NaN   NaN    NaN   NaN
b  78.0  89.0  69.0   NaN   NaN    NaN   NaN
c  89.0  91.0  71.0   NaN   NaN    NaN   NaN
d   NaN   NaN   NaN  76.0  86.0  100.0  90.0
e   NaN   NaN   NaN  78.0  78.0   98.0  88.0
```

图 6-17　concat()函数中使用 axis 参数执行后的结果

上面得到的结果中我们只能看到班级的成绩，但是看不到班级的信息，所以可以使用 keys 参数设置班级的信息，执行如下代码，执行后的结果如图 6-18 所示。

```
df=pd.concat([df1,df2],join="outer",axis=1,keys=["一班","二班"])
print(df)
print()
```

	一班			二班			
	语文	数学	外语	语文	数学	生物	化学
a	76.0	86.0	56.0	NaN	NaN	NaN	NaN
b	78.0	89.0	69.0	NaN	NaN	NaN	NaN
c	89.0	91.0	71.0	NaN	NaN	NaN	NaN
d	NaN	NaN	NaN	76.0	86.0	100.0	90.0
e	NaN	NaN	NaN	78.0	78.0	98.0	88.0

图 6-18 concat()函数中使用 keys 参数执行后的结果

由于各种原因，数据中有可能会出现重复数据。Pandas 中有 duplicated 函数可以检测出重复数据，返回布尔类型的 Series 对；drop_duplicates 函数可以删除重复的数据，返回删除重复行后的 DataFrame 对象。

下面介绍用这两个函数检测和删除重复数据，语法如下：

```
duplicated(self,subset,keep)
```

参数说明：

subset：需要进行重复值检测的列。

keep：first 表示除第一次出现外，其余相同的数据都被标记为重复；last 表示除最后一次出现外，其余相同的数据都被标记为重复；False 表示所有相同的数据都被标记为重复。

有下面的一组学生成绩，执行代码如下，数据展示如图 6-19 所示。

```
import numpy as np
import pandas as pd


df=pd.DataFrame({"name":["Jon","Bob","Marry","Jon","Tom","Marry"],
"score":[78,89,76,78,90,76],
"class":["数学","英语","语文","数学","生物","化学"]})


print(df)
```

	name	score	class
0	Jon	78	数学
1	Bob	89	英语
2	Marry	76	语文
3	Jon	78	数学
4	Tom	90	生物
5	Marry	76	化学

图 6-19 学生成绩展示

我们想要检测出其中重复的数据，并删除，执行代码如下，结果如图 6-20 所示。

```
result=df.duplicated()
print(result)
print()
result=df.drop_duplicates()
print(result)
```

```
0    False
1    False
2    False
3     True
4    False
5    False
dtype: bool

    name  score class
0    Jon     78    数学
1    Bob     89    英语
2  Marry     76    语文
4    Tom     90    生物
5  Marry     76    化学
```

图 6-20　duplicated()检测重复数据及 drop_duplicates()删除重复数据

从图 6-20 中可以看到第三组数据是重复数据，而且使用 drop_duplicates 函数确实删除了这组数据。

如果我们希望最后出现的数据是非重复数据，其余相同的数据是重复数据，就得使用 keep 参数，执行代码如下，结果如图 6-21 所示。

```
result=df.duplicated(keep="last")
print(result)
print()
result=df.drop_duplicates(keep="last")
print(result)
```

```
0     True
1    False
2    False
3    False
4    False
5    False
dtype: bool

    name  score class
1    Bob     89    英语
2  Marry     76    语文
3    Jon     78    数学
4    Tom     90    生物
5  Marry     76    化学
```

图 6-21　使用 keep="last"保留最后出现的重复数据

很明显，这时候第一组数据才是重复数据。

我们也可以单独检查分数这一列，看看这一列中有哪些数据是重复的，执行代码如下，结果如图 6-22 所示。

```
result=df.duplicated(subset=["score"])
print(result)
print()
result=df.drop_duplicates(subset=["score"])
print(result)
```

```
0    False
1    False
2    False
3     True
4    False
5     True
dtype: bool

    name  score class
0    Jon     78    数学
1    Bob     89    英语
2  Marry     76    语文
4    Tom     90    生物
```

图 6-22　使用 subset 参数单独查看 score 列

在数据集成时，有许多问题需要考虑。模式集成和对象匹配可能需要技巧。来自多个信息源的现实世界的等价实体如何才能匹配？这涉及实体识别问题。例如，数据分析者或计算机如何才能确信一个数据库中的 customer_id 和另一个数据库中的 cust_number 指的是相同的属性？每个属性的元数据包括名字、含义、数据类型和属性的允许取值范围，以及处理空白、零或 null 值的空值规则。这样的元数据可以用来帮助避免模式集成的错误。元数据还可以用来帮助变换数据(例如，pay_type 的数据编码在一个数据库中可以是“H”和“S”，而在另一个数据库中是 1 和 2)。因此，这一步也与前面介绍的数据清洗有关。

另外冗余也是一个重要问题。如果一个属性能由另一个或另一组属性“导出”，则这个属性可能是冗余的。属性或维命名的不一致也可能导致结果数据集中的冗余。有些冗余可以被相关分析检测到。注意，相关并不意味因果关系。也就是说，如果 A 和 B 是相关的，这并不意味着 A 导致 B 或 B 导致 A。例如，在分析人口统计数据库时，可能发现一个地区的医院数与汽车盗窃数是相关的，但这并不意味一个导致另一个。实际上，二者必然地关联到第三个属性：人口。对于分类(离散)数据，两个属性 A 和 B 之间的相关联系可以通过卡方检验发现。除了检测属性间的冗余外，还应当在元组级检测重复。去规范化表(denormalized table)的使用是数据冗余的另一个来源。

数据集成的第三个重要问题是数据值冲突的检测与处理。例如，对于现实世界的同一实体，来自不同数据源的属性值可能不同。这可能是因为表示方法、比例或编码不同。例如，重量属性可能在一个系统中以公制单位存放，而在另一个系统中以英制单位存放。对于连锁旅馆，不同城市的房价不仅可能涉及不同货币，而且可能涉及不同的服务(如免费早餐)和税。

DataFrame 对象的 duplicated()方法可以检测重复行，该方法返回布尔类型的 Series 对象，表示对应的数据是否是重复的。DataFrame 对象的 drop_duplicates()方法可以删除重复行，该方法返回删除重复数据后的一个新的 DataFrame 对象。

6.3　数据转换

数据转换是指将数据转换或统一成适合于挖掘的形式。其中数据泛化是使用概念分层的方法，用高层概念替换低层或“原始”数据。例如，如可以将分类属性中的街道泛化为较高层的概念、街区或城市。类似地，数值属性如年龄，可以映射到较高层概念如青年、中年和老年。归一化是为了消除不同数据之间的量纲，方便数据比较和共性处理，提升模型收敛速度的一种数据处理方法。它把数据映射到 0～1 范围之内；标准化是为了方便数据处理对数据进行的缩放变化，例如数据经过 0～1 标准化后，更利于使用标准正态分布的性质。

数据规范化将属性数据按比例缩放，使之落入一个小的特定区间。这样去除了数据的单位限制，将其转化为无量纲的纯数值，便于不同单位或量级的指标能够进行比较和加权。数据规范化大致可分三种：最大最小规范化、z-score 规范化和按小数定标规范化。

(1) z-score 规范化：又称标准差规范化或零均值规范化，数据处理后服从标准正态分布，也是比较常用的规范化方法。其中 $\bar{x}$ 为对应特征的均值，σ 为标准差。

$$x^* = \frac{x - \bar{x}}{\sigma}$$

(2) 最大最小规范化：对原始数据进行线性变换，将数值映射到[0,1]之间。标准化函数是(x−min)/(max−min)，其中 max 为样本数据的最大值，min 为样本数据的最小值。

$$x^* = \frac{x - \min}{\max - \min}$$

(3) 按小数定标规范化：小数定标规范化通过移动属性值的小数点的位置进行规范化，将属性值映射到[−1,1]之间。小数点的移动位数依赖于该属性值的最大绝对值。其中，k 是满足 $\max(|x^*|) < 1$ 的最小整数。

$$x^* = \frac{x}{10^k}$$

在分类、聚类算法中，需要使用距离来度量相似性的时候，或者使用 PCA 技术进行降维的时候，推荐使用 z-score 方法。在不涉及距离度量、协方差计算、数据不符合正太分布的时候，推荐使用 0-1 标准化。

6.3.1　z-score 规范化

Python 中可通过下面两种方法实现 z-score 转换：一个是利用 Pandas 中 DataFrame 的 apply 函数；另一个是利用 sklearn 库中已经封装好的方法。接下来分别介绍这两种方法。

1．apply 函数

apply 函数是 Pandas 里面所有函数中自由度最高的函数，通过 apply 函数可以对 DataFrame 中的任意行或者的任意列执行完全相同的操作。通过使用不同的转换函数，该方法可实现所有的数据规范化。apply()函数定义如下：

```
DataFrame.apply(func, axis=0, broadcast=False, raw=False, reduce=None, args=(), **kwds)
```

apply 函数中最常用的是下面几个参数：

func：函数。这个函数既可以使用 Python 内置函数，也可以自己实现。

axis：表示传入的是行还是列。当 axis = 0 时会把一列数据作为 Series 的数据结构传入给自己实现的函数中。apply 函数会自动遍历每一列 DataFrame 的数据，最后将所有结果组合成一个 Series 数据结构并返回。

*args 和**kwds：给 func 函数传递参数。

下面是一个对 DataFrame 中每列进行 z-score 标准化的例子，结果如图 6-23 所示(完整代码参考 source/z-score.ipynb)。

```
import numpy as np
import pandas as pd

#求 data 数据中的最大值的函数
defmy_z_score(a):
#这里为什么不用 Series.std 或者 DataFrame.std，因为它们计算的是无偏方差
#numpy.std 计算的是伪方差，StandardScaler 计算的也是伪方差
return (a-np.array(a).mean())/(np.array(a).std())

data=pd.DataFrame([[ 1, -1,   2],
                   [ 2,   0, 0],
                   [ 0,   1, -1]],columns=list("abc"))
print("原始数据")
print(data)
print("*"*50)

result=data.apply(my_z_score)
print("标准化之后的数据")
print(result)      #把行作为 Series 传入 my_max 函数中
```

```
原始数据
   a  b  c
0  1 -1  2
1  2  0  0
2  0  1 -1
**************************************************
标准化之后的数据
          a         b         c
0  0.000000 -1.224745  1.336306
1  1.224745  0.000000 -0.267261
2 -1.224745  1.224745 -1.069045
```

图 6-23 apply()函数在标准化时的运用

2．scale()函数

sklearn.preprocessing 的 scale()函数和 StandardScaler 类都可以实现 z-score 规范化。sklearn.preprocessing 库里面的 scale()函数定义如下：

```
sklearn.preprocessing.scale(X, axis=0, with_mean=True, with_std=True, copy=True)
```

参数说明：

X：数组或者矩阵。

axis：int 类型，初始值为 0。如果 axis =0，则表示标准化每个特征；如果 axis =1，则标准化每个观测样本。

with_mean：boolean 类型，默认为 True，表示将数据的均值规范到 0。

with_std：boolean 类型，默认为 True，表示将数据的标准差规范到 1。

如下面的示例代码使用 scale()函数进行标准化，结果如图 6-24 所示(完整代码参考 source/z-score.ipynb)。

```
import numpy as np
import pandas as pd
from sklearn.preprocessing import scale,StandardScaler


#scale
x= np.array([[ 1, -1,   2],
             [ 2,   0, 0],
             [ 0,   1, -1]])

result=scale(x)
print("sklearn 函数计算的 z-score 标准化，去均值，除标准差")
print(result)
print()
print("标准化后每列的均值")
print(result.mean(axis=0))
print()
print("标准化后每列的标准差")
print(result.std(axis=0))
print("*"*50)

result=(x-x.mean(axis=0))/(x.std(axis=0))
print("手动计算的 z-score 标准化")
print(result)
print("*"*50)
```

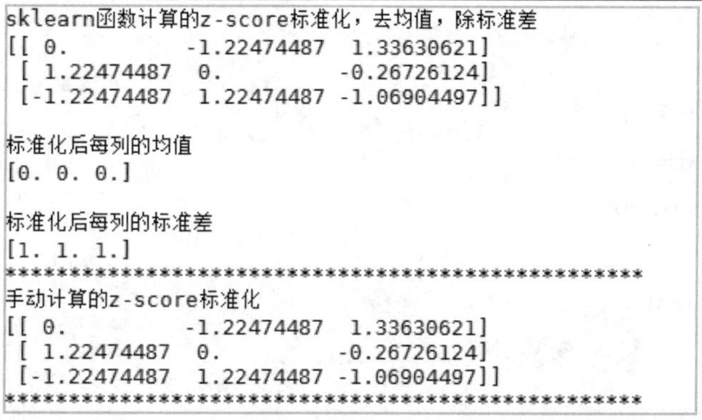

```
sklearn函数计算的z-score标准化，去均值，除标准差
[[ 0.          -1.22474487  1.33630621]
 [ 1.22474487  0.          -0.26726124]
 [-1.22474487  1.22474487 -1.06904497]]

标准化后每列的均值
[0. 0. 0.]

标准化后每列的标准差
[1. 1. 1.]
**************************************************
手动计算的z-score标准化
[[ 0.          -1.22474487  1.33630621]
 [ 1.22474487  0.          -0.26726124]
 [-1.22474487  1.22474487 -1.06904497]]
**************************************************
```

图 6-24　使用 scale()函数进行标准化并与手动计算的标准化函数对比

在使用 scale()函数时，可以使用不同的参数选择是否去除均值、标准差，如下面的例子，其执行结果如图 6-25 所示。

```
result=scale(x,axis=0,with_mean=False,with_std=False)
print("sklearn 函数计算的 z-score 标准化,不去均值，不除标准差")
print(result)
print()
print("标准化后每列的均值")
print(result.mean(axis=0))
print()
print("标准化后每列的标准差")
print(result.std(axis=0))
print("*"*50)

result=scale(x,axis=0,with_mean=False)
print("sklearn 函数计算的 z-score 标准化,不去均值，但是除标准差")
print(result)
print()
print("标准化后每列的均值")
print(result.mean(axis=0))
print()
print("标准化后每列的标准差")
print(result.std(axis=0))
print("*"*50)

result=scale(x,axis=0,with_std=False)
print("sklearn 函数计算的 z-score 标准化，去均值，但是不除标准差")
print(result)
print()
print("标准化后每列的均值")
print(result.mean(axis=0))
print()
print("标准化后每列的标准差")
print(result.std(axis=0))
print(result.mean(axis=0))
print()
print(result.std(axis=0))
print("*"*50)

result=scale(x,axis=0,with_std=False)
```

```
print("sklearn 函数计算的 z-score 标准化,去均值，但是不除标准差")
print(result)
print()
print(result.mean(axis=0))
print()
print(result.std(axis=0))
```

```
sklearn函数计算的z-score标准化,不去均值，不除标准差
[[ 1. -1.  2.]
 [ 2.  0.  0.]
 [ 0.  1. -1.]]

标准化后每列的均值
[1.         0.         0.33333333]

标准化后每列的标准差
[0.81649658 0.81649658 1.24721913]
**************************************************
sklearn函数计算的z-score标准化,不去均值，但是除标准差
[[ 1.22474487 -1.22474487  1.60356745]
 [ 2.44948974  0.          0.        ]
 [ 0.          1.22474487 -0.80178373]]

标准化后每列的均值
[1.22474487 0.         0.26726124]

标准化后每列的标准差
[1. 1. 1.]
**************************************************
sklearn函数计算的z-score标准化,去均值，但是不除标准差
[[ 0.         -1.          1.66666667]
 [ 1.          0.         -0.33333333]
 [-1.          1.         -1.33333333]]

标准化后每列的均值
[0.00000000e+00 0.00000000e+00 7.40148683e-17]

标准化后每列的标准差
[0.81649658 0.81649658 1.24721913]
```

图 6-25　scale()中不同参数的使用及执行结果

3. StandardScaler()进行标准化

StandardScaler()函数定义如下：

```
sklearn.preprocessing.StandardScaler (with_mean=True, with_std=True, copy=True)
```

参数说明：

with_mean：boolean 类型，默认为 True，表示将数据的均值规范到 0。

with_std：boolean 类型，默认为 True，表示将数据的标准差规范到 1。

下面的例子使用 StandardScaler()进行标准化，执行结果如图 6-26 所示。

```
x= np.array([[ 1, -1, 2],
             [ 2, 0, 0],
             [ 0, 1, -1]])
```

```
model=StandardScaler()
result=model.fit_transform(x)
print("sklearn 函数计算的 z-score 标准化")
print(result)
```

```
sklearn函数计算的z-score标准化
[[ 0.         -1.22474487  1.33630621]
 [ 1.22474487  0.         -0.26726124]
 [-1.22474487  1.22474487 -1.06904497]]
```

图 6-26　使用 StandardScaler()标准化后的结果

从结果可以看出，scale()函数与 StandardScaler 类归一化出来的最终结果是一样的。StandardScaler 类也没有 axis 参数，它只能对列进行标准化，这一点没有 scale()函数方便。

6.3.2　最大最小规范化

通过指定 Pandas 中 DataFrame 的 apply()函数，使用最大最小化的公式，Pandas 可以将数据进行最大最小规范化。sklearn.preprocessing 中的 MinMaxScaler 类实现了最大最小规范化方法。这个类可以将属性缩放到一个指定的最大值和最小值之间，如果缩放到[0,1]之间，那么就是最大最小规范化。该类的定义如下：

```
sklearn.preprocessing.MinMaxScaler(feature_range=(0,1), copy=True)
```

参数说明：

feature_range=(min, max)：指定最大最小值的范围。

下面是对数据的每一列进行归一化到[0,1]的一个简单例子，结果如图 6-27 所示(完整代码参考 source/MinMaxScaler.ipynb)。

```
import numpy as np
import pandas as pd
from sklearn import preprocessing

x= np.array([[ 1, -1, 2],
             [ 2, 0, 0],
             [ 0, 1, -1]])

scaler = preprocessing.MinMaxScaler()
result =scaler.fit_transform(x)

print("每列的最小值 x_min")
print(scaler.data_min_)
print()
```

```
print("每列的最大值 x_max")
print(scaler.data_max_)
print()

print("每列的 x_max-x_min")
print(scaler.data_range_)
print()

print("每列的 1/(x_max-x_min)")
print(scaler.scale_)
print()

print("归一化之后的结果")
print(result)
```

```
每列的最小值x_min
[ 0. -1. -1.]

每列的最大值x_max
[2. 1. 2.]

每列的x_max-x_min
[2. 2. 3.]

每列的1/（x_max-x_min）
[0.5        0.5        0.33333333]

归一化之后的结果
[[0.5        0.         1.        ]
 [1.         0.5        0.33333333]
 [0.         1.         0.        ]]
```

图 6-27 MinMaxScaler 归一化后的结果

当然我们也可以对数据的每一列进行归一化到[a,b]，只需要设置参数 feature_range=[a,b]，执行代码如下，执行结果如图 6-28 所示。

```
scaler = preprocessing.MinMaxScaler(feature_range=(2,5))
result =scaler.fit_transform(x)

print("每列的最小值 x_min")
print(scaler.data_min_)
print()

print("每列的最大值 x_max")
print(scaler.data_max_)
```

```
print()

print("每列的 x_max-x_min")
print(scaler.data_range_)
print()

print("每列的 a+(b-a)*1/(x_max-x_min)")
print(scaler.scale_)
print()

print("归一化之后的结果")
print(result)
```

```
每列的最小值x_min
[ 0. -1. -1.]

每列的最大值x_max
[2. 1. 2.]

每列的x_max-x_min
[2. 2. 3.]

每列的a+（b-a）*1/（x_max-x_mir
[1.5 1.5 1. ]

归一化之后的结果
[[3.5 2.  5. ]
 [5.  3.5 3. ]
 [2.  5.  2. ]]
```

图 6-28　MinMaxScaler(feature_range=(2,5))归一化后的结果

MinMaxScaler 类并没有参数可以设置对别的轴进行归一化，但是如果我们需要对行进行归一化，只需要把数据进行转置即可。

6.3.3 属性转换

在数据挖掘和处理的过程中，有些属性需要进行转换。属性构造可以通过现有的属性构造新的属性并添加到属性集中，以帮助挖掘过程。例如，可能根据属性 height 和 width 添加属性 area。通过属性构造可以发现关于数据属性间联系的潜在信息，这对知识发现是有用的。

在许多的数据分析案例中，数据集都或多或少的包含分类变量，比如性别(男/女)、国家(中国、美国、加拿大)等。许多机器学习算法可以支持分类值而无需进一步操作，但还有许多算法不支持。因此数据预处理中有时需要将这些文本属性转换为数值以便进一步处理。

一种方式是将类别替换为数字，可以使用直接替换或编码分类(Label Encoding)两种方法。直接替换可使用 replace()方法对类别值进行替换，比如把性别男替换为 1，性别女替换

为 0。编码分类值的方法是使用称为标签编码的技术，自动统计同一分类属性中类别个数后依次编码并将每种类别替换为对应的数字。

在 Pandas 中使用的 astype()将列转换为类别(category)，将这些类别值用于标签编码，然后，可以使用 cat.codes 访问器将编码变量分配给新的列。这种方法的好处在于可以获得 Pandas 类别的优势(数据更紧凑，排序功能以及绘图更方便)，并且可以轻松转换为数值以进行进一步分析。

另一种编码方法是 One Hot Encoding。编码分类的方法简单，但是数值可能被算法“误解”。如将男女分别替换为 0 和 1 后，0 比 1 小的特性并没有现实意义。One Hot Encoding 方法是将每个类别转换为新列，并为每列分配 1 或 0(True / False)值。对于性别特性来说，会增加男、女两列，如某个数据为男，则男对应的列为 1，女对应的列为 0。这样做的好处是值没有进行不正确的加权，但缺点是在数据集中添加了更多的列。若某一列中有 n 个不同的值，则会给数据集增加 n 列。

Pandas 使用 get_dummies()函数来实现。此函数之所以用这种方式命名，因为它创建虚拟/指示符变量(也称为 1 或 0)。

除了 Pandas 方法，scikit-learn 也提供类似的功能。例如，如果我们想对不同的学院进行标签编码，则需要实例化一个 LabelEncoder 对象，并调用该对象的 fit_transform()方法处理数据。scikit-learn 还支持使用 LabelBinarizer 进行二进制编码。

仍以泰坦尼克号的数据为例，特征 Sex 和 Embarked 分别有 2 种、3 种取值，可以使用标签编码或者 One Hot Encoding。我们选择对特征 Sex 使用 One Hot Encoding，对特征 Embarked 使用标签编码。但是对于特征 Cabin，取值数量太多，有 148 个，如果使用 One Hot Encoding，会向数据集中添加更多的列，造成维度过大，因此对于编码特征 Cabin，选择使用标签编码。参考代码(完整代码 source/titanic_preprocessing.ipynb)如下：

```
titanic_df = pd.get_dummies(titanic_df, columns=['Sex'])
titanic_df.head()
```

结果如图 6-29 所示。

	PassengerId	Survived	Pclass	Name	Age	SibSp	Parch	Ticket	Fare	Cabin	Embarked	Sex_female	Sex_male
0	1	0	3	Braund, Mr. Owen Harris	22.0	1	0	A/5 21171	7.2500	UNKNOWN	S	0	1
1	2	1	1	Cumings, Mrs. John Bradley (Florence Briggs Th...	38.0	1	0	PC 17599	71.2833	C85	C	1	0
2	3	1	3	Heikkinen, Miss. Laina	26.0	0	0	STON/O2. 3101282	7.9250	UNKNOWN	S	1	0
3	4	1	1	Futrelle, Mrs. Jacques Heath (Lily May Peel)	35.0	1	0	113803	53.1000	C123	S	1	0
4	5	0	3	Allen, Mr. William Henry	35.0	0	0	373450	8.0500	UNKNOWN	S	0	1

图 6-29　使用 One Hot Encoding 编码

处理后增加了 Sex_female 和 Sex_male 两列，分别表示性别。

对于特征 Embarked 和 Cabin，都使用标签编码。将这两个特征的数值分类，并增加一列记录对应特征值的类别编码。参考代码如下：

```
titanic_df['Embarked'] = titanic_df['Embarked'].astype('category')
titanic_df['Embarked_cat'] = titanic_df['Embarked'].cat.codes
titanic_df.head()
```

结果如图 6-30 所示。

	PassengerId	Survived	Pclass	Name	Age	SibSp	Parch	Ticket	Fare	Cabin	Embarked	Sex_female	Sex_male	Embarked_cat	Cabin_cat
0	1	0	3	Braund, Mr. Owen Harris	22.0	1	0	A/5 21171	7.2500	UNKNOWN	S	0	1	2	147
1	2	1	1	Cumings, Mrs. John Bradley (Florence Briggs Th...	38.0	1	0	PC 17599	71.2833	C85	C	1	0	0	81
2	3	1	3	Heikkinen, Miss. Laina	26.0	0	0	STON/O2. 3101282	7.9250	UNKNOWN	S	1	0	2	147
3	4	1	1	Futrelle, Mrs. Jacques Heath (Lily May Peel)	35.0	1	0	113803	53.1000	C123	S	1	0	2	55
4	5	0	3	Allen, Mr. William Henry	35.0	0	0	373450	8.0500	UNKNOWN	S	0	1	2	147

	PassengerId	Survived	Pclass	Name	Age	SibSp	Parch	Ticket	Fare	Cabin	Embarked	Sex_female	Sex_male	Embarked_cat	Cabin_cat
0	1	0	3	Braund, Mr. Owen Harris	22.0	1	0	A/5 21171	7.2500	UNKNOWN	S	0	1	2	147
1	2	1	1	Cumings, Mrs. John Bradley (Florence Briggs Th...	38.0	1	0	PC 17599	71.2833	C85	C	1	0	0	81
2	3	1	3	Heikkinen, Miss. Laina	26.0	0	0	STON/O2. 3101282	7.9250	UNKNOWN	S	1	0	2	147
3	4	1	1	Futrelle, Mrs. Jacques Heath (Lily May Peel)	35.0	1	0	113803	53.1000	C123	S	1	0	2	55
4	5	0	3	Allen, Mr. William Henry	35.0	0	0	373450	8.0500	UNKNOWN	S	0	1	2	147

图 6-30　增加标签编码

结果显示数据多了四列：Sex_female 和 Sex_male 列的值是 1 或 0(True / False)值，Embarked_cat 和 Cabin_cat 根据 Embarked 和 Cabin 的值已转为数值型。

6.4　数据归约

(1) 数据立方体聚集：聚集操作用于数据立方体结构中的数据。

(2) 属性子集选择：通过删除不相关或冗余的属性(或维)减小数据集。属性子集选择的目标是找出最小属性集，使得数据类的概率分布尽可能地接近使用所有属性得到的原分布。对于属性子集选择，一般使用压缩搜索空间的启发式算法。通常，这些方法是贪心算法，在搜索属性空间时，总是做看上去当时最佳的选择。策略是做局部最优选择，期望由此导致全局最优解。在实践中，这种贪心算法是有效地，并可以逼近最优解。

① 逐步向前选择。该过程由空属性集作为归约集开始，确定原属性集中最好的属性，并将它添加到归约集中。在其后的每一次迭代步，将剩下的原属性集中最好的属性添加到该集合中。

② 逐步向后删除。该过程由整个属性集开始。在每一步，删除尚在属性集中最差的属性。

③ 向前选择和向后删除的结合。

④ 决策树归纳。决策树算法，如 ID3、C4.5 和 CART 最初是用于分类的。决策树归纳构造一个类似于流程图的结构，其中每个内部(非树叶)节点表示一个属性的测试，每个分枝对应于测试的一个输出；每个外部(树叶)节点表示一个类预测。在每个节点，算法选择最好的属性，将数据划分成类。

(3) 维度归约：使用编码机制减小数据集的规模，例如：小波变换和主成分分析。

(4) 数值归约：用替代的、较小的数据表示替换或估计数据，如参数模型(只需要存放模型参数，不是实际数据)或非参数方法，如聚类、抽样和使用直方图。

(5) 离散化和概念分层产生：属性的原始数据值用区间值或较高层的概念替换。数据离散化是一种数据归约形式，对于概念分层的自动产生是有用的。离散化和概念分层产生是数据挖掘强有力的工具，允许挖掘多个抽象层的数据。

很重要的是，用于数据归约的计算时间不应当超过或“抵消”对归约数据挖掘节省的时间。

练　习　题

1. 在数据挖掘之前为什么要对原始数据进行预处理?

2. 简述数据预处理方法和内容。

3. 简述数据清理的基本内容。

4. 简述处理缺失值的方法。

5. 在进行缺失值处理时，可以使用平均值、众数或中位数填充缺失值，思考:

(1) 一个样本的平均值可以用来推论其所在的总体吗?

(2) 如果向数据集中添加一个极值，则平均值会发生改变吗?

(3) 从一个数据集中随机抽取多个样本，众数会改变吗?

(4) 平均值和众数哪个更受异常值影响? 或者都受影响?

6. 什么是数据规范化? 规范化的方法有哪些? 写出对应的变换公式。

7. 思考题：在机器学习中，训练一个模型时，更多的数据总是优于更好的算法吗?

8. 在 6.1.1 节的例子中，我们使用 SVR 预测数据集中属性“Age”的缺失值，请做实验：分别使用平均值、众数或中位数填充该属性的缺失值。

9. 使用表 6-2 中的数据集，按照如下要求编写程序进行实验(数据集文件位置：data/Chapter6-test9.csv):

表 6-2　习题 9 的表

name	Class	course
John	化学	96
Bob	生物	89
Marry	数学	69
Jon	物理	72
Tom	语文	93

(1) 在末尾插入列："perfect":["否","是","否","否","是"];

(2) 删除"perfect"列，然后插入到第3列。

10. 使用如表6-3和表6-4所示的两个表格给出的学生成绩数据，按照如下的要求编写程序进行实验(数据集文件位置：data/Chapter6-test10-table1.csv 和 Chapter6-test10-table2.csv)：

表 6-3　习题 10 表 1

index	class	course
a	化学	96
b	生物	89
c	数学	69

表 6-4　习题 10 表 2

index	class	course
d	物理	72
e	语文	93

(1) 读取两个数据集，使用 concat()函数按列进行合并，并设置参数 join="outer";

(2) 使用参数 keys 设置两个数据集的班级为“一班”和“二班”。

11. 使用 wine 数据集，自己编程实现最大最小标准化算法，并与 scikit-learn 中的最大最小标准化结果对比(数据集文件位置：data/UCI-wine/wine.data)。

第 7 章　数据挖掘与分析

近些年，数据挖掘引起了人们的广泛关注，其中很重要的原因是大量数据的产生，众多的数据科学工作者试图从数据中挖掘重要的信息。数据挖掘的算法主要分为有监督学习和无监督学习，其中有监督学习又分为分类学习和回归学习，而诸如 k-means 聚类之类的算法则是无监督学习，它们的主要区别是监督学习已知样本中的目标输出，利用合适的模型将输入映射到输出；无监督学习中输入的数据没有被标记，在不知道样本中的数据类别的情况下，选择最佳的模型根据样本间的相似性对样本数据进行聚类。

本章重点、难点和需要掌握的内容：

➢ 理解数据挖掘中无监督学习和有监督学习的区别；
➢ 掌握模型选择的主要依据，掌握评估算法优劣的主要方法；
➢ 理解不同分类算法、回归算法的优缺点及评估方法，掌握相关的函数的使用；
➢ 理解基于距离、密度和层次的三种聚类算法及评估方法，掌握相关函数的使用；
➢ 理解主成分分析的目的及主要原理。

7.1　模型选择与验证

7.1.1　模型选择

本节主要使用的数据挖掘与分析工具是 scikit-learn(https://scikit-learn.org)。scikit-learn 官方提供了根据样本特征和问题、样本数据的大小以及样本是否进行了标记(见图 7-1[①])，来选择合适模型的训练样本。

首先，判断样本数量是否大于 50，如果小于 50 则需要获取更多的数据。如果数据量大于 50，则根据问题类型(是分类问题或回归问题)选择模型。若要解决分类问题，如果有部分样本已经被标记则使用分类方法(Classification)，没有数据标记则使用聚类方法(Clustering)。若需要预测出结果值，则选用回归方法(Regression)。

通过已经标注的数据进行分析和预测的方法称为监督学习。在缺乏先验知识或数据量过大的情况下无法标注数据，根据类别未知的数据进行模式识别的方法称为无监督学习。

① 本章的个别图见扉页前的彩色插页。

7.1.2 模型验证

在使用模型对未标注数据进行分类或预测之前，通常使用交叉验证(Cross-Validation)的方法验证模型的准确性。交叉验证(Cross-Validation)可用于防止模型过于复杂而引起的过拟合，这是一种统计学上将数据样本切割成较小子集进行验证的实用方法，可以先在一个子集上做分析，而其他子集则用来做后续对此分析的确认及验证，一开始的子集被称为训练集(training set)，而其他的子集则被称为验证集(validation set)，一般与测试集(test set)区分开。

三种主要的交叉验证方法包括 Hold-Out Method、K-fold Cross Validation(记为 K-CV)和 Leave-One-Out Cross Validation(记为 LOO-CV)。三种交叉验证的核心在于如何划分训练集和验证集。sklearn.model_selection 提供了三种交叉验证方法的划分方法，本节的例子可参考 Validation。

1. Hold-Out Method

Hold-Out Method 也称为留出法，它将数据集拆分成两部分，一部分作为训练集，一部分作为测试集。模型在测试集上表现出的结果，就是整个样本的准确率。但由于测试集不参与训练，所以会损失一定的样本信息。在样本数量少时，影响模型的准确性，该方法适用于大样本。此外，为减少随机划分样本带来的影响，可以重复划分训练集和测试集，用多次得到的结果取平均作为最后的结果。

scikit-learn 中提供了留出法的实现，使用 train_test_split()方法来划分数据集(参考代码 Validation.ipynb)：

```
import numpy as np
from sklearn.model_selection import train_test_split
#创建一个数据集 X 和相应的标签 y,X 中样本数目为 100
X, y = np.arange(200).reshape((100, 2)), range(100)
#用 train_test_split 函数划分出训练集和测试集，测试集占比 0.33
X_train, X_test, y_train, y_test = train_test_split( X, y, test_size=0.33, random_state=42)
#X_train,X_test,y_train,y_test 分别是训练集，验证集，训练集标注，验证集标注
```

train_test_split()常见用法：

```
X_train,X_test,y_train,y_test=sklearn.model_selection.train_test_split(train_data,train_target,test_size=
0.4, random_state=0,stratify=y_train)
```

参数说明：

train_data：所要划分的样本特征集。

train_target：所要划分的样本结果。

test_size：样本占比，如果是整数的话就是样本的数量。

random_state：随机数的种子。随机数种子其实就是该组随机数的编号，在需要重复试验的时候，保证得到一组一样的随机数。比如每次都填 1，在其他参数一样的情况下得到的随机数组是一样的。但填 0 或不填，每次都会不一样。

stratify：保持 split 前类的分布。

例如：有 100 个数据，80 个属于 A 类，20 个属于 B 类。如果将上述代码改为 train_test_split

(... test_size=0.25, stratify = y_all)，那么划分之后数据如下：

训练集：75 个数据，其中 60 个属于 A 类，15 个属于 B 类。

测试集：25 个数据，其中 20 个属于 A 类，5 个属于 B 类。

用了 stratify 参数，training 集和 testing 集的类的比例是 A∶B=4∶1，等同于 split 前的比例(80∶20)。通常在这种类分布不平衡的情况下会用到 stratify。

若将 stratify=X 就是按照 X 中的比例进行分配，将 stratify=y 就是按照 y 中的比例进行分配。

2. K-fold Cross Validation

K-fold Cross Validation 即 K 折交叉验证，它解决了留出法中会损失样本信息的问题。它将数据集划分为 K 个大小相同的互斥子集，然后每次用其中的 K−1 个子集作为训练集，剩余的一个子集作为测试集，这样就可以获得 K 组训练/测试集，从而进行 K 次训练和测试，最终返回这 K 组测试的平均值了。K 的取值原则上大于等于 2，一般从 3 开始取值。图 7-2 所示为三折交叉验证示意图。

scikit-learn 中提供了 KFold()方法实现 K 折交叉验证(参考代码 Validation.ipynb)：

```
from numpy import array
from sklearn.model_selection import KFold
data = array([1, 2, 3, 4, 5, 6])
kfold = KFold(n_splits=3, shuffle = True, random_state= 1)
for train, test in kfold.split(data):
    print('train: %s, test: %s' % (data[train], data[test]))
#结果为将数据集拆分为三个大小相等的子集
#train: [1 4 5 6], test: [2 3]
#train: [2 3 4 6], test: [1 5]
#train: [1 2 3 5], test: [4 6]
```

其中，n_splits 表示将数据分成几份，也就是 K 值；shuffle 指是否对数据进行洗牌；random_state 为随机种子。如果数据集的数据排列是有序的，则 shuffle 可以打乱数据的顺序，达到更好的训练效果。

3. Leave-One-Out Cross Validation

Leave-One-Out Cross Validation 也称为留一法。它的主要思想是每次留下一条数据作为测试集，其余的都是训练集。如果这个样本有 m 条数据，把样本分成 m 份，则每次都取 m−1 个样本为训练集，余下的那一个为测试集。留一法共进行 m 次训练和测试。留一法的优点显而易见，其数据损失只有一个样本，并且不会受到样本随即划分的影响。但是，其计算复杂度过高，空间存储占用过大，适用于数据量较少的样本。

scikit-learn 中提供了 LeaveOneOut()方法实现留一法(参考代码 Validation.ipynb)：

```
from sklearn.model_selection import LeaveOneOut
data = array([1, 2, 3, 4])
loo = LeaveOneOut()
for train, test in loo.split(data):
```

```
print('train: %s, test: %s' % (data[train], data[test]))
#结果对有 n 个元素的集合给出 n 个划分，测试集只有一个元素，训练集有 n-1 个元素
#train: [2 3 4], test: [1]
#train: [1 3 4], test: [2]
#train: [1 2 4], test: [3]
#train: [1 2 3], test: [4]
```

7.2 分类算法

分类问题是根据数据的特征将数据分为不同类别的问题，最常见的是二分类问题，即将数据分到两个不同的类别中。在生活实践中，分类问题是一个常见的问题，比如对手写数字的识别、医生对疾病的判断、门户网站对新闻的分类等。

分类问题是一种常见的大数据监督学习方法。在给定的数据集上，部分数据已经标注好分类，而大部分数据没有标注。分类算法就是根据已标注的数据得到分类的一般规律，进而可以标注其他数据的类别。

关于分类算法的选择，可以从训练数据集的大小、特征的维数、特征之间是否独立以及系统在性能、内存占用等方面的需求综合考虑。如果训练的数据集较少，则可以选择朴素贝叶斯和 K-近邻算法，但要注意后者 K 的取值，防止过拟合。如果假设的前者的相互独立性成立(事实上往往很难成立)，则朴素贝叶斯比较适用。如果希望将来能在训练集中加入更多的数据并很快地融入我们的模型，那就应该使用逻辑回归。决策树算法易解释，也很容易处理相关的特征，并且是无参数的，所以不用担心异常点或数据是否线性分离的情况，但是，当加入新的数据时，决策树算法必须重新建树，也可能出现过拟合的情况。支持向量机(SVM)提供了多个核函数，也正是这样，给我们选择哪一种核函数造成了一定困难，而一旦选对，使用一个合适的核函数可以得到比较不错的效果。表 7-1 列出了不同分类算法的优缺点以供选择时作为参考。

表 7-1 分类算法比较

分类算法	优 点	缺 点
Bayes 贝叶斯	(1) 所需估计的参数少，对于缺失数据不敏感； (2) 有着坚实的数学基础，以及稳定的分类效率	(1) 需要假设属性之间相互独立，这往往并不成立(喜欢吃番茄、鸡蛋，却不喜欢吃番茄炒蛋)； (2) 需要知道先验概率； (3) 分类决策存在错误率
Decision Tree 决策树	(1) 不需要任何领域知识或参数假设； (2) 适合高维数据； (3) 简单易于理解； (4) 短时间内处理大量数据，得到可行且效果较好的结果； (5) 能够同时处理数据型和常规性属性	(1) 对于各类别样本数量不一致数据，信息增益偏向于那些具有更多数值的特征； (2) 易于过拟合； (3) 忽略属性之间的相关性； (4) 不支持在线学习

续表

分类算法	优点	缺点
SVM 支持向量机	(1) 可以解决小样本下机器学习的问题； (2) 提高泛化性能； (3) 可以解决高维、非线性问题，超高维文本分类仍受欢迎； (4) 避免神经网络结构选择和局部极小的问题	(1) 对缺失数据敏感； (2) 内存消耗大，难以解释； (3) 运行和调参略繁琐
KNN K 近邻	(1) 思想简单，理论成熟，既可以用来做分类也可以用来做回归； (2) 可用于非线性分类； (3) 训练时间复杂度为 O(n)； (4) 准确度高，对数据没有假设，对 outlier 不敏感	(1) 计算量太大； (2) 对于样本分类不均衡的问题会产生误判； (3) 需要大量的内存； (4) 输出的可解释性不强
Logistic Regression 逻辑回归	(1) 速度快； (2) 简单易于理解，直接看到各个特征的权重； (3) 能容易地更新模型吸收新的数据； (4) 如果想要一个概率框架，则动态调整分类阀值	特征处理复杂，需要归一化和较多的特征工程

7.2.1 分类学习的性能评估

分类型模型评判的指标包括混淆矩阵，查全率、查准率与 F_1，ROC 曲线和 AUC 面积三种。本节的代码可参考 classification_evalutte.ipynb。

1. 混淆矩阵

混淆矩阵是评判模型分类准确性的指标，可用于判断分类器(Classifier)的优劣。混淆矩阵是衡量分类型模型准确度中最基本、最直观、计算最简单的方法，其他的性能指标都可以从混淆矩阵中计算得到。混淆矩阵分别统计分类模型在测试集上分类正确和错误的个数，然后把结果放在一个表中。表 7-2 所示的例子展示了分类器的效果，以第 3 行为例，健康的被测者共有 50 人，分类器正确识别了 40 个，5 个人被错误识别为良性肿瘤，5 个人被错误识别为恶性肿瘤；第 2 列表示分类器共识别了 45 个健康的人，其中 40 个是正确的，4 个良性肿瘤和 1 个恶性肿瘤的病人被误判为健康。

表 7-2 多分类的混淆矩阵

真实值	预测值		
	类 1：健康	类 2：良性肿瘤	类 3：恶性肿瘤
类 1：健康(50)	40	5	5
类 2：良性肿瘤(30)	4	24	2
类 3：恶性肿瘤(20)	1	4	15

sklearn.metrics 中的 confusion_matrix()函数可以输出混淆矩阵(参考代码 classification_evaluate.ipynb)：

```
from sklearn.metrics import confusion_matrix
y_true = [2, 0, 2, 2, 0, 1]
y_pred = [0, 0, 2, 2, 0, 2]
confusion_matrix(y_true, y_pred)
#例子中共 0,1,2 三类，输出的混淆矩阵与多分类的混淆矩阵对应
#array([[2, 0, 0],
#        [0, 0, 1],
#        [1, 0, 2]])
```

对于二分类问题，混淆矩阵可简化为 2×2 的矩阵。根据样本中数据的真实值与预测值之间的组合可以分为四种情况：真正例(True Positive，简写为 TP)、假正例(False Positive，简写为 FP)、真反例(True Negative，简写为 TN)、假反例(False Negative，简写为 FN)。TP、FP、TN、FN 四个缩写中，第一个字母表示样本的预测类别与真实类别是否一致，第二个字母表示样本被预测的类别。混淆矩阵用表格形式可以表示成如表 7-3 所示的形式。

表 7-3　二分类的混淆矩阵

真 实 值	预 测 值	
	正例	反例
正例	真正例 (TP)	假反例 (FN)
反例	假正例 (FP)	真反例 (TN)

最理想的分类器可以将所有的数据分到正确的类别，即将所有的正例预测为正例，所有的反例预测为反例。对应到混淆矩阵中，表现为 TP 与 TN 的数量大，而 FP 与 FN 的数量小。

2. 查全率、查准率与 F_1

混淆矩阵中统计的是个数，数据量大或者类别多时很难通过个数判断不同模型的性能。因此在混淆矩阵的基础上增加了四个指标，分别是准确率(Accuracy)、精确率(Precision)、灵敏度(Sensitivity)和特异度(Specificity)。精确率也被称为查准率，灵敏度也被称为查全率或召回率(Recall)。四种指标的计算方法如表 7-4 所示。

表 7-4　基于混淆矩阵的计算指标

指标	公 式	意 义
准确率	$\text{Accuracy}=\dfrac{\text{TP}+\text{TN}}{\text{TP}+\text{TN}+\text{FP}+\text{FN}}$	分类模型中所有判断正确的结果占总预测值的比例
精确率 (查准率)	$\text{Precision}=\dfrac{\text{TP}}{\text{TP}+\text{FP}}$	在预测为 Positive 的所有结果中，预测正确的比例
灵敏度 (召回率)	$\text{Sensitivity}=\text{Recall}=\dfrac{\text{TP}}{\text{TP}+\text{FN}}$	在真实值是 Positive 的所有结果中，预测正确的比例
特异度	$\text{Specificity}=\dfrac{\text{TN}}{\text{TN}+\text{FP}}$	在真实值是 Negative 的所有结果中，预测正确的比例

从查准率和召回率的计算公式可以看出，由于混淆矩阵的四种情况的样本数量之和等于样本总数量，所以当 FP 较高时，FN 相应减少，反之亦然，也即查准率与查全率不可兼得，二者有一定的矛盾性，当我们要求查准率高时，要抛弃查全率也高的想法。在不同的应用中，要保证查准率与查全率的平衡，此时可以使用 F_1 来度量。F_1 是查准率与查全率的调和平均数：

$$F_1 = \frac{1}{2} \times \frac{1}{\frac{1}{P} + \frac{1}{R}} = \frac{2PR}{P+R}$$

在一些应用中，对查准率和查全率的要求不同。在音乐推荐系统中，用户更多的是关注自己喜欢的音乐类型，因此查准率更重要。而在检测癌症的应用中，把有癌症的病人误判为健康，比将健康的人误判为有癌症更危险，因此召回率更重要。应用中对查准率和查全率的重视程度不同，因此也可以使用 F_1 度量的一般形式 F_β 度量。其中 $\beta>0$，度量了 P、R 的相对重要性。$\beta=1$ 时，退化为 F_1 度量。$\beta>1$ 时，查全率更重要，$\beta<1$ 时查准率更重要。

$$\frac{1}{F_\beta} = \frac{1}{1+\beta^2} \times \left(\frac{1}{P} + \frac{\beta}{R}\right)$$

$$F_\beta = \frac{(1+\beta^2) \times P \times R}{\beta^2 \times P + R}$$

根据给出的公式，可以从混淆矩阵计算各个指标。sklearn.metrics 也提供了 accuracy_score()、precision_score()、recall_score()、f1_score()方法分别计算准确率、精确率、召回率和 F_1，代码如下：

```
from sklearn.metrics import confusion_matrix
from sklearn.metrics import accuracy_score,precision_score,recall_score,f1_score

y_true =[0,1,0,0,1,1,0,1]
y_pred =[0,0,1,0,1,0,0,1]
print(confusion_matrix(y_true,y_pred,labels=[1,0])) #1 为正例，0 为反例

print("accuracy:\t",accuracy_score(y_true, y_pred))
print("precision:\t",precision_score(y_true, y_pred))
print("recall:\t\t",recall_score(y_true, y_pred))
print("f1_score:\t",f1_score(y_true,y_pred))
#结果为
#[[2 2]
# [1 3]]
#accuracy:   0.625
#precision:  0.666666666667
#recall:         0.5
#f1_score:   0.571428571429
```

在多分类问题中混淆矩阵中的假反例和假正例不是单独的值。因此精确率、召回率和 F_1 计算方法有多种，这些函数通过 average 参数指定计算的方式，它的默认值是 binary，即用于二分类。多分类的例子代码可参考本节例子代码。

average：取值类型为字符串，可选值为[None, 'binary'(默认), 'micro', 'macro', 'samples', 'weighted']。多类或者多标签目标需要 average 这个参数。如果其可选值为 None，将会返回每个类别的分数，否则它决定了数据的平均值类型。下面具体介绍几个它的可选值。

'micro'：通过计算总的真正例、假反例和假正例来全局计算指标。

'macro'：为每个标签计算指标，找到它们未加权的均值。它不考虑标签数量不平衡的情况。

'weighted'：为每个标签计算指标，并通过各类占比找到它们的加权均值(每个标签的正例数)。它解决了'macro'的标签不平衡问题，它可以产生不在精确率和召回率之间的 F1-score。

sklearn.metrics 中的 classification_report 也可以输出分类模型的精确率、召回率和 F_1 值，代码如下：

```
from sklearn.metrics import classification_report
y_true = [0, 0, 0, 1, 1, 1, 2, 2, 2, 2]
y_pred = [0, 0, 2, 0, 2, 2, 1, 1, 2, 1]
print(classification_report(y_true,y_pred))
```

分类结果如图 7-3 所示。

	precision	recall	f1-score	support
0	0.67	0.67	0.67	3
1	0.00	0.00	0.00	3
2	0.25	0.25	0.25	4
accuracy			0.30	10
macro avg	0.31	0.31	0.31	10
weighted avg	0.30	0.30	0.30	10

图 7-3 分类结果图

classification_report()函数的主要参数说明：

y_true：1 维数组，目标值。

y_pred：1 维数组，分类器返回的估计值。

labels：array，shape = [n_labels]，报表中包含的标签索引的可选列表。

target_names：字符串列表，与标签匹配的可选显示名称(相同顺序)。

sample_weight：类似于 shape = [n_samples]的数组，可选项，样本权重。

digits：int，输出浮点值的位数。

图 7-3 中列表左边的一列为分类的标签名，右边 support 列为每个标签的出现次数。Precision、recall、f1-score 三列分别为各个类别的精确率、召回率及 F_1 值。

3. ROC 与 AUC

ROC(Receiver Operating Characteristic，接收者操作特征)曲线是将分类器的两个特征量作为横纵坐标进行作图。其中，ROC 曲线的横轴是“假正例率”(False Positive Rate，FPR)，纵轴为“真正例率”(True Positive Rate，TPR)。TPR 表示的就是预测正确且实际分类为正的数量与所有正样本的数量的比例；FPR 表示的是预测错误且实际分类为负的数量与所有负样本数量的比例：

$$\mathrm{FPR} = \frac{\mathrm{FP}}{\mathrm{TN} + \mathrm{FP}}$$

$$\mathrm{TPR} = \frac{\mathrm{TP}}{\mathrm{TP} + \mathrm{FN}}$$

对于一个特定的分类器和测试数据集，显然只能得到一个分类结果，即一组 FPR 和 TPR 结果。而要得到一个 ROC 曲线，我们实际上需要一系列 FPR 和 TPR 的值(选取一个阈值计算 TPR/FPR，阈值的选取规则是在预测出的 scores 值中从大到小依次选取)。可以通过分类器的一个重要功能“概率输出”，即表示分类器认为某个样本具有多大的概率属于正样本(或负样本)，来动态调整一个样本是否属于正负样本。

一般认为，ROC 曲线越平滑，模型的过拟合的可能性越低。在进行学习器之间的性能比较时，如果一个 ROC 曲线被另一个完全包裹时，则认为被包裹的模型效果较差。如图 7-4 左图中，A 包裹 B，B 包裹 C，则模型 A 优于模型 B，模型 B 优于模型 C。如果两条 ROC 曲线有交叉，则不能确定学习器孰优孰劣。对于图 7-4 的右图中的两个模型则无法直观的比较哪个更优，这时可以通过 AUC(Area Under ROC Curve)即 ROC 曲线下面的面积来判断，AUC 的值越大，学习器性能越优。

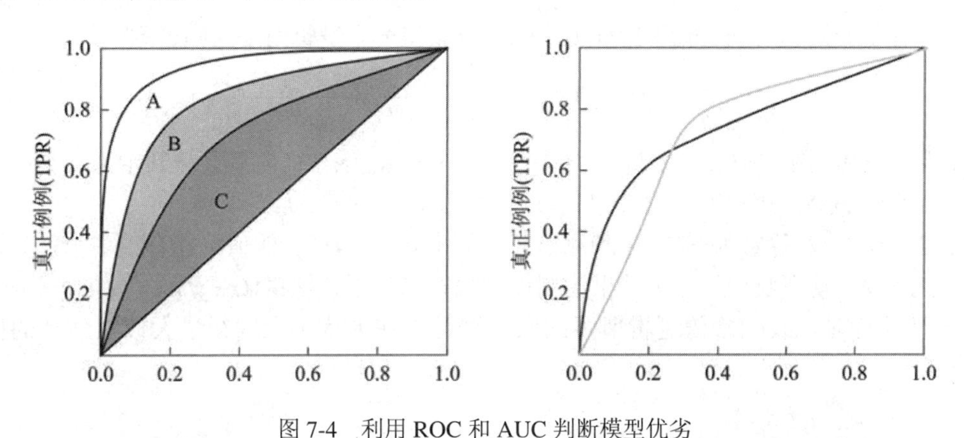

图 7-4　利用 ROC 和 AUC 判断模型优劣

ROC 曲线有个很好的特性：当测试集中的正负样本的分布变换的时候，ROC 曲线能够保持不变。在实际的数据集中经常会出现样本类不平衡，即正负样本比例差距较大，而且测试数据中的正负样本也可能随着时间变化。

sklearn.metrics 的 roc_curve 和 auc 分别提供了计算 ROC 和 AUC 的功能。

7.2.2　逻辑回归

逻辑回归是线性分类器的一种，称之为线性是因为我们有这样一种假设：数据集中的特征与分类结果是线性相关的。在线性分类模型中，我们从一个线性关系表示开始：

$$f_\theta(x)=\theta_0+\theta_1 x_1+\theta_2 x_2+\cdots+\theta_n x_n$$

如果用 $\boldsymbol{x}=<x_1, x_2, \cdots, x_n>$表示 n 维特征向量，用$\boldsymbol{\theta}=<\theta_1, \theta_2, \cdots, \theta n>$表示对应的权重，即系数，则该线性关系也可以表示成：

$$f(x,\ \theta,\ b)=\boldsymbol{\theta}^{\mathrm{T}}\boldsymbol{x}+b \tag{1}$$

其中 θ 为未知参数，b 为截距。但是在分类任务中，需要将该连续函数能映射到不同的类别中，因此我们采用逻辑斯蒂(Logistic)函数将连续的预测值转换为(0,1)区间上的概率。

$$y(z)=\frac{1}{1+\mathrm{e}^{-z}} \tag{2}$$

这里 $z\in\mathbf{R}$，y 的取值范围为(0,1)，Logistic 函数图像如图 7-5 所示。

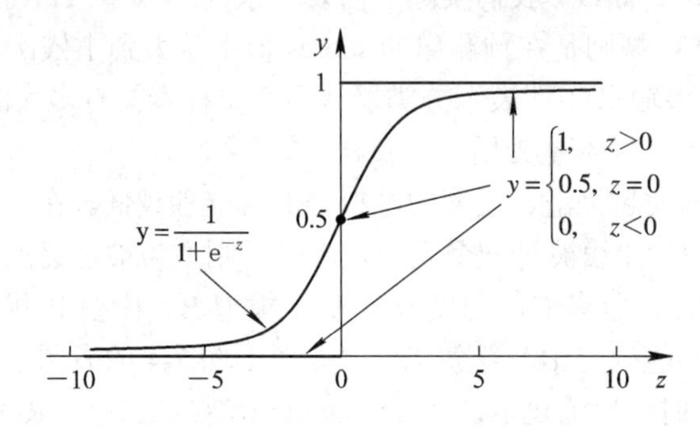

图 7-5　Logistic 函数图像

如果用 f 替换 z，结合方程(1)和(2)，就可以获得一个逻辑斯蒂回归模型：

$$h(\boldsymbol{\theta},\boldsymbol{b},\boldsymbol{x})=y(f(x,\boldsymbol{\theta},b))=\frac{1}{1+\mathrm{e}^{-f}}=\frac{1}{1+\mathrm{e}^{-(\boldsymbol{\theta}^{\mathrm{T}}x+b)}}$$

如果 $z=0$，则 $y=0.5$；如果 $z<0$，那么 $y<0.5$，该特征向量会被判定为一类；如果 $z>0$，那么 $y>0.5$，该特征向量被判断为另一类。

h 是一个假设函数，它是一个预测值，我们求解出的$\boldsymbol{\theta}$、b 的值可能有很多个，如何确定最佳的参数，使得我们的分类结果达到最优呢？当使用训练集$\{(x^1, y^1), (x^2, y^2), \cdots, (x^n, y^n)\}$进行模型训练时，我们希望逻辑斯蒂回归模型可以在训练集上取得最大似然估计的概率 $L(\boldsymbol{\theta}, b)$：

$$\underset{\boldsymbol{\theta},b}{\arg\max}\, L(\boldsymbol{\theta},b)=\underset{\boldsymbol{\theta},b}{\arg\max}\prod_{i=1}^{n} h(\boldsymbol{\theta},b,x)^{y^i}(1-h(\boldsymbol{\theta},b,x))^{1-y^i}$$

为了学习到决定模型的参数，即$\boldsymbol{\theta}$、b，我们通常会使用一种称为随机梯度下降(Stochastic Gradient Descent)的算法。

作为优化问题，带 L2 罚项的二分类Logistic 回归要最小化以下代价函数(cost function)：

$$\min_{w,c}\frac{1}{2}\boldsymbol{w}^{\mathrm{T}}\boldsymbol{w}+C\sum_{i=1}^{n}\log(\exp(-y_i(\boldsymbol{X}_i^{\mathrm{T}}\boldsymbol{w}+c))+1)$$

类似地，带 L1 正则的 Logistic 回归解决的是如下优化问题：

$$\min_{w,c} \| w \|_1 + C\sum_{i=1}^{n} \log(\exp(-y_i(X_i^{\mathrm{T}} w + c)) + 1)$$

Elastic-Net 正则化是 L1 和 L2 的组合，来使如下代价函数最小：

$$\min_{w,c} \frac{1-\rho}{2} w^{\mathrm{T}} w + \rho \| w \|_1 + C\sum_{i=1}^{n} \log(\exp(-y_i(X_i^{\mathrm{T}} w + c)) + 1)$$

其中 ρ 控制正则化 L1 与正则化 L2 的强度(对应于 l1_ratio 参数)。

scikit-learn 中 logistic 回归在 LogisticRegression 类中实现了二分类(binary)、一对多分类(one-vs-rest)及多项式 logistic 回归，并带有可选的 L1 和 L2 正则化。scikit-learn 的逻辑回归在默认情况下使用 L2 正则化，这样的方式在机器学习领域是常见的，在统计分析领域是不常见的。正则化的另一优势是提升数值稳定性。scikit-learn 通过将 C 设置为很大的值实现无正则化，语法如下：

```
LogisticRegression(penalty='l2',dual=False,tol=0.0001,C=1.0,fit_intercept=True,intercept_scaling=1,
class_weight=None,random_state=None,solver='warn',max_iter=100,multi_class='warn',verbose=0,warm_
start=False, n_jobs=None)
```

参数说明：

(1) penalty：惩罚项，str 类型，可选参数为 l1 和 l2，默认为 l2，用于指定惩罚项中使用的规范。newton-cg、sag 和 lbfgs 求解算法只支持 l2 规范。l1 规范假设的是模型的参数满足拉普拉斯分布，l2 假设的模型参数满足高斯分布，所谓的范式就是加上对参数的约束，使得模型更不会过拟合(overfit)，理论上可以获得泛化能力更强的结果。

(2) tol：停止求解的标准，float 类型，默认为 $1e^{-4}$。优化算法停止的条件为相邻两次迭代的差值小于等于 tol。

(3) class_weight：用于表示分类模型中各种类型的权重，可以是一个字典或者‘balanced’字符串，默认为不输入，也就是不考虑权重，即为 None。如果选择输入的话，则可以选择 balanced 让类库自己计算类型权重，或者自己输入各个类型的权重。

(4) random_state：随机数种子，int 类型，可选参数，默认为无，仅在正则化优化算法为 sag、liblinear 时有用。

(5) solver：优化算法选择参数，只有五个可选参数，即 newton-cg、lbfgs、liblinear、sag、saga，默认为 liblinear。solver 参数决定了我们对逻辑回归损失函数的优化方法，有五种算法可以选择，分别是：

① liblinear：使用了开源的 liblinear 库实现，内部使用了坐标轴下降法来迭代优化损失函数。

② lbfgs：拟牛顿法的一种，利用损失函数二阶导数矩阵即海森矩阵来迭代优化损失函数。

③ newton-cg：也是牛顿法家族的一种，利用损失函数二阶导数矩阵即海森矩阵来迭代优化损失函数。

④ sag：随机平均梯度下降，是梯度下降法的变种，和普通梯度下降法的区别是每次迭代仅仅用一部分的样本来计算梯度，适合于样本数据多的时候。

⑤ saga：线性收敛的随机优化算法的变重。

(6) max_iter：算法收敛最大迭代次数，int 类型，默认为 10，仅在正则化优化算法为 newton-cg、sag 和 lbfgs 时才有用。

(7) multi_class：分类方式选择参数，str 类型，可选参数为 ovr 和 multinomial，默认为 ovr。ovr 即 one-vs-rest(OvR)，而 multinomial 即 many-vs-many (MvM)。如果是二元逻辑回归，则 ovr 和 multinomial 并没有任何区别，区别主要在多元逻辑回归上。

(8) n_jobs：并行数，int 类型，默认为 1。为 1 的时候，用 CPU 的一个内核运行程序；为 2 的时候，用 CPU 的 2 个内核运行程序；为 –1 的时候，用所有 CPU 的内核运行程序。

在 LogisticRegression 类中实现了这些优化算法：liblinear、newton-cg、lbfgs、sag 和 saga，通过 solver 参数指定。

liblinear 应用了坐标下降算法(Coordinate Descent，CD)，并基于 scikit-learn 内附的高性能 C++ 库 LIBLINEAR library 实现。不过 CD 算法训练的模型不是真正意义上的多分类模型，而是基于“one-vs-rest”思想分解了这个优化问题，为每个类别都训练了一个二元分类器，因为实现在底层使用该求解器的 LogisticRegression 实例对象表面上看是一个多元分类器。sklearn.svm.l1_min_c 可以计算使用 L1 时 C 的下界，以避免模型为空(即全部特征分量的权重为零)。

lbfgs、sag 和 newton-cg 求解器只支持 L2 罚项以及无罚项，对某些高维数据收敛更快。这些求解器的参数 multi_class 设为 multinomial 即可训练一个真正的多项式 Logistic 回归，其预测的概率比默认的“one-vs-rest”设定更为准确。

sag 求解器基于平均随机梯度下降算法(Stochastic Average Gradient descent)，在样本数量和特征数都比较多的大数据集上的表现更快。

saga 求解器是 sag 的一类变体，它支持非平滑(non-smooth)的 L1 正则选项 penalty="l1"，因此对于稀疏多项式 Logistic 回归，往往选用该求解器。saga 求解器是唯一支持弹性网络正则选项的求解器。

lbfgs 是一种近似于 Broyden–Fletcher–Goldfarb–Shanno 算法的优化算法，属于准牛顿法。lbfgs 求解器推荐用于较小的数据集，对于较大的数据集，它的性能会受到影响。

表 7-5 展示了不同优化器的特性对比。

表 7-5　不同优化器的特性对比

罚　项	liblinear	lbfgs	newton-cg	sag	saga
多项式损失+L2 罚项	×	√	√	√	√
一对剩余(one vs rest) + L2 罚项	√	√	√	√	√
多项式损失 +L1 罚项	×	×	×	×	√
一对剩余(one vs rest) + L1 罚项	√	×	×	×	√
弹性网络	×	×	×	×	√
无罚项	×	√	√	√	√
表　现	liblinear	lbfgs	newton-cg	sag	saga
惩罚偏置值(差)	√	×	×	×	×
大数据集上速度快	×	×	×	√	√
未缩放数据集上鲁棒	√	√	√	×	×

默认情况下，lbfgs 求解器鲁棒性占优。对于大型数据集，saga 求解器通常更快。

对于大数据集，还可以用随机梯度下降方法，并使用对数损失(log loss)，这可能更快，但需要更多的调优。随机梯度下降是拟合线性模型的一个简单而高效的方法。在样本量(和特征数)很大时尤为有用。SGDClassifier 是一个用于拟合分类问题的线性模型，可使用不同的(凸)损失函数，支持不同的罚项。例如，设定 loss="log"，则 SGDClassifier 拟合一个逻辑斯蒂回归模型，而 loss="hinge"拟合线性支持向量机(SVM)。

逻辑回归是在线性回归的实数范围内引入逻辑斯蒂函数，使输出映射到(0, 1)上，用来解决分类问题，其优化目标函数为最大似然函数。逻辑回归计算代价不高，容易理解实现，它的时间复杂度和空间复杂度都不高。它可以应用于分布式数据，并且还有在线算法实现，用较少的资源处理大型数据，此外对于数据中小噪声的鲁棒性很好，并且不会受到轻微的多重共线性的特别影响。但是，逻辑回归分类算法容易欠拟合，分类精度不高，并且数据特征有缺失或者特征空间很大时表现效果不尽人意。例子可参考 linear_regression_coef_.ipynb：

```
from sklearn import linear_model
reg = linear_model.LinearRegression()
reg.fit ([[0, 0], [1, 1], [2, 2]], [0, 1, 2])
reg.predict(
reg.coef_
array([ 0.5,    0.5])
```

7.2.3　支持向量机

在线性分类模型中，我们的目标是使用一条直线或超平面作为分类边界来最大限度地将数据集划分为不同类别。对于图 7-6 所示的数据分类问题，可以用一条直线区分两种不同的类型。但是如图 7-6(b)所示，可以构造出多个直线对数据进行分类，虽然这三条直线都能把两类数据分隔开，但是选择不同的直线，图中红叉所表示的点被分到的类别不同。如何从众多的边界直线中选取最佳的一条，是支持向量机(Support Vector Machine，SVM)要解决的问题。它的思想是不再用一条直线来区分类别，而是画一条到最近点边界、有宽度的线条，取边界宽度最大的直线作为分类直线。以图 7-6(c)为例，居中的一条直线和最近点的距离最远，宽度最大，落在两侧虚线上的点称之为支持向量，训练集中支持向量确定了分类直线，删除其他数据点不影响分类效果。

支持向量机的直观解释是：在两个类别中间存在这样一条直线，从该直线分别向两个类别进行平移，直到与类中最近的点相交时停止，两条虚线之间的距离最大，则这条直线就是我们要找的最佳分类直线。支持向量机就是这样根据训练数据的分布，不断地搜索所有可能的分类直线，从中找出分类最佳的那条。

支持向量机可用于分类、回归和异常检测三类监督学习。SVM 在高维空间中非常高效，即使在数据维度比样本数量大的情况下仍然有效。SVM 决策函数取决于训练集的一些子集，称作支持向量。训练好的模型的算法复杂度是由支持向量的个数决定的，而不是由数据的维度决定的，所以 SVM 不太容易产生过拟合。SVM 训练出来的模型完全依赖于支持向量(Support Vectors)，即使训练集里面所有非支持向量的点都被去除，重复训练过程，结果仍然会得到完全一样的模型。一个 SVM 如果训练得出的支持向量个数比较小，则 SVM 训练出的模型比较容易被泛化。

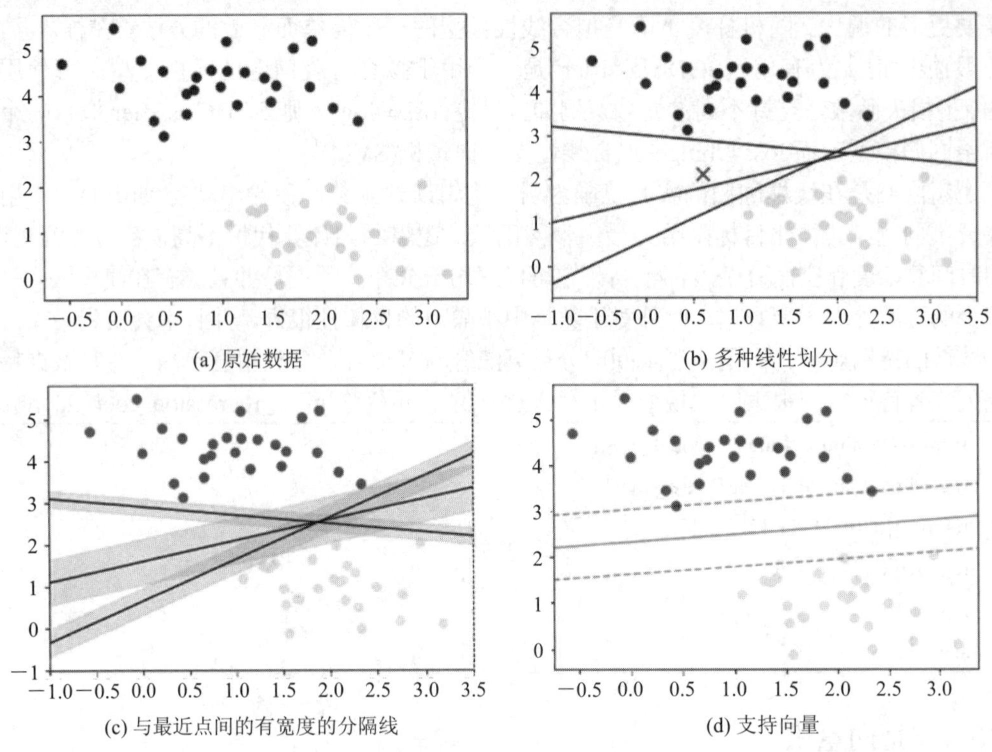

图 7-6　支持向量机示意图

SVC、NuSVC 和 LinearSVC 都能在数据集中实现多元分类。SVC 和 NuSVC 是相似的方法，它们的参数和数学方程稍有不同。它们都可以通过 kernel 参数设置核函数。而 LinearSVC 没有 kernel 参数，它只支持线性核函数。这些支持向量保存在模型的 support_vectors_、support_和 n_support_变量中。其中 support_vectors_保存了模型用到的支持向量，support_是这些向量在原始数据中的下标，n_support_是每个类别支持向量的个数。

下面的例子随机生成两类数据点，然后使用 SVC 对其进行分类。SVC 模型对每个类别找出了若干个支持向量。如图 7-7 所示，我们将支持向量连成一个多边形，可以看出不同类别的数据被围在不同的区域。在决策函数中判断测试数据是否属于某个类别是，仅用到支撑向量，因此 SVM 方法节省内存，决策算法也很高效。参考代码(SVM_SVC.ipynb)如下：

```
import matplotlib.pyplot as plt
%matplotlib inline
from sklearn.datasets.samples_generator import make_blobs
X, y = make_blobs(n_samples=50, centers=2,random_state=0, cluster_std=0.60)
plt.scatter(X[:, 0], X[:, 1], c=y, s=50, cmap='viridis');
plt.scatter(1.0,4.0,c="red",s=60)
```

```
from sklearn import svm
clf = svm.SVC()
clf.fit(X,y)

print(clf.predict([[1.0,4.0]]))         #输出分类结果 array([0])
print(clf.n_support_)                   #输出每个类别支持向量的个数
print(clf.support_)                     #输出支持向量的下标
print(clf.support_vectors_)             #输出支持向量的值
```

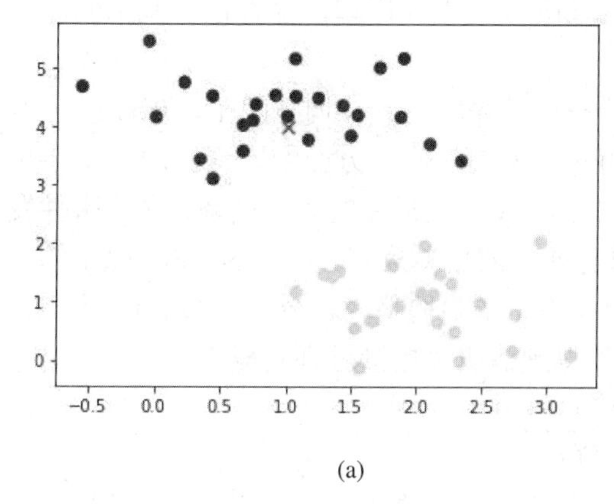

(a)

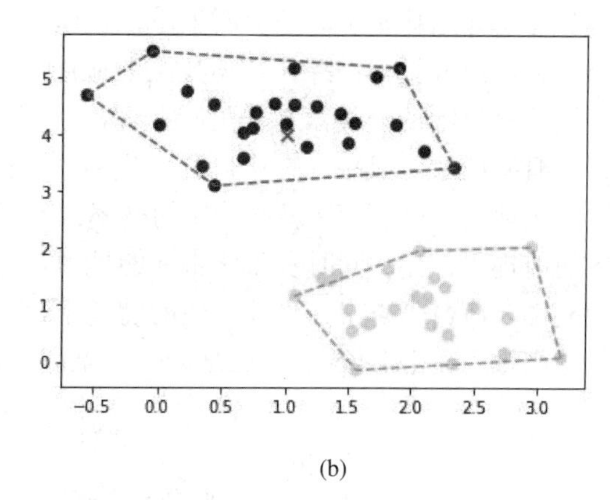

(b)

图 7-7　使用 SVC 模型分类

SVC 和 NuSVC 可以通过 kernel 参数指定核函数。不同的核函数与特定的决策函数一一对应，scikit-learn 已经提供常见的核函数，如多项式核函数 poly、高斯核函数 rbf，也可以指定自定义的内核。表 7-6 分析了不同核函数的优缺点。

表 7-6　不同核函数的优缺点

核 函 数	优　点	缺　点
线性核函数	简单高效，结果易解释，总能生成一个最简洁的线性分割超平面	只适用线性可分的数据集
多项式核函数	可以拟合出复杂的分割超平面	参数太多。有 γ、c、n 三个参数要选择，选择起来比较困难；另外多项式的阶数不宜太高否则会给模型求解带来困难
高斯核函数	可以把特征映射到无限多维，并且没有多项式计算那么困难，参数也比较好选择	不容易解释，计算速度比较慢，容易过拟合

选择核函数的一般原则是数据量很大的时候，可以选择复杂一点的模型。虽然复杂模型容易过拟合，但由于数据量很大，可以有效弥补过拟合问题。如果数据集较小则选择简单点的模型，否则很容易过拟合，此时要注意模型是否欠拟合，如果欠拟合则可以增加多项式来纠正欠拟合。

也可以根据样本量和特征量的数量进行选择。如特征相比样本大，选择线性函数；特征较少，样本量适中的情况选择高斯核函数；特征量少，样本量多的情况下选择多项式或高斯核函数。SVM 的缺点主要包括：如果特征数量比样本数量大得多，则在选择核函数时要避免过拟合。支持向量机不直接提供概率估计，概率估计是使用五次交叉验算得到的，这种方式计算量很大。

7.2.4 朴素贝叶斯

朴素贝叶斯模型是一种简单快速的分类算法。它通常适用于维度非常高的数据集。该模型运行速度快，而且可调参数少，因此非常适合为分类问题提供快速粗糙的基本方案。本节首先介绍朴素贝叶斯分类器(naïve Bayes classifiers)的工作原理，并通过一些示例演示朴素贝叶斯分类器在经典数据集上的应用。

朴素贝叶斯分类器基于贝叶斯理论，即后验概率 = 先验概率 × 调整因子。$P(x)$是 x 的先验概率或边缘概率。之所以称“先验”是因为它不考虑任何 y 方面的因素，即在 y 事件发生之前，单独统计 x 事件发生的概率。$P(x|y)$是已知 y 发生后 x 的条件概率，在 y 事件发生的前提下，计算同时发生 x 事件的概率，也被称作 x 的后验概率。同样的，$P(y)$是 y 的先验概率，$P(y|x)$是在 x 事件发生的前提下，同时发生 y 的后验概率。$P(x|y)/P(x)$称为“可能性函数”(Likelyhood)，这是一个调整因子，使得预估概率更接近真实概率。

$$P(y|x)=\frac{P(x|y)P(y)}{P(x)}$$

如果把 x 表示成特征，y 为目标，那么一些具有某些特征的样本属于某类标签的概率即是 $P(y|x)$，因此我们的目的就是寻找所有 y 中最大的 $P(y|x)$，即 $\arg\max_y P(y|x)$，由于在同一数据集中，分母 $P(x)$是不变的，所以可以忽略，那么我们只需要求出 $P(x|y)$和 $P(y)$即可计算出最大的 $P(y|x)$。对于 $P(y)$，只需计算不同类别在样本中的频率即可，但是对于 $P(x|y)$，由于特征 $x=<x_1, x_2, x_3, \cdots, x_n>$往往包含多个相关因素，任意一个 x_i 都是众多因素中的其中一个，比如，我们在做泰坦尼克号事件乘客生存与否预测时，x_i 可能是乘客的年龄，可能是乘客登船地点，也可能是乘客船舱等级。因此，我们要计算 $P(x|y)$，实际上就是计算 $P(x_1, x_2, x_3, \cdots, x_n|y)$。通常情况下，$n$ 的取值很大，不利于计算。为了能够获取合理的 $P(x|y)$值，假设属性采用属性条件独立性假设，即：

$$P(x_1,x_2,\cdots,x_n|y)=P(x_1|y)\times P(x_2|y)\times\cdots\times P(x_n|y)$$

通俗地说，每个特征取它的各个值的可能性是独立的，与其他特征的取值不相关。因此，属性条件独立性假设实际上是忽略掉了某些属性之间可能存在的关联，假设属性的取值可能性都是独立的，以简化计算，这也是该模型中“朴素”的由来。虽然实际的数据集中属性间经常存在某种关联，但是，往往这种假设能在实际问题中取得较好的分类结果，特别是在文档分类和垃圾邮件过滤等应用中。这些工作都要一个小的训练集来估计必需参数。

朴素贝叶斯的分类准则为

$$h(x)=\arg\max_{c\in y} P(c)\prod_{i=1}^{n}P(x_i|c)$$

h 代表一个由朴素贝叶斯算法训练出来的预测值，它的值就是贝叶斯分类器对于给定 x 的因素下，最可能出现的情况 c。y 是 c 的取值集合。

在 sklearn 中实现了三类朴素贝叶斯：GaussianNB(高斯朴素贝叶斯)、MultinomialNB(多项式朴素贝叶斯)、BernoulliNB(伯努利朴素贝叶斯)。不同朴素贝叶斯分类器的差异主要来自于处理 $P(x_i \mid y)$分布时所做的假设不同。高斯朴素贝叶斯适用于连续型数值，比如身高在 160 cm 以下为一类，160～170 cm 为一个类。多项式朴素贝叶斯常用于文本分类，特征是单词，值是单词出现的次数。伯努利朴素贝叶斯所用特征为全局特征，只是它计算的不是单词的数量，而是出现则为 1，否则为 0，也就是单词出现 1 次或多次时权重是相等的。

GaussianNB 实现了运用于分类的高斯朴素贝叶斯算法。特征的可能性(即概率)假设为高斯分布：

$$P((x_i \mid y) = \frac{1}{\sqrt{2\pi\sigma_y^2}} \exp\left(-\frac{(x_i - \mu_y)^2}{2\sigma_y^2}\right)$$

参数σ_y和μ_y使用最大似然法估计，参考代码(完整代码参考 Bayes.ipynb)如下：

```
from sklearn import datasets
iris = datasets.load_iris()
from sklearn.naive_bayes import GaussianNB
gnb = GaussianNB()

#分离数据集
from sklearn.model_selection import train_test_split
x_train, x_test, y_train, y_test = train_test_split(iris.data, iris.target, test_size=0.3, random_state=33)

model = gnb.fit(x_train, y_train)
y_pred = model.predict(x_test)

print(model.class_prior_)  #结果为[ 0.37142857    0.33333333    0.2952381 ]
print("Number of mislabeled points out of a total %d points : %d"
        % (iris.data.shape[0],(y_test!= y_pred).sum()))
#输出 Number of mislabeled points out of a total 150 points : 2
from sklearn.metrics import classification_report
print(classification_report(y_test, y_pred))
```

使用 classification_report 可以看到该分类器的准确率达到了 96%。使用训练数据训练好模型后，可以通过 class_prior_属性查看各个类对应的先验概率。class_count_可以获得各个类标记对应的个数。通过 theta_属性可以获得各个类标记在各个特征上的均值。使用 sigma_属性可以获取各个类在各个特征上的方差。使用高斯朴素贝叶斯分类算法在鸢尾数据集上的分类结果如图 7-8 所示。

```
              precision    recall  f1-score   support

           0       1.00      1.00      1.00        11
           1       0.88      1.00      0.94        15
           2       1.00      0.89      0.94        19

    accuracy                           0.96        45
   macro avg       0.96      0.96      0.96        45
weighted avg       0.96      0.96      0.96        45
```

图 7-8　高斯朴素贝叶斯算法在鸢尾数据集上的分类结果图

MultinomialNB 实现了服从多项分布的朴素贝叶斯算法，也是用于文本分类的两大经典朴素贝叶斯算法之一。分布参数由每类 y 的 $\theta y=(\theta_{y1},\theta_{y2},\cdots,\theta_{yn})$ 向量决定，式中 n 是特征的数量(对于文本分类，是词汇量的大小) θ_{yi} 是样本中属于类 y 中特征 i 的概率 $P(x_i \mid y)$。参数 θ_y 使用平滑过的最大似然估计法来估计，即相对频率计数：

$$\hat{\theta}_{yi}=\frac{N_{yi}+\alpha}{N_y+\alpha n}$$

式中 $N_{yi}=\sum_{x\in T} x_i$ 是训练集 T 中特征 i 在类 y 中出现的次数，$N_y=\sum_{i=1}^{n} N_{yi}$ 是类 y 中出现所有特征的计数总和。先验平滑因子 $\alpha \geqslant 0$ 为在学习样本中没有出现的特征而设计，以防在将来的计算中出现 0 概率输出。$\alpha=1$ 被称为拉普拉斯平滑(Lapalce Smoothing)，而 $\alpha<1$ 被称为 Lidstone 平滑方法(Lidstone Smoothing)。

ComplementNB 实现了补充朴素贝叶斯(CNB)算法。CNB 是标准多项式朴素贝叶斯(MNB)算法的一种改进，特别适用于不平衡数据集。具体来说，CNB 使用来自每个类的补数的统计数据来计算模型的权重。CNB 的发明者的研究表明，CNB 的参数估计比 MNB 的参数估计更稳定。此外，CNB 在文本分类任务上通常比 MNB 表现得更好(通常有相当大的优势)。计算权重的步骤如下：

$$\hat{\theta}_{ci}=\frac{\alpha_i+\sum_{j:y_j\neq c} d_{ij}}{\alpha+\sum_{j:y_j\neq c}\sum_{k} d_{kj}}$$

$$w_{ci}=\log\hat{\theta}_{ci}$$

$$w_{ci}=\frac{w_{ci}}{\sum_{j}|w_{ci}|}$$

其中对不在类 c 中的所有记录 j 求和，d_{ij} 可以是文档 j 中词语 i 的计数或 tf-idf 值，α_i 是就像 MNB 中一样的平滑超参数，同时 $\alpha=\sum_i \alpha_i$。第二个归一化解决了长记录主导 MNB 参数估计的问题。分类规则为

$$\hat{c} = \arg\min_{c} \sum_{i} t_i w_{ci}$$

即将记录分配给补充匹配度最低的类。

BernoulliNB 实现了用于多重伯努利分布数据的朴素贝叶斯训练和分类算法，即有多个特征，但每个特征都假设是一个二元(Bernoulli, boolean)变量。因此，这类算法要求样本以二元值特征向量表示；如果样本含有其他类型的数据，则一个 BernoulliNB 实例会将其二值化(取决于 binarize 参数)。

伯努利朴素贝叶斯的决策规则基于：

$$P(x_i \mid y) = P(i \mid y)x_i + (1 - P(i \mid y))(1 - x_i)$$

与多项分布朴素贝叶斯的规则不同，伯努利朴素贝叶斯明确地惩罚类 y 中没有出现作为预测因子的特征 i，而多项分布分布朴素贝叶斯只是简单地忽略没出现的特征。

在文本分类的例子中，统计词语是否出现的向量(Word Occurrence Vectors)(而非统计词语出现次数的向量(Word Count Vectors))可以用于训练和使用这个分类器。BernoulliNB 可能在一些数据集上表现得更好，特别是那些更短的文档。

朴素贝叶斯模型可以解决整个训练集不能导入内存的大规模分类问题。为了解决这个问题，MultinomialNB、BernoulliNB 和 GaussianNB 实现了 partial_fit 方法，可以动态地增加数据，首次调用 partial_fit 方法需要传递一个所有期望的类标签的列表。

本节相关的示例程序（Bayes.ipynb）中也给出了一个用高斯朴素贝叶斯算法分析泰坦尼克号的生存概率的例子。预测查准率、查全率和 F_1 分别为 0.8、0.79 和 0.79。

7.2.5　决策树

逻辑回归和支持向量机在某种程度上要求被学习的数据特征与目标之间存在一定的线性关系，但是生活中所遇到的数据并非全部呈线性关系。决策树可以用来解决数据特征与目标之间呈非线性关系时的问题。

决策树又称为判定树，是运用于分类的一种树结构，其中的每个内部节点代表对某一属性的一次测试，每条边代表一个测试结果，叶节点代表某个类或类的分布。决策树的决策过程需要从决策树的根节点开始(见图 7-9)，待测数据与决策树中的特征节点进行比较，并按照比较结果选择下一比较分支，直到叶子节点作为最终的决策结果。

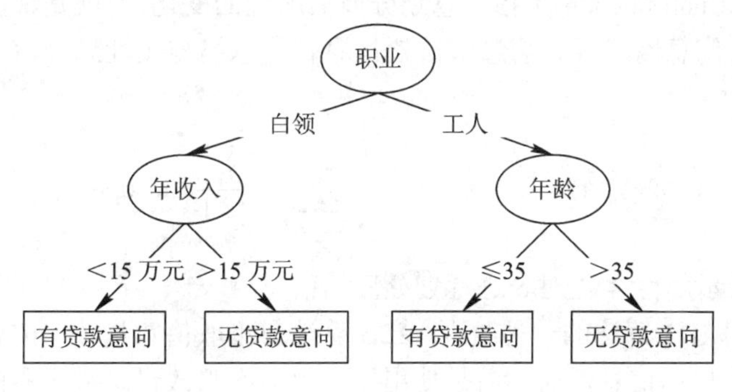

图 7-9　决策树示意图

决策树可以分为两类，主要取决于它目标变量的类型。

(1) 离散性决策树：离散性决策树，其目标变量是离散的，如性别男或女等；

(2) 连续性决策树：连续性决策树，其目标变量是连续的，如工资、价格、年龄等。

决策树学习采用的是自顶向下的递归方法，其基本思想是以信息熵为度量构造一颗熵值下降最快的树，到叶子节点处，熵值为 0。其具有可读性、分类速度快的优点，是一种有监督学习。最早提及决策树思想的是 Quinlan 在 1986 年提出的 ID3 算法和 1993 年提出的 C4.5 算法，以及 Breiman 等人在 1984 年提出的 CART 算法。

决策树的构造过程一般分为三个步骤，分别是特征选择、决策树生产和决策树裁剪。

特征选择表示从众多的特征中选择一个特征作为当前节点分裂的标准，如何选择特征有不同的量化评估方法，从而衍生出不同的决策树，如 ID3(通过信息增益选择特征)、C4.5(通过信息增益比选择特征)、CART(通过 Gini 指数选择特征)等。使用某特征对数据集划分之后，各数据子集的纯度要比划分前的数据集 D 的纯度高，也就是不确定性要比划分前数据集 D 的不确定性低。

根据选择的特征评估标准，从上至下递归地生成子节点，直到数据集不可分则停止决策树的生长过程。这个过程实际上就是使用满足划分准则的特征不断地将数据集划分成纯度更高、不确定性更小的子集的过程。对于当前数据集的每一次划分，都希望根据某个特征划分之后的各个子集的纯度更高、不确定性更小。

决策树容易过拟合，一般需要剪枝(pruning)来缩小树结构规模、缓解过拟合。剪枝是解决决策树过拟合的主要手段，通过剪枝可以大大提升决策树的泛化能力。通常，剪枝处理可分为预剪枝和后剪枝。预剪枝是通过启发式方法，在生成决策树过程中对划分进行预测，若当前结点的划分不能对决策树泛化性能提升，则停止划分，并将其标记为叶节点。后剪枝是对已有的决策树，自底向上的对非叶子结点进行考察，若该结点对应的子树替换为叶结点能提升决策树的泛化能力，则将该子树替换为叶结点。

ID3 算法中节点分裂的特征是信息熵和信息增益。信息熵是度量样本纯度的一种指标：

$$\text{Emtropy}(S) = -\sum_{k=1}^{y} p_{k\log_2}(p_k)$$

其中，S 表示样本集合，P_k 表示集合 S 中第 k 类样本所占的比例。计算信息熵时约定：若 $p = 0$，则 $p\log_2 p = 0$。Entropy(S)的值越小，则样本 S 的纯度越高。

信息增益(Information Gain)是指信息划分前后的熵的变化，也就是说由于使用这个属性分割样本而导致的信息熵降低。信息增益就是原有信息熵与属性划分后信息熵的差值，计算公式如下：

$$\text{Gain}(S, A) = \text{Entropy}(S) - \sum_{v \in \text{Values}(A)} \frac{|S_V|}{|S|} \text{Entropy}(S_V)$$

等式右边第二项表示属性 A 在对 S 进行划分后的信息熵。

C4.5 算法是对 ID3 算法的一种改进，ID3 算法对可取值数量较多的属性有所偏好，因此，C4.5 算法不再使用信息增益，而是使用信息增益率来改进这种不利的影响。增益率定义为

$$\text{GainRatio}(S, A) = \frac{\text{Entropy}(S)}{\text{SplitInformation}(S, A)}$$

其中：

$$\text{SplitInformation}(S, A) = -\sum_{v=1}^{V} \frac{|S_V|}{|S|} \log_2 \frac{|S_V|}{|S|}$$

属性 A 的可取值数目越多(V 越大)，则 SplitInformation(S, A)的取值通常越大。

CART 决策树使用“基尼指数”(Gini Index)来选择划分属性，数据集 D 的纯度可以用基尼值来度量：

$$\text{Gini}(D) = \sum_{k=1}^{|y|} \sum_{k' \neq k} p_{kp'_k} = 1 - \sum_{k=1}^{|y|} p_k^2$$

Gini(D)反映了从数据集 D 中随机抽取两个样本，其类别标记不一致的概率。因此，Gini(D)越小，则数据集 D 纯度越高。于是产生了基尼指数(Gini Index)：

$$\text{Gini\_index}(D, a) = \sum_{v=1}^{V} \frac{|D^V|}{|D|} \text{Gini}(D^V)$$

所以可以选择使得基尼指数最小的属性作为最优化分属性。

scikit-learn 使用 CART 算法的优化版本，DecisionTreeClassifier 可以实现二分类或多分类。参考代码 decisiontree.ipynb 中给出了使用决策树分析鸢尾花数据的例子，准确率能达到 98%。在该代码中还给出了使用决策树预测泰坦尼克号生存情况的例子，运行结果如图 7-10 所示。

```
from sklearn.datasets import load_iris
from sklearn import tree
iris = load_iris()

#分离数据集
from sklearn.model_selection import train_test_split
x_train, x_test, y_train, y_test = train_test_split(iris.data, iris.target, test_size=0.3, random_state=10)

dtc = tree.DecisionTreeClassifier()
dtc.fit(x_train, y_train)
y_pred=dtc.predict(x_test)

from sklearn.metrics import classification_report
print(classification_report(y_test, y_pred))

print("Number of mislabeled points out of a total %d points : %d"
      % (iris.data.shape[0],(y_test!= y_pred).sum()))
```

```
              precision    recall  f1-score   support

           0       1.00      1.00      1.00        14
           1       0.94      1.00      0.97        17
           2       1.00      0.93      0.96        14

    accuracy                           0.98        45
   macro avg       0.98      0.98      0.98        45
weighted avg       0.98      0.98      0.98        45

Number of mislabeled points out of a total 150 points : 1
```

图 7-10　决策树算法在鸢尾花数据集上的分类结果图

决策树在模型描述上有着巨大的优势。决策树的推断逻辑非常直观，具有清晰的可解释性，也可以很方便地将模型进行可视化。参考代码如下：

```
from sklearn import tree
#将生成的决策树保存
with open("titanic_judge.dot", 'w') as f:
    f = tree.export_graphviz(dtc, out_file = f)
```

这段代码将决策树输出至文件 dot 格式的图描述文件 titanic_judge.dot，如图 7-11 所示。可以用 Graphviz(http://www.graphviz.org/)将决策树描述文件转化成 PDF 文件。设置环境变量确保 dot 命令可以执行后，执行 dot -Tpdf titanic_judge.dot -o output.pdf 命令即可将 dot 文件转换为 PDF 文件。

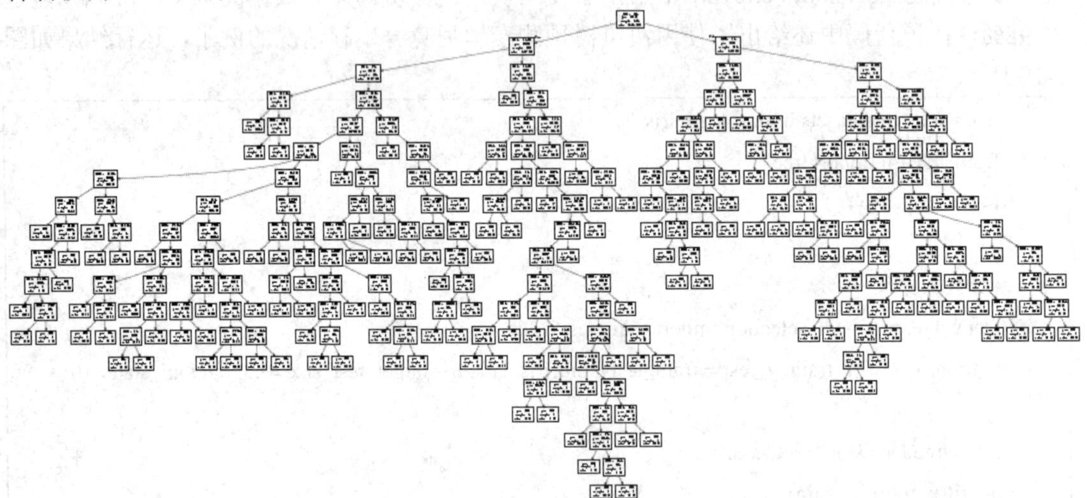

图 7-11　泰坦尼克号决策树

其中根节点的内容如图 7-12 所示，X[4]<0.5 表示使用 X 的第四个特征(性别)，根据是否小于 0.5 分为两个分支。总的样本数量为 623 个，左右两个分支的样本数量分别为 385 和 238 个。当前节点的 Gini 系数为 0.472。

```
X[4] <= 0.5
gini = 0.472
samples = 623
value = [385, 238]
```

图 7-12　泰坦尼克号决策树节点示例(根节点)

决策树的优点是可以通过树的可视化帮助人们理解和解释分类模型。该模型需要的训练数据少，但是不支持缺失值。它能够处理数值型和离散型数据，也能够支持多路输出，还可以通过数值统计测试来验证模型的可靠性。决策树的缺点包括容易产生过拟合的模型，而且不适用于处理不平衡分类数据。

7.2.6 实例分析

我们用鸢尾(Iris)数据集来说明几种分类方法的使用，并对这些方法进行性能评估。鸢尾数据集是由 R.A.Fisher 于 1936 年收集整理的，其中包括 3 种植物类别，分别是山鸢尾(setosa)、变色鸢尾(versicolor)和维吉尼亚鸢尾(virginica)，每类 50 个样本，共 150 个样本。完整的例子可参考 iris_classification.ipynb。

1．导入鸢尾数据集

我们使用 sklearn.datasets 包引入鸢尾数据集：

```
from sklearn.datasets import load_iris
iris = load_iris()
iris.data.shape       #输出(150,4)
```

我们把鸢尾数据集的 data 与 target 合并到一起来查看整体的数据集，如表 7-7 所示。

```
import pandas as pd
df_iris = pd.DataFrame(iris.data)
df_iris.columns = iris.feature_names
df_iris['Species'] = iris.target
df_iris.sample(7)
```

表 7-7 鸢尾数据集的部分数据展示

	萼片长度/cm	萼片宽度/cm	花瓣长度/cm	花瓣宽度/cm	种类
121	5.6	2.8	4.9	2.0	2
20	5.4	3.4	1.7	0.2	0
77	6.7	3.0	5.0	1.7	1
108	6.7	2.5	5.8	1.8	2
115	6.4	3.2	5.3	2.3	2
63	6.1	2.9	4.7	1.4	1
35	5.0	3.2	1.2	0.2	0

这里随机展示了 7 条数据，我们可以看到该数据集共有 5 列，其中前 4 列为特征，最后一列为目标(其中 0、1 和 2 分别表示山鸢尾、变色鸢尾和维吉尼亚鸢尾)，表 7-8 说明了数据中各个特征的含义及字段类型。

表 7-8 鸢尾集数据集特征说明

特征名	说　明	数据类型
sepal_length(cm)	花萼长度(单位 cm)	numeric
sepal_width(cm)	花萼宽度(单位 cm)	numeric
petal_length(cm)	花瓣长度(单位 cm)	numeric
petal_width(cm)	花瓣宽度(单位 cm)	numeric
Species	种类	categorical

我们可以先用下面的语句查看有没有缺失，如果有缺失数据，再计算缺失率，这样就可以避免不必要的操作。

```
df_iris.info()
结果：<class 'pandas.core.frame.DataFrame'>
      RangeIndex: 150 entries, 0 to 149
      Data columns (total 5 columns):
      sepal length (cm)      150 non-null float64
      sepal width (cm)       150 non-null float64
      petal length (cm)      150 non-null float64
      petal width (cm)       150 non-null float64
      Species                150 non-null int32
      dtypes: float64(4), int32(1)
      memory usage: 5.4 KB
```

从这里可以看出该数据集共有 150 个样本，并没有缺失，因此我们不用再次查看缺失率。

2．将已标记的数据分为训练集和验证集

首先使用 sklearn 中的 model_selection 把数据集分为训练集和测试集，训练集用来训练模型，测试集用于验证模型的准确性。

```
from sklearn.model_selection import train_test_split
features = df_iris[df_iris.loc[:,df_iris.columns!='Species'].columns] #提取特征
target = df_iris['Species'] #提取目标特征
x_train, x_test, y_train, y_test = train_test_split(features, target, test_size=0.3, random_state=33)
```

test_size=0.3 表示测试集占样本总数的 30%，我们查看一下数据集分离后的训练集，如表 7-9 所示。

```
x_train.shape #输出(105,4)
x_train.head()
```

表 7-9　鸢尾数据集分离后的部分数据展示

	sepal length (cm)	sepal width (cm)	petal length (cm)	petal width (cm)
98	5.1	2.5	3.0	1.1
11	4.8	3.4	1.6	0.2
131	7.9	3.8	6.4	2.0
39	5.1	3.4	1.5	0.2
21	5.1	3.7	1.5	0.4

第 1 列的黑体数字表示数据集中每行的编号，可以看出，使用 train_test_split()在进行数据集分离前，先对数据进行了“洗牌”，也就是先打乱了原始数据集的顺序，这样做的好处是，防止过多的类似样本被分到训练集或测试集中，影响最终的分类效果。

3．使用不同的模型分类

在数据准备好后，使用 sklearn 中不同的分类器对其进行分类。调用现有的分类器进行分类的过程比较类似，都是使用训练集训练模型，然后使用测试集验证模型准确性。训练好的模型也可以用于未标注数据的分类。

逻辑回归模型：

```
from sklearn.linear_model import LogisticRegression #从 sklearn 中引入逻辑回归


lr = LogisticRegression() #进行初始化
lr.fit(x_train, y_train) #进行训练
y_pred = lr.predict(x_test) #进行预测
```

使用 classification_report()打印分类器的性能评估结果，如图 7-13 所示。

```
from sklearn.metrics import classification_report,accuracy_score
acc_lr = accuracy_score(y_test, y_pred)
print(classification_report(y_test,y_pred,target_names=iris.target_names))
```

```
              precision    recall  f1-score   support

      setosa       1.00      1.00      1.00        11
  versicolor       0.86      0.80      0.83        15
   virginica       0.85      0.89      0.87        19

    accuracy                           0.89        45
   macro avg       0.90      0.90      0.90        45
weighted avg       0.89      0.89      0.89        45
```

图 7-13　逻辑回归模型的分类结果

可以看出，逻辑回归对 45 个测试集进行预测，其查准率、查全率及 F_1 分数均为 0.89。后面不同的分类模型都可以使用相同的方式输出性能评估结果。

支持向量机：

```
from sklearn.svm import SVC, LinearSVC


svc = SVC(C=1e5)
svc.fit(x_train, y_train)
y_pred = svc.predict(x_test)
```

朴素贝叶斯：

```
from sklearn.naive_bayes import GaussianNB


gaussian = GaussianNB()
gaussian.fit(x_train, y_train)
y_pred = gaussian.predict(x_test)
```

决策树：

```
from sklearn.tree import DecisionTreeClassifier

decision_tree = DecisionTreeClassifier()
decision_tree.fit(x_train, y_train)
y_pred = decision_tree.predict(x_test)
```

梯度下降分类法：

```
from sklearn.linear_model import SGDClassifier

sgd = SGDClassifier(tol=1e-3) #默认 random_state = None，所以每次运行结果会有不同
sgd.fit(x_train, y_train)
y_pred = sgd.predict(x_test)
```

随机森林：

```
from sklearn.ensemble import RandomForestClassifier

random_forest = RandomForestClassifier(n_estimators=100)
random_forest.fit(x_train, y_train)
y_pred = random_forest.predict(x_test)
```

表 7-10 列出了所有分类器的准确率、召回率和 F_1。注意这里的准确率和数据划分，模型参数都有关系，甚至有些模型多次训练可能得到不同的结果。

表 7-10　不同模型的性能对比

模　型	准确率	召回率	F_1
Naive Bayes	0.96	0.962963	0.966667
Support Vector Machines	0.94	0.947368	0.950000
KNN	0.94	0.947368	0.950000
RandomForestClassifier	0.94	0.947368	0.950000
SGDClassifier	0.94	0.943240	0.945833
Decision Tree	0.92	0.933333	0.933333
Logistic Regression	0.90	0.907937	0.904167

4. 使用 ROC 选择最优模型

表 7-10 中列出了不同模型的性能指标，但是哪一个模型是最优分类器仍然不够明显，在此我们使用 ROC 曲线对分类模型做进一步的分析。为了说明如何通过 ROC 曲线来对分类模型的好坏进行判定，我们做出如下的 ROC 曲线，如图 7-14 所示，代码参考 classification\ROC_example.ipynb 或 ROC_example.py。

从图 7-14 中看出，曲线 SGDClassifier 和 KNeighborsClassifier 几乎被其他曲线完全包住，因此分类效果较差，而后者又几乎包住了前者，所以分类性能略优；曲线 LogisticRegression、GaussianNB 和 SVC 有不同程度的交叉，从图中难以准确地判断出三者的优劣，可以使用 AUC，即曲线下面积(分别为 0.87，0.85，0.83)来区分。效果最好的分类模型为 RandomForest，AUC 达到了 0.92。

7.3 回归预测

回归是一种预测连续值的方法。其思想是通过已标注的数据集，包括一系列特征值 X_i 和 y，得到一个函数 $y=f(X_i)$。利用该函数可根据特征值 X_i 预测 y' 的值。

7.3.1 回归学习的性能评估

1．MAE

MAE 全称为 Mean Absolute Error(平均绝对误差)，其计算公式如下：

$$\text{MAE}=\frac{1}{n}\sum_{i=1}^{n}|y^i-h^i|$$

其中 n 为样本总数，y^i 为样本真实值，h 为通过模型预测出的值。

2．MSE

MSE 全称为 Mean Squared Error(均方误差)，其计算公式如下：

$$\text{MSE}=\frac{1}{n}\sum_{i=1}^{n}(y^i-h^i)^2$$

将 MSE 开平方即可得到 RMSE(均方根误差)。

3．R^2score

R^2 是由两部分决定的，其计算公式为：

$$R^2=1-\frac{\sum_{i=1}^{n}(y^i-h^i)^2}{\sum_{i=1}^{n}(y^i-\overline{y})^2}$$

对于等式右边的第二部分，分子代表预测值与真实值的差异，而分母代表真实值与平均值的差异。

以上三种评估方法可在 scikit-learn 中通过以下方式引入(参考代码 Regression_evaluate.ipynb)：

```
from sklearn.metrics import mean_absolute_error,mean_squared_error,r2_score
```

```
y_true=[1,3,5,7]
y_pred=[2,4,5,8]

print(mean_absolute_error(y_true,y_pred)) #输出为 0.75
print(mean_squared_error(y_true,y_pred))#输出为 0.75
print(r2_score(y_true,y_pred)) #输出为 0.85
```

sklearn.metric 提供了一些函数，用来计算真实值与预测值之间的预测误差。以_score 结尾的函数，返回一个最大值，越高越好。以_error 结尾的函数，返回一个最小值，越小越好。

7.3.2 线性回归

广义线性回归模型中，需要预测的目标值 y 是输入变量 x 的线性组合。数学概念表示为如果 y' 是预测值，那么有：

$$y'(w,x) = w_0 + w_1x_1 + w_2x_2 + \cdots + w_nx_n$$

在整个模块中，我们定义向量 $\boldsymbol{w} = (\boldsymbol{w}_1, \boldsymbol{w}_2, \cdots, \boldsymbol{w}_n)$ 作为 coef_，定义 $\boldsymbol{w}_0$ 作为 intercept_。线性回归模型包括普通最小二乘法(LinearRegression)、岭回归(Ridge 和 RidgeCV)和 Lasso(Lasso)方法。

普通最小二乘法 LinearRegression 拟合一个带有系数 $w = (w_1, w_2, \cdots, w_n)$ 的线性模型，使得数据集实际观测数据和预测数据(估计值)之间的残差平方和最小。当使用训练集 $\{(x_1, y_1), (x_2, y_2), \cdots, (x_n, y_n)\}$ 进行模型训练时，我们使用最小二乘法预测损失 $L(w,w_0)$，则线性回归器的优化目标如下：

$$\underset{w,w_0}{\arg\min}\, L(w,w_0) = \underset{w,w_0}{\arg\min} \sum_{i=1}^{n} (y'(w,w_0,x) - y_i)^2$$

同样的，为了学习到最优的模型参数，即系数 w 和截距 w_0，仍然可以使用随机梯度下降算法。

LinearRegression 调用 fit 方法来拟合数组 X、y，并且将线性模型的系数 w 存储在其成员变量 coef_中(参考代码 linear_regression_coef_.ipynb)：

```
from sklearn import linear_model
X=[[0, 0], [1, 1], [2, 2]]
y=[0.5, 1.3, 2.4]
reg = linear_model.LinearRegression()

model= reg.fit(X,y)

print(model.coef_, model.intercept_) #结果为[ 0.475    0.475] 0.45
print(model.predict([[1,3]]))          #结果为[ 2.35]
```

模型的 coef_和 intercept_表示 y=0.475*X1+0.475*X2+0.45。可以通过 metrics 里面的函数计算出 MSE、R2 等指标。

普通最小二乘法是最基础的线性模型。当各项是相关的，且设计矩阵 $\boldsymbol{X}$ 的各列近似线性相关时，设计矩阵会趋向于奇异矩阵，这种特性导致最小二乘估计对于随机误差非常敏感，可能产生很大的方差。例如，在没有实验设计的情况下收集到的数据，可能会出现这种多重共线性(multicollinearity)的情况。

岭回归Ridge回归对系数的大小施加惩罚来解决普通最小二乘法中多重共线性的问题。岭回归优化的目标是带惩罚项的残差平方和：

$$\min_{w} \| X_w - y \|_2^2 + \alpha \| w \|_2^2$$

其中，$\alpha \geqslant 0$ 是控制系数收缩量的复杂性参数，α 的值越大，收缩量越大，模型对共线性的鲁棒性也更强。与其他线性模型一样，Ridge 用 fit 方法完成拟合，并将模型系数 w 存储在其 coef_成员中(参考代码 linear_regression_coef_.ipynb)：

```
from sklearn import linear_model
reg = linear_model.Ridge (alpha = .5)
reg.fit ([[0, 0], [0, 0], [1, 1]], [0, .1, 1])


print(reg.coef_,reg.intercept_)       #结果为[0.34545455 0.34545455] 0.13636363636363638
```

另一种岭回归的模型是 RidgeCV，它通过内置的关于 alpha 参数的交叉验证来实现岭回归。该对象默认使用 Generalized Cross-Validation(广义交叉验证 GCV)，这是一种有效的留一验证方法(LOO-CV)。当指定 cv 属性时，将使用 GridSearchCV 交叉验证。例如，cv=10 将触发 10 折的交叉验证。与 Ridge 不同的是，Ridge 会固定一个 α 的值，求出最佳 w，而 RidgeCV 使用多个(一组) α 的值，分别得出每个 α 对应的最佳的 w，然后通过交叉验证得到最佳的 α 和 w。

Lasso 是拟合稀疏系数的线性模型。当它使用在具有较少参数值的情况下，可以有效地减少给定解决方案所依赖变量的数量。Lasso 及其变体是压缩感知领域的基础。在一定条件下，它可以恢复一组非零权重的精确集。

在数学公式表达上，它由一个带有 l_1 先验的正则项的线性模型组成。其最小化的目标函数是：

$$\min_{w} \frac{1}{2n_{\text{samples}}} \| X_w - y \|_2^2 + \alpha \| w \|_1$$

Lasso estimate 解决了加上罚项 $\alpha \|w\|_1$ 的最小二乘法的最小化，其中，α 是一个常数，$\|w\|_1$ 是参数向量的 $l_{1\text{-norm}}$ 范数。

7.3.3　支持向量机(回归)

我们在分类学习中已经介绍过支持向量机分类模型，本节介绍的支持向量机回归模型同样是从数据集中选取最有效的支持向量，但并非是把数据分类，而是预测出连续的数值类型。

支持向量分类的方法同时可用于解决回归问题。与分类方法训练模型的方式一样通过调用 fit 方法训练模型，输入的参数向量为 ***X***、***y***。在分类方法中 *y* 是整数，在回归方法中 *y* 是浮点数。

支持向量回归有三种不同的实现形式：SVR、NuSVR 和 LinearSVR。在只考虑线性核的情况下，LinearSVR 的实现比 SVR 更快。参考代码 SVM_SVR.ipynb 如下：

```
from sklearn import svm
X = [[0, 0], [2, 2]]
y = [0.5, 2.5]
clf = svm.SVR ()
clf.fit(X, y)
print(clf.predict([[1, 1]])) #输出结果为 array([ 1.5])
```

支持向量分类生成的模型只依赖于训练集的子集，因为边缘之外的训练点对构建模型的 cost function 没有影响。类似的，支持向量回归生成的模型也只依赖于训练集的子集，因为构建模型的 cost function 忽略任何接近于模型预测的训练数据。与分类方法类似，支持向量的信息可以通过成员变量 support_vectors_、support_和 n_support 获得。

7.3.4　等式回归

IsotonicRegression 类对数据进行非降函数拟合。它解决了如下的问题：

- 最小化 $\sum_i w_i(y_i - y_i')^2$；
- 服从于 $y'_{\min} = y'_1 \leqslant y'_2 \leqslant \cdots \leqslant y'_n = y'_{\max}$。

其中每一个 w_i 是正数而且每个 y_i 是任意实数，它生成一个由平方误差接近的不减元素组成的向量。实际上这一些元素形成一个分段线性的函数。和线性回归相比，它的预测函数更像一个分段函数。图 7-15 显示了等式回归和线性回归的区别。这种类型的函数在能耗预测、递增函数拟合等场合能取得更好的效果。

7.3.5　决策树(回归)

决策树(回归)也可称之为回归树。与决策树分类相比，它每个叶节点上的数值不再是离散型，而是连续型。DecisionTreeRegressor 类可以用来解决回归问题。在训练模型时，拟合方法将数组 X 和数组 y 作为参数。此后模型可预测浮点型的 y 值，代码如下(完整代码参考 DecisionTreeRegressor.ipynb)：

```
from sklearn import tree

X = [[0, 0], [2, 2]]
y = [0.5, 2.5]
clf = tree.DecisionTreeRegressor()
clf = clf.fit(X, y) #训练模型
clf.predict([[1, 1]]) #使用模型预测，得到结果为 array([ 0.5])
```

7.3.6　实例分析

我们使用不同的回归模型对美国波士顿房价进行预测，该数据集是马萨诸塞州波士顿郊区的房屋信息数据，于 1978 年开始统计，共 506 个样本，涵盖了波士顿郊区房屋 14 种特征的信息。本节的完整代码可参考 boston_regression.ipynb。

1．导入数据

我们从 sklearn.datasets 包中导入数据集：

```
#导入数据
from sklearn.datasets import load_boston
import pandas as pd


boston = load_boston()
features = boston.data
target = boston.target
df_boston = pd.DataFrame(features)
df_boston.columns = boston.feature_names
df_boston["MEDV"] = target
df_boston.head()
```

特征说明：

(1) CRIM：每个城镇人均犯罪率；

(2) ZN：超过 25000 平方英尺用地划为居住用地的百分比；

(3) INDUS：非零售商用地百分比；

(4) CHAS：是否靠近查尔斯河；

(5) NOX：氮氧化物浓度；

(6) RM：住宅平均房间数目；

(7) AGE：1940 年前建成自用单位比例；

(8) DIS：到 5 个波士顿就业服务中心的加权距离；

(9) RAD：无障碍径向高速公路指数；

(10) TAX：每万元物业税率；

(11) PTRATIO：小学师生比例；

(12) B：黑人比例指数；

(13) LSTAT：下层经济阶层比例；

(14) MEDV：业主自住房屋中值。

关于该数据集的更多信息可以使用下面的代码进行查看：

```
print(boston.DESCR)        #查看数据集的描述信息
```

2. 建立回归模型

```
#标准化
from sklearn.preprocessing import StandardScaler
# import numpy as np
ss_x = StandardScaler()
ss_y = StandardScaler()

s_features=ss_x.fit_transform(features)
s_target=ss_y.fit_transform(target.reshape(-1, 1))
```

然后把数据集按照 7:3 分为训练集和测试集：

```
#分离数据集
from sklearn.model_selection import train_test_split
features=df_boston[df_boston.loc[:,df_boston.columns!='MEDV'].columns]
target = df_boston['MEDV']
x_train, x_test, y_train, y_test = train_test_split(s_features, s_target, test_size=0.3, random_state=0)
```

进行训练并预测：

```
from sklearn.linear_model import LinearRegression
from sklearn.svm import SVR
from sklearn.tree import DecisionTreeRegressor
from sklearn.neighbors import KNeighborsRegressor
from sklearn.metrics import mean_absolute_error,mean_squared_error,r2_score
```

线型回归：

```
lr_model = LinearRegression()
lr_model.fit(x_train, y_train)
lr_y_pred = lr_model.predict(x_test)
lr_MSE = mean_squared_error(ss_y.inverse_transform(y_test), ss_y.inverse_transform(lr_y_pred))
lr_MAE = mean_absolute_error(ss_y.inverse_transform(y_test), ss_y.inverse_transform(lr_y_pred))
lr_R2 = r2_score(y_test, lr_y_pred)
```

支持向量机(linear)：

```
#使用线性核函数的 SVR 进行训练，并进行预测
l_svr = SVR(kernel='linear')
l_svr.fit(x_train, y_train)
l_svr_y_pred = l_svr.predict(x_test)

svr_linear_MSE =mean_squared_error(ss_y.inverse_transform(y_test),ss_y.inverse_transform(l_svr_y_pred))
svr_linear_MAE=mean_absolute_error(ss_y.inverse_transform(y_test),ss_y.inverse_transform(l_svr_y_pred))
svr_linear_R2 = r2_score(y_test,l_svr_y_pred)
```

支持向量机(rbf)：

```
#使用径向基核函数的 SVR 进行训练，并进行预测
r_svr = SVR(kernel='rbf')
r_svr.fit(x_train, y_train)
r_svr_y_pred = r_svr.predict(x_test)

svr_rbf_MSE = mean_squared_error(ss_y.inverse_transform(y_test), ss_y.inverse_transform(r_svr_y_pred))
svr_rbf_MAE = mean_absolute_error(ss_y.inverse_transform(y_test), ss_y.inverse_transform(r_svr_y_pred))
svr_rbf_R2 = r2_score(y_test,r_svr_y_pred)
```

支持向量机(poly)：

```
#使用多项式核函数的 SVR 进行训练，并进行预测
p_svr = SVR(kernel='poly')
p_svr.fit(x_train, y_train)
p_svr_y_pred = p_svr.predict(x_test)

svr_poly_MSE = mean_squared_error(ss_y.inverse_transform(y_test),ss_y.inverse_transform(p_svr_y_pred))
svr_poly_MAE = mean_absolute_error(ss_y.inverse_transform(y_test),ss_y.inverse_transform(p_svr_y_pred))
svr_poly_R2 = r2_score(y_test,p_svr_y_pred)
```

决策树回归：

```
dtr = DecisionTreeRegressor()
dtr.fit(x_train, y_train)
dtr_y_pred = dtr.predict(x_test)

dtr_MSE = mean_squared_error(ss_y.inverse_transform(y_test), ss_y.inverse_transform(dtr_y_pred))
dtr_MAE = mean_absolute_error(ss_y.inverse_transform(y_test), ss_y.inverse_transform(dtr_y_pred))
dtr_R2 = r2_score(y_test,dtr_y_pred)
```

K 近邻回归：

```
knr = KNeighborsRegressor()
knr.fit(x_train, y_train)
knr_y_pred = knr.predict(x_test)

knr_MSE = mean_squared_error(ss_y.inverse_transform(y_test), ss_y.inverse_transform(knr_y_pred))
knr_MAE = mean_absolute_error(ss_y.inverse_transform(y_test), ss_y.inverse_transform(knr_y_pred))
knr_R2 = r2_score(y_test,knr_y_pred)
```

表 7-11 列出了所有回归算法的性能指标对比。

表 7-11　所有回归算法的性能指标对比

模　型	MAE	MSE	R2
SVR(rbf)	2.698141	20.969827	0.748157
SVR(poly)	3.071375	22.881751	0.725195
DecisionTreeRegressor	3.144079	3.144079	0.677281
KNeighborsRegressor	3.268289	27.807292	0.666041
SVR(linear)	3.541104	31.515546	0.621505
LinearRegression	3.609904	27.195966	0.673383

7.4 聚类分析

聚类分析是以样本中数据的相似性为基础，直接从数据的内在性质中学习最优划分结果，确定离散标签类型，把样本划分成若干簇，使得同一类的数据尽可能在同一簇，不同类的数据尽可能分离。表 7-12 列出了不同聚类算法的参数及使用场景。

表 7-12　不同聚类算法的参数及使用场景

模型名称	参　数	使 用 场 景
K-means	簇的个数	簇的数量较小，通用，均匀的簇大小，平面几何
Affinity propagation	样本数量和阻尼	簇的数量较多，不均匀的簇大小，非平面几何
Mean Shift	带宽	簇的数量较多，不均匀的簇大小，非平面几何
Spectral clustering	簇的个数	簇的数量较少，均匀的簇大小，非平面几何)
Ward hierarchical clustering	簇的个数或距离阈值	簇的数量较多，可能连接限制
Agglomerative clustering	簇的个数，链接类型，距离	簇的数量较多，可能连接限制，非欧氏距离
DBSCAN	近邻大小	非平面几何，不均匀的簇大小
Gaussian mixtures	参数较多	大型数据集，异常值去除，数据简化
Birch	分支因子，阈值，可选全局簇	簇的数量较少，通用，均匀的簇大小，平面几何

为了便于理解，我们用测试数据作图来直观的了解聚类(参考代码 k-means.ipynb)：

```
from sklearn.datasets import make_blobs
import matplotlib.pyplot as plt
%matplotlib inline
data, target = make_blobs(n_samples=80, n_features=2, centers=4, cluster_std=0.7)
plt.scatter(data[:,0], data[:,1])
```

make_blobs()被用来生成聚类算法的测试数据，其中：

n_samples：是生成的样本总数；

n_features：是每个样本的特征数；

centers：是簇数，也是类别数；

cluster_std：表示每个类别的方差，假如我们希望生成两类数据，但具有不同的方差，可以将 cluster_std 设置为[1.0,3.0]。

生成四簇具有相同方差(方差为 0.7)的散点图，如图 7-16 所示。

聚类分析主要根据数据点的距离判断数据归于哪个类中。一般采用欧式距离计算 m 维空间中两个数据点的距离：

$$d(x,y):=\sqrt{(x_1-y_1)^2+(x_2-y_2)^2+\cdots+(x_n-y_n)^2}=\sqrt{\sum_{i=1}^{n}(x_i-y_i)^2}$$

在二维和三维空间中，使用欧式距离表示数据点间的距离非常直观。欧氏距离虽然很直观也易于理解，但也有明显的缺点。它将数据的不同属性(即各指标或各变量)之间的差别等同看待，这一点有时不能满足实际要求。

在高斯混合模型中使用了马氏距离(Mahalanobis distance)。与欧氏距离不同的是，它考虑到各种特性之间的联系(例如：一条关于身高的信息会带来一条关于体重的信息，因为两者是有关联的)，并且是尺度无关的(scale-invariant)，即独立于测量尺度。对于一个均值为 μ，协方差矩阵为 $\boldsymbol{\Sigma}$ 的多变量向量，其马氏距离为 $\sqrt{(\boldsymbol{x}-\boldsymbol{\mu})^{\mathrm{T}}\boldsymbol{\Sigma}^{-1}(\boldsymbol{x}-\boldsymbol{\mu})}$。如果协方差矩阵为单位矩阵，那么马氏距离就简化为欧氏距离，如果协方差矩阵为对角阵，则其也可称为正规化的欧氏距离。

sklearn.cluster 模块实现了多个聚类(Clustering)算法。每个聚类算法(clustering algorithm)都有两个变体：一个是类(class)，它实现了 fit 方法来学习训练数据的簇(cluster)；还有一个函数(function)，当给定训练数据，返回与不同簇对应的整数标签数组(array)。对于类来说，训练数据上的标签可以在 labels_属性中找到。

7.4.1 基于距离的聚类

k-means 算法，也称为 K 均值聚类是典型的基于距离的聚类算法。它采用欧式距离作为相似性的评价指标，即认为两个对象的距离越近，其相似度就越大。该算法认为簇是由距离靠近的对象组成的，因此把得到紧凑且独立的簇作为最终目标。通常采用均方差作为标准测度函数。计算距离时，可以采用欧式距离、余弦相似度或曼哈顿距离等，也可以根据数据特征选择其他相应的距离计算公式。相比于其他诸如 DBSCAN、层次聚类等算法，k-means 聚类较为简单，模型可解释性强，运用较为广泛。

k-means 算法步骤如下：

(1) 采用随机或智能的方式选取 k 个点作为中心点，也称为质心。

(2) 分别计算剩下的元素到 k 个簇中心的距离，将这些元素分别划归到距离最近的簇。

(3) 根据聚类结果，重新计算 k 个簇各自的中心，计算方法是取簇中所有元素各自维度的算术平均数。

(4) 重复第(2)～(4)步，直到聚类结果不再变化或者达到最大的迭代次数。

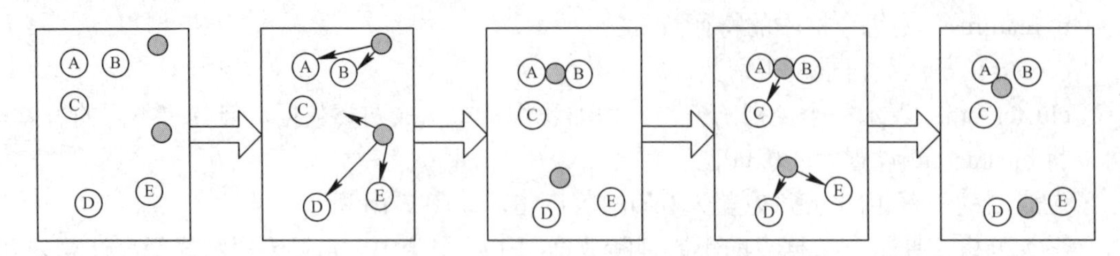

图 7-17 k-means 算法步骤示意图

从图 7-17 中可以看到，A、B、C、D、E 是五个在图中的点，而灰色的点是我们的中心点，也就是我们用来找点群的点。因为要将数据分为两类，所以有两个中心点。

(1) 随机在图中取 K(这里 K=2)个中心点。

(2) 对图中的所有点求到这 K 个种子点的距离，假如点 Pi 离种子点 Si 最近，那么 Pi 属于 Si 点群(图 7-17 中可以看到 A、B 属于上面的中心点，C、D、E 属于下面中部的中心点)。

(3) 移动中心点到属于它的“点群”的中心点(见图 7-13 中的第三步)。

(4) 然后重复第(2)和第(3)步，直到种子点没有移动(可以看到图 7-17 中的第四步上面的种子点聚合了 A、B、C，下面的种子点聚合了 D、E)。

sklearn.cluster 模块的 KMeans 类实现了 k-means 算法，它需要指定要分类的个数 n_clusters。以下的代码可将生成的数据分为四个类。

```
from sklearn.cluster import KMeans
kmeans = KMeans(n_clusters=4)
kmeans.fit(data)
y_types = kmeans.predict(data)
```

下面把每一簇用不同颜色区分，并标记出每一类的聚类中心，执行代码如下。这些簇中心点是由 k-means 算法确定的，如图 7-18 所示。

```
plt.scatter(data[:, 0], data[:, 1], c= y_types, s=50, cmap='viridis')
centers = kmeans.cluster_centers_
plt.scatter(centers[:, 0], centers[:, 1], c='black', s=200, alpha=0.5)
```

k-means 算法并不保证结果是全局最优的，并且在聚类之前需要指定聚类的个数，也就是簇的数量。该算法不会从数据中找出最优的簇数。如果选择的簇的数量不恰当，k-means 算法尽管也会执行，但结果会不尽如人意。将上面的数据指定为 7 簇时的效果，执行代码如下，可以看到并没有很好地区分开不同类别，结果如图 7-19 所示。

```
labels = KMeans(7, random_state=0).fit_predict(data)
plt.scatter(data[:, 0], data[:, 1], c=labels, s=50, cmap='viridis');
```

因此需要有相应的评估方法来判断聚类的性能，有一种方法是利用轮廓分析[①]，将在 7.4.4 节聚类分析的性能评价中做详尽介绍。当然，还有一些算法可以选择一个合适的簇数

① https://scikit-learn.org/stable/auto_examples/cluster/plot_kmeans_silhouette_analysis.html#sphx-glr-auto-examples-cluster-plot-kmeans-silhouette-analysis-py。

量(例如 DBSCAN、均值漂移或者近邻传播，这些都是 sklearn.cluster 的子模块)。

7.4.2　基于密度的聚类算法

基于密度的聚类算法主要的目标是寻找被低密度区域分离的高密度区域。与基于距离的聚类算法不同的是，基于距离的聚类算法的聚类结果是球状的簇，而基于密度的聚类算法可以发现任意形状的聚类，这对于带有噪音点的数据起着重要的作用。典型的基于密度的聚类算法包括 DBSCAN、OPTICS、Mean Shift 等。

DBSCAN(Density-Based Spatial Clustering of Applications with Noise)就是一种典型的基于密度的聚类算法，它将具有足够高密度的区域划分为簇，并在具有噪声的空间数据库中发现任意形状的簇。OPTICS 算法与 DBSCAN 算法有许多相似之处，可以认为是 DBSCAN 算法将 eps 要求从一个值放宽到一个值范围的推广。

算法的过程是：

(1) 将所有点标记为核心点、边界点或噪声点；

(2) 删除所有噪声点；

(3) 为距离在 eps 之内的所有核心点之间赋予一条边；

(4) 每组连通的核心点形成一个新簇；

(5) 将每个边界点指派到一个与之关联的核心点的簇中；

(6) 将结果输出。

DBSCAN 算法将聚类视为被低密度区域分隔的高密度区域。因此，DBSCAN 发现的聚类可以是任何形状的，而 k-means 则假设所有的类都是凸形状的。图 7-20 展示了在非凸数据集分别使用 k-means 算法和 DBSCAN 算法分类的效果。

DBSCAN 将样本分为核心点、边界点和噪声点。DBSCAN 算法主要的参数包括 eps、min_samples。其中 eps 是样本间的距离上限，min_samples 是与核心点距离低于 eps 的样本数量阈值。核心点是指位于高密度区域的样本，并且与它距离低于特定 eps 的样本点的数量大于指定的 min_samples。如某个样本 A 与某个核心点的距离小于 eps，但是和 A 距离小于 eps 的样本点数量小于 min_samples，则 A 被称为边界点。如样本和任一核心点的距离都大于 eps，则是噪声点。算法的两个参数 eps 和 min_samples 区分了高密度区域和低密度区域。较高的 min_samples 或者较低的 eps 表示形成聚类需要较高的密度。

sklearn.cluster 中的 DBSCAN 类实现了 DBSCAN 算法，语法如下：

```
class sklearn.cluster.DBSCAN(eps=0.5, min_samples=5, metric='euclidean', algorithm='auto', leaf_size=30, p=None, n_jobs=1)
```

DBSCAN 重要的参数包括 DBSCAN 算法本身的参数和定义距离的参数。

eps：DBSCAN 算法参数，定义了与核心点的临界距离。与样本距离超过 eps 的样本点不在该样本的域内。它的默认值是 0.5，一般需要通过在多组值里面选择一个合适的阈值。eps 过大，则更多的点会落在核心对象的域内，此时聚类的类别数可能会减少，本来不应该是一类的样本也会被划为一类。反之则类别数可能会增大，本来是一类的样本却被划分开。

min_samples：DBSCAN 算法参数，即样本点要成为核心点需要有多少样本与之距离小于 eps。它的默认值是 5，一般需要通过在多组值里面选择一个合适的阈值，通常和 eps 一起调参。在 eps 一定的情况下，min_samples 过大，则核心对象会过少，此时簇内部分本来是一类的样本可能会被标为噪音点，类别数也会变多。反之 min_samples 过小的话，则会产生大量的核心对象，可能会导致类别数过少。

metric：最近邻距离度量参数，默认为欧式距离，一般来说使用欧氏距离即可满足要求。可以使用的距离度量方式及参数包括：

(1) 欧氏距离(euclidean)：

$$\sqrt{\sum_{i=1}^{n}(x_i - y_i)^2}$$

(2) 曼哈顿距离(manhattan)：

$$\sum_{i=1}^{n}|x_i - y_i|$$

(3) 切比雪夫距离(chebyshev)：

$$\max|x_i - y_i|(i = 1, 2, \cdots, n)$$

(4) 闵可夫斯基距离(minkowski)：

$$\sqrt[p]{\sum_{i=1}^{n}(|x_i - y_i|)^p}$$

其中，$p = 1$ 为曼哈顿距离，$p = 2$ 为欧氏距离。

(5) 带权重闵可夫斯基距离(wminkowski)：

$$\sqrt[p]{\sum_{i=1}^{n}(w|x_i - y_i|)^p}$$

其中，w 为特征权重。

(6) 标准化欧氏距离(seuclidean)：即对于各特征维度做了归一化以后的欧氏距离。此时各样本特征维度的均值为 0，方差为 1。

(7) 马氏距离(mahalanobis)：

$$\sqrt{(\boldsymbol{x} - \boldsymbol{y})^{\mathrm{T}} \boldsymbol{S}^{-1}(\boldsymbol{x} - \boldsymbol{y})}$$

其中，$\boldsymbol{S}^{-1}$ 为样本协方差矩阵的逆矩阵。当样本分布独立时，$\boldsymbol{S}$ 为单位矩阵，此时马氏距离等同于欧氏距离。

以下代码对图 7-20 的数据集进行了聚类，DBSCAN 的效果与 eps 和 min_samples 的大小相关，如 eps 设置为 0.1，在该数据集上会出现噪声点。完整的例子可参考 cluster\dbscan_eample.ipynb。

```
from sklearn.cluster import DBSCAN

model = DBSCAN(eps = 0.11,min_samples=10)
```

```
y_pred = model.fit_predict(X)
plt.scatter(X[:, 0], X[:, 1], c=y_pred)
plt.show()
```

Mean Shift 算法的核心是通过计算均值(mean)和偏移(shift)来移动中心的位置，找到密度最大的区域。一个点的周围有很多个点，首先计算这个点移动到每个点所需要的偏移量之和，求平均就得到平均偏移量(见图 7-21(a))。该偏移量是包含大小和方向的，它的方向是周围点分布更密集的方向。然后中心点就向平均偏移量方向移动(见图 7-21(b))。再以该点为新的起点不断迭代直到满足一定条件结束。

sklearn.cluster 的 MeanShift 类实现了 Mean Shift 算法。它的主要参数是带宽(bandwidth)，带宽是决定搜索区域的 size 的参数。这个参数可以手动设置，但是如果没有设置，可以使用提供的函数 estimate_bandwidth 获取一个估算值。算法自动设定聚类的数目，而不是依赖参数带宽。

该算法不是高度可扩展的，因为在执行算法期间需要执行多个最近邻搜索。该算法保证收敛，但是当质心的变化较小时，算法将停止迭代。通过找到距离给定样本的最近质心来给新样本分类。

7.4.3　基于层次的聚类算法

层次聚类(Hierarchical Clustering)代表着一类的聚类算法，这种类别的算法通过不断的合并或者分割内置聚类来构建最终聚类。聚类的层次可以被表示成树(或者树形图(dendrogram))。树根是拥有所有样本的唯一聚类，叶子是仅有一个样本的聚类。常用的算法有 Birch、Hierarchical 等。

层次聚类可以分为两大类，自顶向下的分裂聚类和自顶而上的合并聚类。分裂聚类是将所有的对象看成一个聚类，然后将其不断分解直至满足终止条件。后者与前者相反，它先将每个对象各自作为一个原子聚类，然后对这些原子聚类逐层进行聚类，直至满足终止条件。层次聚类算法使用数据的联结规则，对数据集合进行层次的聚类。AgglomerativeClustering 算法是自底向上方法，Brich 是自顶向下方法。

AgglomerativeClustering 算法初始时将每个样本点当作一类簇，所以原始类簇的大小就等于样本点的个数。然后从最底层开始，每一次通过合并最相似的聚类来形成上一层次中的类簇，直到所有的对象都在一个簇中，或者某个中止条件被满足。绝大多数层次聚类方法属于这一类，只是根据需要定义了不同的簇间相似度的计算方法。

常用的簇间距离度量方法有最小距离、最大距离、均值距离、平均距离等。算法使用最大距离度量距离的时候，称为最远邻聚类算法。算法使用最小距离度量距离的时候，称为邻聚类算法。使用最小距离度量的聚合增长算法也称为最小生成树算法。当最近簇的距离超过某个阈值时算法停止，称为全连接算法。平均距离是对最大最小距离度量的折中，可以有效克服噪音和奇异点的影响。

sklearn.cluster. hierarchical 中的 AgglomerativeClustering 类实现了层次聚类算法。在类初始化时可通过 linkage 参数指定簇间距离的度量方法。linkage 参数可选值包括：

ward：使用最小化所有聚类内的平方差总和。这是一种方差最小化(variance-minimizing)

的优化方向，这是与 k-means 的目标函数相似的优化方法，但是用凝聚分层(agglomerative hierarchical)的方法处理。

complete：最小化成对聚类间最远样本距离。

average：最小化成对聚类间平均样本距离值。

single：最小化成对聚类间最近样本距离值。

不同的簇间距离优化目标在不同类型的数据集上效果差别很大。图 7-22 展示了层次聚类算法在不同形状的数据集上使用不同距离参数时的分类效果和时间。例子来源于 sklearn 的官方网站，也可参考 cluster\plot_linkage_comparison.ipynb 或 cluster\plot_linkage_comparison.py[①]。

Birch 算法全称为利用层次方法的平衡迭代规约和聚类(Balanced Iterative Reducing and Clustering Using Hierarchie)。这个算法自顶向下建立了一棵平衡 B+树，一般将它称之为聚类特征树(Clustering Feature Tree，CF Tree)。这棵树的每一个节点是由若干个聚类特征(Clustering Feature，CF)组成。在聚类特征树中，一个聚类特征 CF 是这样定义的：每一个 CF 是一个三元组，可以用(N，LS，SS)表示。其中 N 代表了这个 CF 中拥有的样本点的数量，LS 代表了这个 CF 中拥有的样本点各特征维度的和向量，SS 代表了这个 CF 中拥有的样本点各特征维度的平方和。

Brich 算法有两个参数，即阈值(threshold)和分支因子(branching factor)。分支因子限制了一个节点中子簇的数量，阈值限制了新加入的样本和存在与现有子簇中样本的最大距离。算法的主要内容是生成特征聚类树，方法是逐渐将元素放在树中合适的位置，根据阈值和分支因子确定位置，在某些时候需要新增节点。

该算法可以视为将数据简化的一种方法，因为它将输入的数据简化到可以直接从 CF Tree 的叶子结点中获取的一组子簇。被简化的数据可以通过将其集合到全局簇(global clusterer)来进一步处理。全局簇可以通过 n_clusters 来设置。如果 n_clusters 被设置为 None，将直接读取叶子结点中的子簇，否则，一个名为全局聚类的处理步骤将这些子簇全部标记为全局簇，这些样本将被打上距离它们最近的子簇的全局簇的标签。

7.4.4 聚类的性能评价

聚类算法和分类算法不同，数据集并没有明确标出数据所属的类别，因此不能简单地统计错误的数量或计算监督分类算法中的准确率(precision)和召回率(recall)。特别地，任何度量指标不应该考虑到簇标签的绝对值，而是这个聚类算法所分离的数据和真实分类的相似程度。或者满足某些假设，在同于一个相似性度量指标之下，使得属于同一个类内的成员比不同类的成员更加类似。

聚类算法的评价指标定义在 sklearn.metrics 中，主要包括：

(1) sklearn.metrics.homogeneity_score：每一个聚出的类仅包含一个类别的程度度量。

sklearn.metrics.completeness：每一个类别被指向相同聚出的类的程度度量。

sklearn.metrics.v_measure_score：上面两者的一种折衷，可以作为聚类结果的一种度量。

(2) sklearn.metrics.adjusted_rand_score：调整的兰德系数。

---

① https://scikit-learn.org/stable/auto_examples/cluster/plot_linkage_comparison.html。

ARI 取值范围为[−1, 1]，从广义的角度来讲，ARI 衡量的是两个数据分布的吻合程度。

(3) sklearn.metrics.adjusted_mutual_info_score：调整的互信息。

利用基于互信息的方法来衡量聚类效果，将聚类结果与实际类别信息对比。MI(Mutual Information)与 NMI(Normalized Mutual Information)取值范围为[0, 1]，AMI(Adjusted Mutual Information)取值范围为[−1, 1]，它们都是值越大意味着聚类结果与真实情况越吻合。

(4) sklearn.metrics.silhouette_score：轮廓系数。

① 同质性(homogeneity)、完整性(completeness)和 V-measure。

同质性：每个群集只包含单个类的成员。

完整性：给定类的所有成员都分配同一个群集。

两者的取值范围都是[0, 1]，取值越大表示聚类效果越好。

V-measure 是同质性和完整性的调和平均，用下面的公式表示：

$$v=\frac{(1+\beta)\times \text{homogeneity}\times \text{completeness}}{\beta\times \text{homogeneity}+\text{completeness}}$$

其中，β的默认值是 1，如果β小于 1，则 v 偏向于同质性，反之，若β大于 1，则 v 偏向于完整性。

但需要注意的是，使用这三者评估聚类效果的前提是需要知道原始数据的标签。

scikit-learn 中提供了以上三种评估方法的使用方法(参考代码 homogeneity_completeness_v_measure.ipynb)：

```
>>> from sklearn import metrics
>>> labels_true = [0, 0, 0, 1, 1, 1]
>>> labels_pred = [0, 0, 1, 1, 2, 2]

>>> metrics.homogeneity_score(labels_true, labels_pred)
0.66...

>>> metrics.completeness_score(labels_true, labels_pred)
0.42...

>>> metrics.v_measure_score(labels_true, labels_pred, beta=0.6)     #beta<1 时
0.54...

>>> metrics.v_measure_score(labels_true, labels_pred, beta=1.8)     #beta>1 时
0.48...
```

② 兰德指数(Random Index)。

兰德指数的公式如下：

$$\text{RI}=\frac{a+b}{C_2^{n_{\text{samples}}}}$$

其中，C 是真实的标签，K 是簇的个数，a 表示在 C 中的相同集合与 K 中的相同集合中的

元素对数，b 表示在 C 中的不同集合与 K 中的不同集合中的元素对数，$C_2^{n_{\text{samples}}}$ 表示数据集中可能的数据对(pairs)的总数。

然而，RI 得分不能保证随机标签分配会获得接近零的值(特别是如果簇的数量与样本数量有着相同的规模排序)。为了抵消这种影响，通过定义调整的兰德指数来低估随机标签的预期 E(RI)，如下公式定义了调整后的兰德指数：

$$\text{ARI} = \frac{\text{RI} - E(\text{RI})}{\max(\text{RI}) - E(\text{RI})}$$

在已知真实簇标签 labels_true 和聚类算法基于相同样本所得到的预测标签 labels_pred 之后，可以使用调整后的兰德指数(adjusted Rand index)函数来测量两个簇标签分配的值的相似度(参考代码 Adjusted_Rand_Index.ipynb)：

```
>>> from sklearn import metrics
>>> labels_true = [0, 0, 0, 1, 1, 1]
>>> labels_pred = [0, 0, 1, 1, 2, 2]

>>> metrics.adjusted_rand_score(labels_true, labels_pred)
0.24...
```

需要读者注意，由于兰德指数是通过对比真实标签与预测标签是否在同一集合中的对数，所以使用该评估方法的前提是要得知原始数据集的真实标签。

③ 互信息(mutual information)。

互信息是测量样本的真实标签与聚类所得标签的一致性(agreement)。这种评估指标有两个不同的标准化版本，分别是 Normalized Mutual Information(NMI) 和 Adjusted Mutual Information(AMI)，其中 NMI 是将互信息的范围放至[0,1]之间，更加容易评价算法的好坏。AMI 是基于预测标签与真实标签的互信息分数来衡量其相似度的，AMI 越大表示相似度越高，聚类效果越好。同样，这种评估指标也需要提前得知原始数据的标签。

scikit-learn 中提供了其使用方法(参考代码 Adjusted_Mutual_Info.ipynb)：

```
>>> from sklearn import metrics
>>> labels_true = [0, 0, 0, 1, 1, 1]
>>> labels_pred = [0, 0, 1, 1, 2, 2]

>>> metrics.adjusted_mutual_info_score(labels_true, labels_pred)   #调整后的互信息(NMI)
0.22504...
```

④ 轮廓系数。

轮廓系数(Silhouette Coefficient)是结合类内聚合程度和类间离散程度来评估聚类性能。对任意样本点 x_i，计算方法是：

- 计算 x_i 到簇中个点的平均簇内距离 $a(x_i)$，也称之为类内聚合度；
- 分别计算 x_i 到其他簇中各点的平均距离，取最小值记为 $b(x_i)$，也称之为类间离散度；
- 用 $s(x_i)$表示轮廓系数，计算公式如下：

$$s(x_i) = \frac{b(x_i) - a(x_i)}{\max(a(x_i), b(x_i))}$$

x_i 的取值范围为[−1, 1]，若 s 接近−1，表示样本 x_i 更应该分到其他簇。

与上面几个评估指标不同的是，在不知道样本真实标签的情况下，习惯上使用轮廓系数。

在 scikit-learn 中可以通过以下方法使用轮廓系数：

```
>>> from sklearn.metrics import silhouette_score
```

7.4.5　实例分析

本节我们使用测试数据来对比不同聚类算法的效果及所需时间。我们程序是官方程序的一个简化版本，官方例子程序为 plot_cluster_comparison.ipynb 或 plot_cluster_comparison.py，对比了 10 种聚类算法的性能和时间。

测试数据集来自于 sklearn. datasets 中随机生成的数据，主要包括圆形、弧形、块状和随机四类，分别由 make_circles()、make_moons()、make_blobs()和 NumPy 中的 rand()生成。数据集大小为 1500，这个大小可以测试算法的扩展性，也不会因为过大导致算法运行太长时间。完整的例子可参考 cluster\plot_cluster_comparison_less.ipynb。图 7-23 用图形展示了随机数据集以及对应的类别。

```
from sklearn import cluster, datasets


n_samples = 1500
noisy_circles = datasets.make_circles(n_samples=n_samples, factor=.5,
                                      noise=.05)  #圆环型数据集
noisy_moons = datasets.make_moons(n_samples=n_samples, noise=.05)  #月亮型数据集
blobs = datasets.make_blobs(n_samples=n_samples, random_state=8)  #块状数据集
no_structure = np.random.rand(n_samples, 2), 0   #随机数
```

不同的距离模型需要的参数不同，代码中定义了默认的参数值 default_base，以及不同数据集相关的聚类参数 datasets。在循环处理不同数据集时，用下面的语句获得每个模型所需的参数。

```
params = default_base.copy()
params.update(algo_params)
```

在循环处理不同数据集时，根据预设的参数创建聚类对象。然后循环使用这些聚类对象对数据集进行分类。图 7-24 展示了不同算法的聚类效果，从图中可以看出 Kmeans 和 MiniBatchKmeans 算法对凸数据集有较好的分类效果，DBSCAN 在环形、弧形数据和各向异质的数据集上效果较好，而层次聚类算法在环形和弧形的数据集上效果较好。

```
km = cluster.KMeans(n_clusters=params['n_clusters'])
ms = cluster.MeanShift(bandwidth=bandwidth, bin_seeding=True)
two_means = cluster.MiniBatchKMeans(n_clusters=params['n_clusters'])
```

```
single = cluster.AgglomerativeClustering(
    n_clusters=params['n_clusters'], linkage='single', connectivity=connectivity)
dbscan = cluster.DBSCAN(eps=params['eps'])
birch = cluster.Birch(n_clusters=params['n_clusters'])
```

7.5 主成分分析

主成分分析(Principal Component Analysis，PCA)同聚类一样，都是无监督算法，与聚类算法不同的是，PCA 是一种降维算法，降维就是一种对高维度特征数据预处理方法。降维是将高维度的数据保留下最重要的一些特征，去除噪声和不重要的特征，从而实现提升数据处理速度的目的。在实际的生产和应用中，降维在一定的信息损失范围内，可以为我们节省大量的时间和成本。降维也成为应用非常广泛的数据预处理方法。

降维的算法有很多，比如奇异值分解(SVD)、主成分分析(PCA)、因子分析(FA)、独立成分分析(ICA)。我们在这里主要介绍主成分分析。

PCA 的主要思想是将 n 维特征映射到 k 维上，并将方差最大的方向作为主要特征，这 k 维是全新的正交特征也被称为主成分，是在原有 n 维特征的基础上重新构造出来的 k 维特征。

我们把逻辑回归一节中使用的鸢尾集数据进行降维处理，然后进行可视化，执行如下代码(参考 PCA.ipynb)：

```
# PCA 降维
#从 sklearn 中引入 PCA
from sklearn.decomposition import PCA
import matplotlib.pyplot as plt
#设置 n_ components 降成 2 维
X_reduced = PCA(n_components=2).fit_transform(iris.data)
plt.scatter(X_reduced[:, 0], X_reduced[:, 1], c=iris.target, cmap=plt.cm.Set1, edgecolor='k', s=40)
plt.show()
```

降维后的数据如图 7-25 所示。

练 习 题

1. 请解释什么是数据挖掘，有哪些方面的功能？

2. 给定 y_true =[0,1,0,0,1,1,0,1]，y_pred =[0,0,1,0,1,0,0,1]，其中 1 为正例，0 为反例，手动计算准确率、精确率、召回率及 F1-score。

3. 从 UCI 网站上下载 wine 数据集，使用本章介绍的几种分类算法进行实验(UCI 数据集地址: https://archive.ics.uci.edu/ml/datasets/Wine)。wine 数据集共有 178 条葡萄酒的数据，通过化学分析了其中的 13 种特征，共分了三类。数据集文件位置：data/UCI-wine/wine.data。

4. 给定如表 7-13 所示的二分类问题的数据集(文件位置：data/Chapter7-test4.csv)。

表 7-13 习题 4 的表

Tid	Outlook	Temperature	Humidity	Windy	Play
1	overcast	hot	high	not	no
2	overcast	mild	high	not	no
3	overcast	cool	normal	not	yes
4	sunny	mild	high	very	yes
5	sunny	mild	high	medium	yes
6	rainy	mild	normal	not	no
7	rainy	cool	normal	medium	no
8	rainy	hot	normal	very	no
9	sunny	cool	normal	medium	yes
10	sunny	hot	normal	not	yes

计算：

(1) 数据集中关于标签列(类别)属性的信息熵；

(2) 根据信息增益，判断 Outlook、Temperature、Humidity、Windy 中哪个属性是最佳划分？

5. 补充完整下面的代码段，使用 SVR 中不同的核函数(rbf、linear、poly)进行预测，观察三种核函数的执行结果(参考代码 source/Chapter7-test5.ipynb)。

```
# 使用三种不同核函数进行预测，并绘图
import numpy as np
from sklearn.svm import SVR
import matplotlib.pyplot as plt


X = np.sort(5 * np.random.rand(40, 1), axis=0)
y = np.sin(X).ravel()


y[::5] += 3 * (0.5 - np.random.rand(8))


svr_rbf = SVR(kernel='rbf', C=100, gamma=0.1, epsilon=.1)
在这里补充其他两个核函数的代码
lw = 2


svrs = [svr_rbf, svr_lin, svr_poly]
kernel_label = ['RBF', 'Linear', 'Polynomial']
model_color = ['m', 'c', 'g']
```

```
fig, axes = plt.subplots(nrows=1, ncols=3, figsize=(15, 10), sharey=True)
for ix, svr in enumerate(svrs):
    axes[ix].plot(X, svr.fit(X, y).predict(X), color=model_color[ix], lw=lw,
                  label='{} model'.format(kernel_label[ix]))
    axes[ix].scatter(X[svr.support_], y[svr.support_], facecolor="none",
                     edgecolor=model_color[ix], s=50,
                     label='{} support vectors'.format(kernel_label[ix]))
    axes[ix].scatter(X[np.setdiff1d(np.arange(len(X)), svr.support_)],
                     y[np.setdiff1d(np.arange(len(X)), svr.support_)],
                     facecolor="none", edgecolor="k", s=50,
                     label='other training data')
    axes[ix].legend(loc='upper center', bbox_to_anchor=(0.5, 1.1),
                    ncol=1, fancybox=True, shadow=True)


fig.text(0.5, 0.04, 'data', ha='center', va='center')
fig.text(0.06, 0.5, 'target', ha='center', va='center', rotation='vertical')
fig.suptitle("Support Vector Regression", fontsize=14)
plt.show()
```

6. 解释什么是聚类，并阐述其与分类的区别。

7. 简述 k-means 算法的聚类流程。

8. 在进行 k-means 聚类时，分析如何更好的确定聚类数目 K 的值？

9. 简述主成分分析(PCA)的主要原理，及其与聚类算法的区别。

10. 在构建模型进行分类或回归预测时，如果在训练集上表现很好，但在测试集上表现很差，则这是过拟合还是欠拟合？尽可能的分析产生这种情况的原因，并思考可能的解决办法。

11. 为了更好的评估算法，我们在前面的案例中把数据集分为训练集和测试集，还可以分为训练集、验证集和测试集，分析这样做的好处。

第 8 章　大数据可视化

数据可视化是展示数据分析结果的重要手段，旨在提高对数据的理解并做出正确的决策。Python 有很多数据可视化的工具包，也有很多统计建模和数据分析工具。本章首先介绍数据可视化的基础和常见的图表类型以及第三方工具包 Matplotlib，然后介绍如何使用 Matplotlib 绘制常见类型的图表，最后结合几个具体的场景，选择合适的图表展现出来，并讲解如何利用这些图表和辅助功能实现大数据的可视化。

本章重点、难点和需要掌握的内容：

- 了解常见的图表类型，理解不同类型图表的使用场景；
- 掌握第三方工具包 Matplotlib；
- 熟练使用 Matplotlib 绘制常见图表(重点、难点)；
- 了解创建字图的方法以及中文显示问题；
- 理解组合图形的绘制。

8.1　数据可视化基础

数据可视化是一个新术语，它不仅通过图表展示数据，更使用直观的方式将数据背后的信息展现出来。相对于大量的原始数据，人类可以快速理解数据可视化后的图表表达的信息。人们根据要对比数据的不同，设计了几种常用的图表，如表 8-1 所示。

表 8-1　常见的图表类型

图表类型	使 用 场 景	例　　子
折线图	展示数据随时间或有序类别的波动情况的趋势变化	• 某学生最近 30 天每日步行数 • 股票每日收盘价
直方图	分布分析展示数值在区间范围内的分布，可反映分类项目之间的比较，也可以用来反映时间趋势	• 比较同一个班的学生在家庭作业、期中考试、期末考试和全部课程成绩的得分分布
散点图	研究不同变量间的关系	• IQ 测试得分和学习成绩之间的相关性
饼图	在一个空间或图上展示比例，展示不同部分所占百分比	• 调查中的相应分类 • 一种特定技术的前五家公司的市场份额
气泡图	用于展示三个变量之间的关系，横纵轴表示其中两个变量，第三个变量用气泡的大小表示	• 对比多种磁盘的性能、价格和销量。x 轴表示价格，y 轴表示性能，气泡大小表示销量

续表

图表类型	使 用 场 景	例 子
核密度估计图	估计概率密度函数(非参数检验方法)	• 股票、金融等风险预测
树状图	与组织结构有关的分析，即有明确的层次关系的数据	• 展示企业组织结构
箱形图	分析一组数据的离散分布情况以及分析这组数据的最大值、最小值、平均数、四分位数	• 不同国家的消费情况
小提琴图	展示数值在区间范围内的分布。小提琴图和箱形图类似，但是在密度层面展示更好。在数据量非常大时适合使用小提琴图	• 不同性别对应的消费额分布

目前成熟的图表已超过 30 种，每种图表有特定的实用场景和特点。数据有多种展示的方式，不同的展示方式突出的重点不同，选择正确的图表和掌握绘制技巧需要大量的练习和对比。有效的数据可视化有助于理解数据或传递信息。数据可视化的过程也需要对数据进行分析和提取，通过对数据的分析展现出其统计信息或隐藏的信息。数据可视化是数据分析后的一个过程，但是通常数据分析和数据可视化过程是交互进行的。

高效的数据可视化有助于读者理解数据，并向读者传递清晰和明确的观点。数据可视化的主要原则是根据目标读者的需求，结合通过分析数据能展示的问题，采用能精确呈现数据的特征的图表进行可视化。

图 8-1 展示了从数据到图表的制作过程。

图 8-1 从数据制作图表的过程

首先，需要对数据进行分析，明确需要表达的信息和主题。根据要展示的信息选择图表类型，选择全部或部分数据展示在图表中。最后制作图表和对图表进行美化，并且确认图表表达了预期的主题。应用统计图表的目的是能够准确、直观地反映一组数据所蕴含的信息，帮助人们迅速地解读数据。对于同一组数据，有时可以画出不同的统计图，但不是任何一种统计图都能准确而直观地反映数据所表达的信息，因此要根据调查的目的和数据的特点选择适当的统计图。

例 8-1 中科院动物所研究不同品种奶牛的产奶量和其中的蛋白质含量。目前有六种奶牛，研究人员统计了六种奶牛一周的平均产奶量，并分别用饼图、折线图、条形图表示，如图 8-2 所示(代码参考 nainiu.py)。

图 8-2 共使用了饼图、折线图和直方图三种形式表示数据。根据不同统计图的特点可以发现，饼图反应了六种奶牛在总体中所占百分比的大小，没有反映出六种奶牛的平均产奶量；折线图虽然也反映六种奶牛的产奶量，但更主要的是反映了六种牛奶的变化趋势；直方图则更为直观地反映了六种奶牛的产奶量。

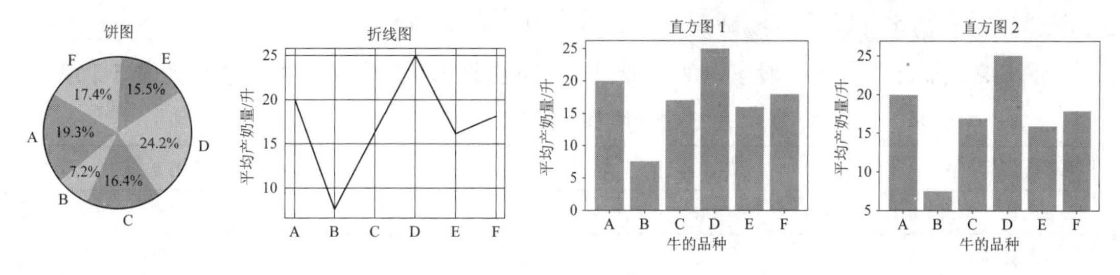

图 8-2　不同类型图表对比

通过调整坐标轴或标注相关信息来展示数据会给人误导，这种由统计图表调整造成的误导具有一定的"隐蔽性"。例如将图 8-2 中的直方图 1 改为直方图 2，通过将 y 轴的起始数值改为 5，使得品种 A 的产奶量感觉是品种 B 的 6 倍。这也是一些论文中突出优化效果的一种方式。

数据本身并不能确定图表类型，选择哪种图表取决于要通过图表和数据表达什么观点。选择图表类型有一定的技巧和原则，但是对于特定的问题需要独立分析。美国专家 Andrew Abela 整理了一张图表类型选择指南，如图 8-3 所示①。他根据需要表达的主题将图分为比较、分布、构成、联系四类，在每种类别下，根据不同情况选择不同的图表进行展示。

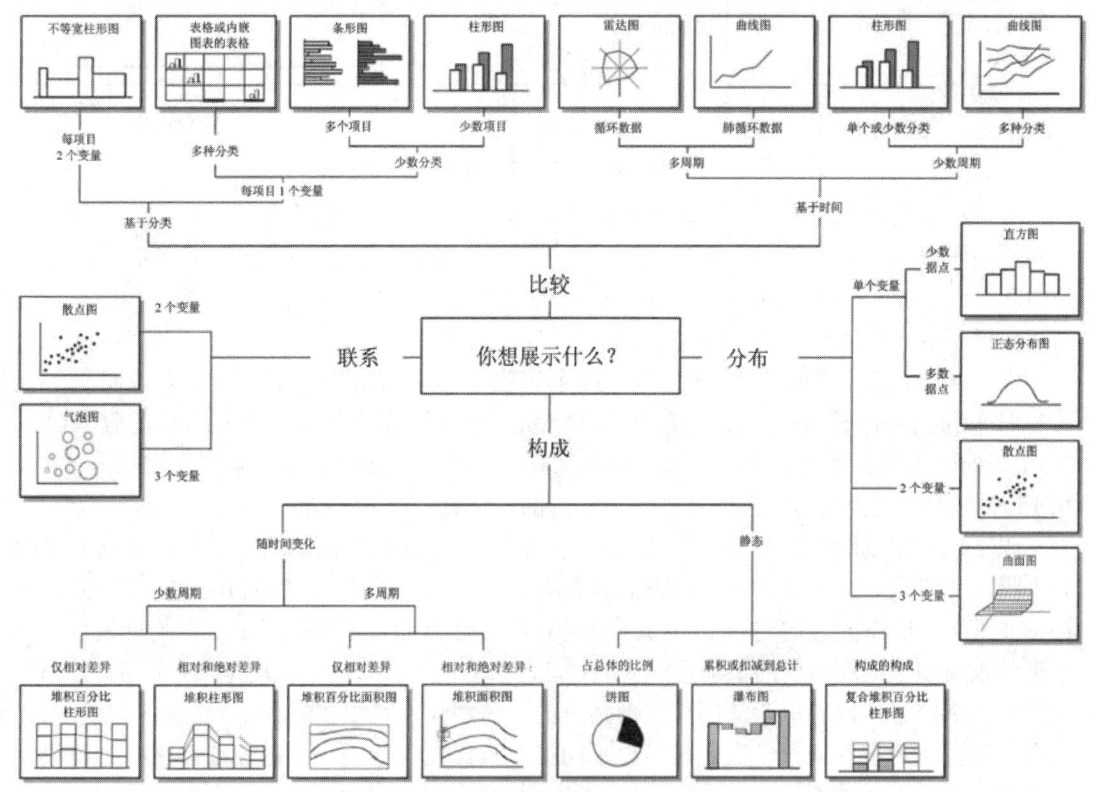

图 8-3　如何选择合适的图表展示数据

同样的数据，站在不同的立场上去解析，不同人发现的信息和观点可能不一样。不仅选用的图表类型不一样，即使采用同样的图表类型，通过不同的数据展示方式也可以强调

① https://extremepresentation.com/design/7-charts/。

不同的观点。最重要的是，这种数据展示方法具有很强的迷惑性。

例 8-2　某公司有 5 个股东，100 个职工，公司的股东利润和员工工资总额如表 8-2 所示。

表 8-2　股东利润和员工工资

年　份	2016 年	2017 年	2018 年
职工工资(万元)	200	220	250
股东利润(万元)	100	120	150

公司股东、工会和职工代表用同样的数据绘制了三张不同的图表，如图 8-4 所示(代码参考 gongzi.py)。

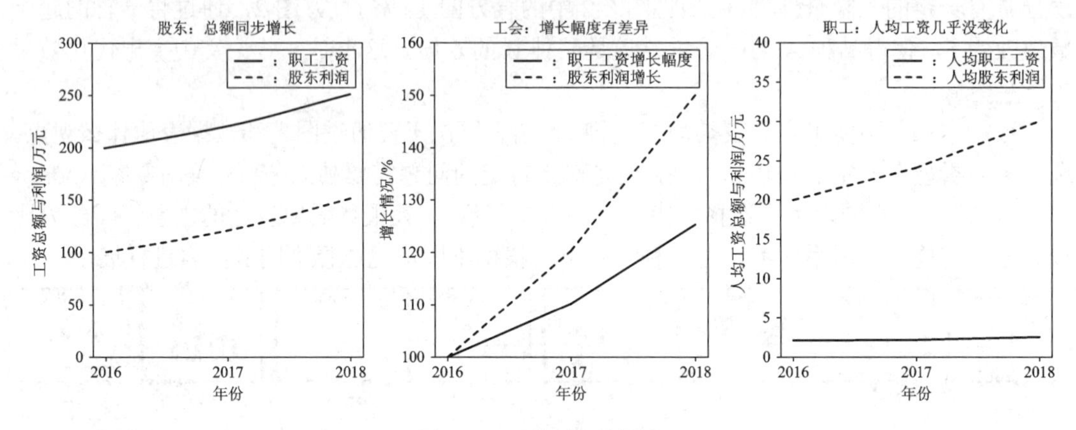

图 8-4　三类不同的图表

股东绘制的统计图是用每年职工的总工资和股东的总利润的差来说明职工收入和股东利润的增长情况的。职工的总工资分别是 200 万元、220 万元、250 万元，股东的利润分别是 100 万元、120 万元、150 万元，每年职工的总工资和股东的总利润的差是一样的，它们是同步增长的，所以股东说："我们与职工是有福同享"。

工会绘制的统计图对比了这三年里股东和职工的收入增长速度，以此来说明职工收入和股东利润的增长情况。工会把 2016 年职工的工资作为基数，后面年份的收入除以 2016 年的收入得到增长百分比。职工收入增长为 110%、125%，而股东利润增长为 120%和 150%。因此工会认为股东要适当增加职工的工资。

职工代表绘制的统计图分析了这三年里职工与股东人均利润的增长变化，以此来说明职工收入和股东利润的增长情况。职工的人均工资分别为 2 万元、2.2 万元和 2.5 万元，增加得非常少；股东的人均利润 20 万元、24 万元和 30 万元，增加得很多。由此可见，这三年里股东与职工人均利润的增加悬殊太大。因此职工认为股东应大幅度地增加职工的工资。

从这个例子可以看出，从同样数据画出的三份图表，得出了三种不同的结论。股东、工会、职工三者根据同一组数据从各自不同的观点出发，绘制出不同的统计图，进而根据它们得出了要表达的不同含义。应该说，三者都是有理有据的。同一组数据，不同的人站在不同的角度，可以画出不同的统计图，进而可以得出不同的结论。图表展示的观点差异主要取决于以下几个方面：

(1) 要表达的观点和突出的重点；

(2) 从数据中提取的信息；

(3) 数据间的关系及提取信息的方法。

数据本身对图表的选择和设计也有一定的影响。如采用直方图表示数据对比，当数据项差异悬殊时可能某些数据项数值过小无法得到量化的结果。若数据分类不当，饼图也无法传递有效的信息。这些情况都需要对图表进行进一步的处理。

8.2　使用 Matplotlib 绘图

Python 语言的 Matplotlib 扩展包是一个提供了跨平台的 2D 图形库，它可以将数据用多种形式展示出来。Matplotlib 可画出折线图、柱状图、饼图、雷达图等。在 Matplotlib 的官网[①]上给出了 500 多个图表展示的例子程序。

Matplotlib 提供了两种编程风格，一种是函数式绘图，这种方式参考了 Matlab 里面的绘图函数语法。另一种是面向对象式绘图，这种方式更接近 Matplotlib 的底层架构，更能理解细节。matplotlib.pyplot 是一个函数式绘图的函数集合，其中每一个 pyplot 的函数都对图进行了一些改动，例如创建图、画点或线，以及增加标签等。在面向对象方式中，matplotlib.axes.Axes 和 matplotlib.figure.Figure 是最主要的两个对象，分别表示坐标轴和图。这种模式下，通常使用 pyplot.subplots 创建一个图和多个坐标轴，并在此基础上调用相关对象的方法绘制图。

Matplotlib 提供了详细的在线 API 文档[②]，并且在对每个函数的介绍之后提供了使用该函数的例子。

8.2.1　准备环境

安装 Matplotlib 后即可绘制不同的图表，下面以一个简单的正弦函数为例说明图表的绘制方法，代码如下(完整代码参考 hello.py)：

```
import matplotlib.pyplot as plt
import math
x=range(721)
y=[math.sin(i*3.14/180) for i in x]
plt.axis([0,720,-1.1,1.1])
plt.plot(x,y,'b')
plt.xticks(range(0,721,90))
plt.xlabel("degree")
plt.ylabel("sin")
plt.title("sin function")
plt.show()
```

① https://matplotlib.org/gallery/index.html。

② https://matplotlib.org/api/。

程序首先准备了 x、y 两个数组，x 是 0～720 度，y 是对应的正弦函数值。使用 axis 函数设定 x、y 坐标轴的起止范围，plot 函数画出正弦曲线，xticks 指定 x 轴的小刻度标示。xlabel 和 ylabel 分别是 x、y 轴的主题，title 设置了图表的主题。程序运行的结果如图 8-5 所示。

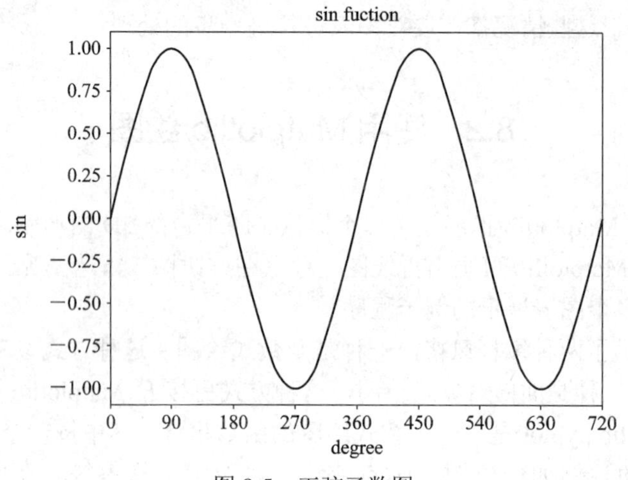

图 8-5 正弦函数图

8.2.2 图表相关的术语

一个图表中包含着很多图表元素，这些图表元素都有自己的名称和专业术语，只有知道了这些术语，才可以更好地编辑加工图表。图 8-6 给出了图表中的常用术语。图表区表示整个图表，包含所有数据系列、坐标轴、标题、图例、数据表等。绘图区是图表的一部分，是由垂直坐标轴和水平坐标轴及其负轴包围的区域。

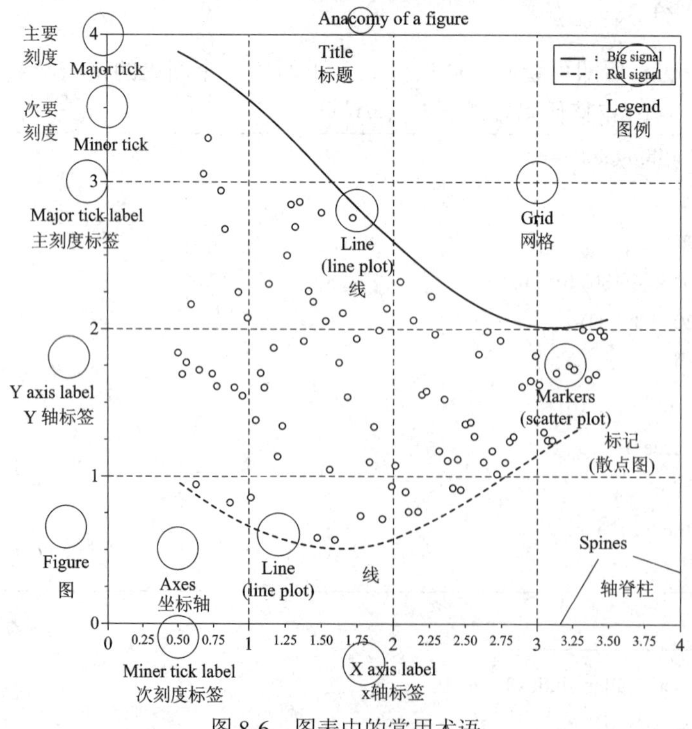

图 8-6 图表中的常用术语

1. 标题和图例

图表标题(title)用于对图表的功能进行说明，通常出现在图表区的顶端中心处。

图例(legend)是一个方框，用于标识图表中每个数据系列或分类指定的图案或颜色。默认情况下，图例放在图表的右侧。

数据标签是指派给单个数据点的数值或名称。它在图表上的显示是可选的。数据标签可以包含很多项目，如“系列名称”“类别名称”“值”“百分比”和“气泡尺寸”。text 函数可以在图表区任意位置显示文字。

2. 坐标轴

一般情况下，图表有两个用于对数据进行分类和度量的坐标轴(axes)：分类轴(或/和次分类轴)和数值轴(或/和次数值轴)。三维图表有第三个轴，饼图或圆环图没有坐标轴。

某些组合图表一般还会有次分类轴和次数值轴。次数值轴出现在主数值轴绘图区的反面，它在绘制混合类型的数据(如数量和价格)，需要各种不同刻度时使用。一般情况下，主数值轴在绘图区的左侧，而次数值轴在绘图区的右侧(对于条形图，主数值轴在绘图区的下部，而次数值轴在绘图区的上部)。

坐标轴包括坐标刻度线(tick)、刻度线标签(tick label)和轴标题(label)等。刻度线是类似于直尺分隔线的短度量线，与坐标轴相交。刻度线标签用于标识坐标轴的分类或值。轴标题是用于对坐标轴进行说明的文字。

3. 数据

数据在绘图区通过不同的函数可以表现为线(plot)、柱状图(bar)、散点(scatter)等。绘制折线图时，每条折线就是一个数据系列，对应的 y 值是一个列表，和 x 的列表大小一致。图表中的数据序列可以指定颜色或图案，并展示在图表的图例中。折线图，散点图可以有一个或多个数据序列，但是饼图只有一个数据序列。

4. 网格线和趋势线

网格线(Grid)是添加到图表中易于查看和计算数据的线条，是坐标轴上刻度线的延伸，并穿过绘图区。有了网格线，就能很容易回到坐标轴进行数值比对。

趋势线以图形方式说明数据系列的变化趋势。它们常用于绘制预报图表，这个预报过程也称为回归分析。Matplotlib 中没有趋势线的概念，可以通过 numpy、scikit-learn 等第三方库计算出趋势，并用 plot 函数用不同颜色或标记叠加在真实数据上。

图表类型及相关函数如表 8-3 所示。

表 8-3　图表类型及相关函数

图表类型	函　数	备　　注
折线图	plot(x，y，format_string，**kwargs)	二维线画图函数，可以绘制折线图和散点图
柱状图	bar(x,height,width,*,align='center',**kwargs)	绘制柱状图，该函数可以多次调用，有叠加效果
散点图	scatter(x，y)	创建一个包含圆形的散点图，x、y 是长度相同的数组
饼图	pie()	绘制饼状图，可以自己计算每个类别所占的比例
直方图	hist()	输入一个序列，并指定分为几个区间进行统计
面积图	stackplot(x，*args，**kargs)	绘制面积图，图像形如在不同折线间填充了颜色

坐标轴格式及相关函数如表 8-4 所示。

表 8-4　坐标轴格式及相关函数

坐标轴格式	函　数	备　注
X 轴标题	xlabel()	设置图片中 X 轴的标签信息
X 轴刻度线	xticks(x_tick,xtick_lable,fontproperties,fontsize)	设置 X 轴的刻度信息(允许使用文本作为刻度值)
X 轴坐标起止范围	xlim(xmin,xmax)	设置 X 轴坐标的起止范围
Y 轴标题	ylabel()	设置图片中 Y 轴的标签信息
Y 轴刻度线	yticks()	设置 Y 轴的刻度信息(允许使用文本作为刻度值)
X 轴坐标起止范围	ylim(ymin,ymax)	设置 Y 轴坐标的起止范围
坐标起止范围	axis([xmin xmax ymin ymax])	绘图中用于设置坐标值范围

标注类型及相关函数如表 8-5 所示。

表 8-5　标注类型及相关函数

标注类型	函　数	备　注
图表标题	title()	设置整个数据图的标题
图例	legend(*args，**kwargs)	添加图例
数据标签	text(x，y，s)	可以在绘制图片的任何地方添加描述信息
箭头	arrow()	绘制一条带箭头的直线

其他一些功能如表 8-6 所示。

表 8-6　其他功能

功　能	函　数	备　注
隐藏图表	hide()	隐藏图表
显示图表	show()	将图形呈现出来
增加子图	add_subplot (*args, **kwargs)	增加子图
创建多个子图	subplots(3,1,1)	该函数的第一个参数是子图的行数，第二个参数是子图的列数，第三个参数是一个从 1 开始的序号

8.3　使用 Matplotlib 绘制常见图表

8.3.1　散点图

散点图由一些不连续的点组成，用来研究两个变量的相关性，包括正相关、负相关、不相关。Matplotlib 主要通过 scatter 函数画散点图，语法如下：

```
def scatter(x, y, s=None, c=None, marker=None, cmap=None, norm=None, vmin=None,
        vmax=None, alpha=None, linewidths=None, verts=None, edgecolors=None,
        hold=None, data=None, **kwargs):
```

主要参数说明：

(1) x/y：数据，都是向量，而且长度必须相等。

(2) s：标记大小，以像素点的平方为单位的标记面积，指定为下列形式之一：

• 数值标量：以相同的大小绘制所有标记。

• 行或列向量：使每个标记具有不同的大小。x、y 和 sz 向量中的相应元素确定每个标记的位置和面积。sz 向量的长度必须等于 x 和 y 的长度。

• 默认大小为 rcParams['lines.markersize'] ** 2。

(3) c：标记颜色，指定为下列形式之一：

• RGB 三元数或颜色名称：使用相同的颜色绘制所有标记。

• 由 RGB 三元数组成的三列矩阵：对每个标记使用不同的颜色。矩阵的每行为对应标记指定一种 RGB 三元数颜色。行数必须等于 x 和 y 的长度。

• 向量：对每个标记使用不同的颜色，并以线性方式将 c 中的值映射到当前颜色图中的颜色。c 的长度必须等于 x 和 y 的长度。要更改坐标区的颜色图，需使用 colormap 函数。

在绘制散点图时，如果希望散点颜色成为颜色图的索引，则可以使用 RGB 颜色对照表中色值代码的形式指定 c。颜色对照如表 8-7 所示。

表 8-7　颜色对照表

选　项	说　明	对应的 RGB 色值代码
'red' 或 'r'	红色	#FF0000
'green' 或 'g'	绿色	#00FF00
'blue' 或 'b'	蓝色	#0000FF
'yellow' 或 'y'	黄色	#FFFF00
'magenta' 或 'm'	品红色	#FF00FF
'cyan' 或 'c'	青蓝色	#00FFFF
'white' 或 'w'	白色	#FFFFFF
'black' 或 'k'	黑色	#000000

注意：在绘制散点图时，如果要使用非预定义颜色绘制点，也可以使用 RGB 颜色对照表中色值代码的形式来指定颜色，形如 c=["#FFDAB9","#FF1493","#E066F"]，该方法可以指定任意颜色。使用时要注意 c 中参数的个数与 x、y 中参数的个数相等。

(4) marker：标记样式，其中值和说明如表 8-8 所示。

表 8-8　标记样式

值	说　明
'o'	圆圈
'+'	加号
'*'	星号
'.'	点

续表

值	说　明
'x'	叉号
'square' 或 's'	方形
'diamond' 或 'd'	菱形
'^'	上三角
'v'	下三角
'>'	右三角
'<'	左三角
'pentagram' 或 'p'	五角星(五角形)
'hexagram' 或 'h'	六角星(六角形)
'none'	无标记

(5) edgecolors：轮廓颜色，与 c 类似，参数也相同。

(6) alpha：透明度。[0,1]：1 为不透明，0 为透明。

(7) cmap：色彩盘。可以使用默认的也可以使用自定义的，它实际上就是一个三列的矩阵(或者说，shape 为[N, 3]的二维数组)。

- 矩阵中的值取值范围为[0. , 1.]。
- 每一行代表一个颜色(RGB)。

(8) linewidths：线宽，标记边缘的宽度，默认是没有外围轮廓线。

注意：color、marker 等不能合并为一个参数，plt.scatter(x1, y1, 'bo', s=5)不合法。

例 8-3　现在有一组女大学生的身高和体重数据，可以画散点图来观察两组数据之间的关系，如表 8-9 所示。

表 8-9　女大学生身高与体重

编　号	1	2	3	4	5	6	7	8	9	10	11	12
身高/cm	152	158	167	172	162	166	180	177	172	172	156	164
体重/kg	51	46	55	60	55	56	65	66	68	60	56	55

代码如下(完整代码参考 scattersample1.py)：

```
import matplotlib.pyplot as plt
import numpy as np
plt.rcParams['font.sans-serif']=['SimHei'] #用来正常显示中文标签
height=[152,158,167,172,162,166,180,177,172,172,156,164]
weight=[51,46,55,60,55,56,65,66,68,60,56,55]
plt.scatter(height,weight)
plt.xlabel("身高/cm")
plt.ylabel("体重/kg")
plt.title("女生身高体重对应关系")
plt.show()
```

程序的运行结果如图 8-7 所示。

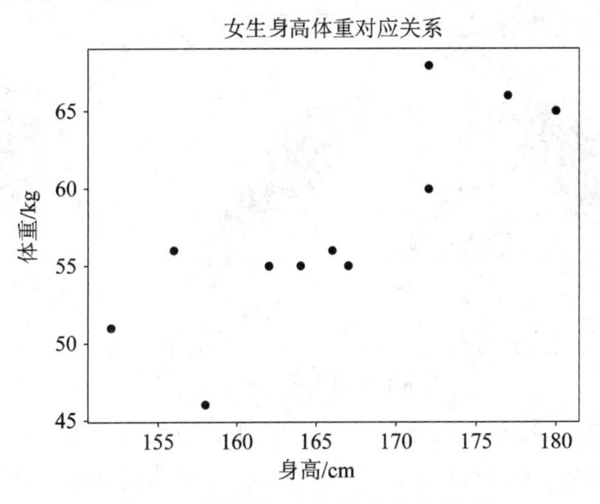

图 8-7　散点图-身高体重对应关系

接下来通过例子分别展示正相关、负相关和不相关。其中正相关就是指两个变量变动方向相同，一个变量由大到小或由小到大变化时，另一个变量亦由大到小或由小到大变化；负相关是指因变量值随自变量值的增大(减小)而减小(增大)；不相关则是指相互间没有线性关系。首先我们使用 NumPy 的随机函数生成 1000 个随机数 x。y1、y2 分别为 2x+随机数、−2x−随机数，则 y1 与 x 为正相关，y2 与 x 为负相关。y3 也采用 NumPy 的随机函数生成 1000 个随机数，则 y3 与 x 不相关。其代码如下(完整代码参考 scattersample2.py)：

```
import matplotlib.pyplot as plt
import numpy as np
plt.rcParams['font.sans-serif']=['SimHei']        #用来正常显示中文标签
plt.rcParams['axes.unicode_minus'] = False     #解决保存图像是负号'-'显示为方块的问题
x=np.random.randn(1000)
y1=2*x+np.random.randn(1000)
y2=-2*x+np.random.randn(1000)
y3=np.random.randn(1000)
plt.figure(figsize=(15, 5))
plt.subplot(1,3,1)
plt.scatter(x,y1)
plt.title('散点图示例-正相关')
plt.subplot(1,3,2)
plt.scatter(x,y2)
plt.title('散点图示例-负相关')
plt.subplot(1,3,3)
plt.scatter(x,y3)
plt.title('散点图示例-不相关')
plt.show()
```

程序执行结果如图 8-8 所示。

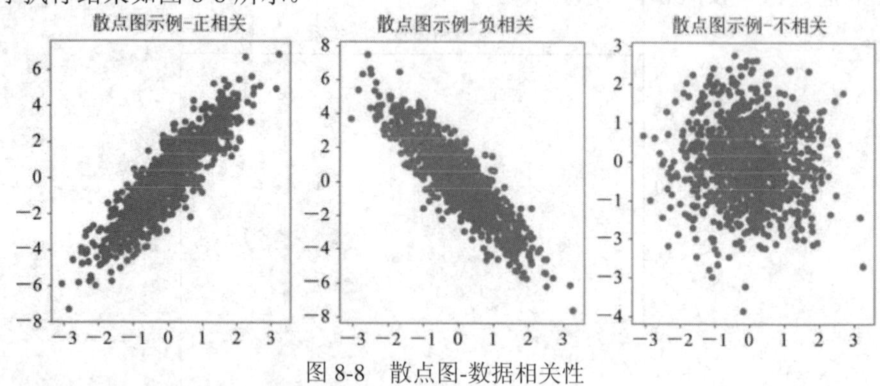

图 8-8 散点图-数据相关性

散点图有很多参数，最常用的是颜色、点大小、透明度、点形状。参数中 s 是指点的面积大小，c 是点的颜色，marker 是指点的形状，alpha 是指点的透明度。散点图中透明度是一个很好的参数，可以看出哪些数据比较集中，哪些不集中。在大数据处理的聚类分析中，常用不同颜色或形状的点表示不同类别的数据，可以得到非常直观的印象。

8.3.2 折线图

折线图常用于显示数据序列随时间变化、数据变化的趋势，非常适用于显示在相等时间间隔下数据的走向变化。Matplotlib 主要通过 plot 函数来画折线图，语法如下：

```
def plot(*args, **kwargs):
```

其中参数 args 是一个可变长度参数，允许多个 x、y 对和一个可选的格式字符串。例如，以下各项都是合法的：

```
plot(x, y)          # plot x 和 y 使用默认线条样式和颜色
plot(x, y, 'bo')    # plot x 和 y 使用蓝色圆圈标记
plot(y)             # plot y 使用 x 作为索引数组 0…N-1
plot(y, 'r+')       # 同上，但是用红色加号
```

如果 x 和/或 y 是二维的，则将绘制相应的列。

x，y：接收值为 array，表示 x 轴与 y 轴对应的数据；无默认值；

其他的参数用来控制颜色、线型、标注等。

1. 针对线条的处理

- 线条类型

参数：linestyle 或者 ls，表示折线的类型，可以是实线、虚线、点虚线、点点线等，即'-', '--', '-.', ':'等。

- 线条粗细

参数：linewidth 或 lw，可自行设置，默认值为 1；

- 线条颜色

参数：color 或 c ，设置方法和散点图中设置颜色的方法一致。

2. 针对数据标记的处理

- 参数 marker：数据标记的类型；

- 参数 markeredgecolor 或 mec：数据标记的边界颜色；
- 参数 markeredgewidth 或 mew：数据标记的宽度；
- 参数 markerfacecolor 或 mfc：数据标记的填充色；
- alpha：接收值为 0～1 之间的小数，表示点的透明度。

3．图例

label：表示数据图例内容。参数中 label=‘数据序列名称’指定该数据序列的名称，其后通过调用 legend()函数可显示不同数据序列的图例。

折线图中可以画多条折线表示不同的数据序列。下面以 1 万元分别存入活期、1 年定期、3 年定期后，在 30 年中的价值变化为例说明折线图的应用。2019 年的活期、1 年定期、3 年定期的利率分别是 0.35%、1.50%和 2.75%，代码如下(完整代码参考 plotsample.py)：

```
import matplotlib.pyplot as plt
plt.rcParams['font.sans-serif']=['SimHei'] #用来正常显示中文标签
x=range(30)
huoqi=[1.0035**(i+1) for i in x]          #活期利率 0.35%
dingqi1=[1.015**(i+1) for i in x]         #一年定期利率 1.5%
dingqi3=[1.0275**(i+1) for i in x]        #活期利率 2.75%
plt.plot(huoqi,color='r',linewidth=5,linestyle=':',label='活期')    #color 指定线条颜色，label 标签内容
plt.plot(dingqi1,color='g',linewidth=2,linestyle='--',label='一年定期')        #linewidth 指定线条粗细
plt.plot(dingqi3,color='b',linewidth=0.5,linestyle='-.',label='三年定期')      #linestyle 指定线形为点
plt.legend(loc=2)    #标签展示位置，数字代表标签具体位置
plt.axis([0,30,1,2.5])
plt.xlabel('时间')
plt.ylabel('现金价值/万元')
plt.title('折线图示例-利率的时间价值')
plt.show()
```

程序运行结果如图 8-9 所示。

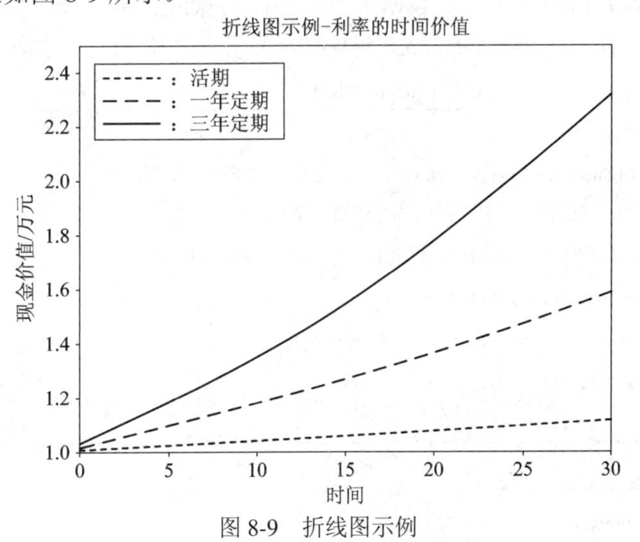

图 8-9　折线图示例

上面提到过，折线图一般用来观察数据随时间的变化趋势，那么如果横坐标是年/月/日格式的话，Matplotlib 提供了另外的函数 plot_date 来将横坐标调整为日期格式，此函数可以设置颜色、线形、点状等。当然，我们也可以在一个图上画多个折线图。

上面讨论了散点图和折线图，分别用到函数 plt.scatter 和 plt.plot，但其实 plt.plot 也可以画出散点图，两者在画散点图时区别不大，但是当数据很大时，plt.plot 的效率将大大高于 plt.scatter。因为 plt.scatter 会对每个单独的散点进行渲染，会耗费很多的资源，而 plt.plot 中，散点之间彼此复制，所有点的配置只需进行一次即可，因此处理大数据时，plt.plot 方法比 plt.scatter 方法好。

8.3.3 条形图

条形图用宽度相同的条形的高度来表示数据的多少，分为水平条形图和垂直条形图。条形图显示各个项目的比较情况。在水平条形图中，垂直坐标轴表示不同的类别，水平坐标表示不同类别对应的值。通过 plt.bar 函数将数据通过条形图展现出来，语法如下：

```
def bar(left, height, width=0.8, bottom=None, hold=None, data=None, **kwargs)
```

主要参数说明：

left：x 轴的位置序列，一般采用 range 函数产生一个序列，但是有时候可以是字符串；

height：表示条形图的高度，也就是 y 轴的数值；

alpha：表示柱形图的颜色透明度，默认值为 1；

width：表示柱形图的宽度，默认值为 0.8；

color(facecolor)：柱形图填充的颜色，默认为随机色；

edgecolor：图形边缘颜色；

label：解释每个图像代表的含义；

linewidth(linewidths / lw)：边缘线的宽度，默认值为 1。

注意：barh()函数与 bar()函数的主要区别是：在 bar()函数中，width 这一参数代表的是柱子的宽度(胖瘦)，而在 barh()函数中 width 这一参数代表的是横向柱子的长度(长短)。

以 2019 年各省人口数据为例，数据来源为中国国家统计局①，代码为 barsample.py，数据文件为“2019 分省人口及 GDP.xlsx”。因篇幅关系，省份和人口的数据下面代码没有全部列出来，完整数据可以参看代码 barsample.py。

```
import matplotlib.pyplot as plt
plt.rcParams['font.sans-serif']=['SimHei']        #用来正常显示中文标签
province=['广东','山东','河南','四川','江苏','河北','湖南']
population=[11346,10047.24,9605,8341,8029.3,7556.3,6860.2]
plt.bar(range(len(province)),population)
plt.xticks(range(len(province)),province,rotation=90)
plt.ylabel("人口/万人")
plt.show()
```

① http://www.mnw.cn/news/shehui/726472.html。

程序运行结果如图 8-10 所示。

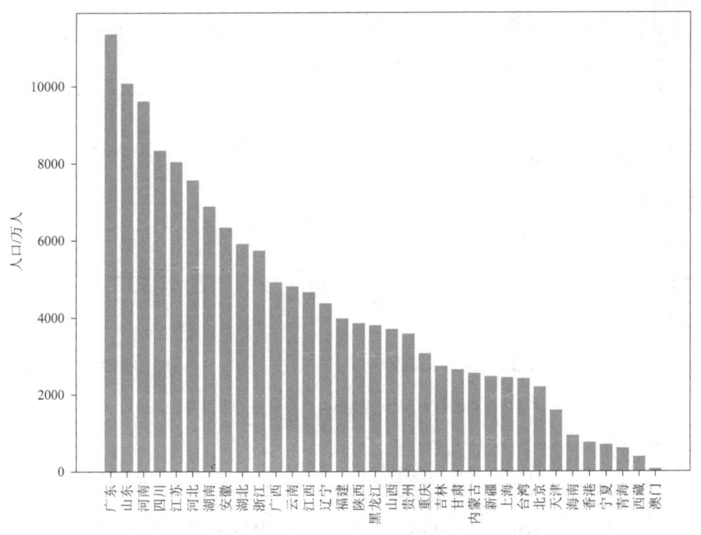

图 8-10　条形图示例

该例子中省份的名称显示虽然旋转了 90°，但看起来仍然不方便。这种情况下可以采用水平条形图。第一种方法是在 plt.bar 函数中指定 orientation='horizontal'参数；第二种方法是直接使用 plt.barh 函数。使用 barh 时 x 轴表示人口数量，y 轴表示不同的省份，代码如下(完整代码请参考 barsample2.py)：

```
plt.barh(range(len(province)),population,height=0.7)
plt.yticks(range(len(province)),province)
plt.tick_params(labelsize=8)
plt.xlabel("人口/万人")
```

将 barh 函数调用替换为下面的语句也可以得到同样的图表，如图 8-11 所示。

```
plt.bar(0,bottom=range(len(province)),width=population,height=0.7,orientation='horizontal')
```

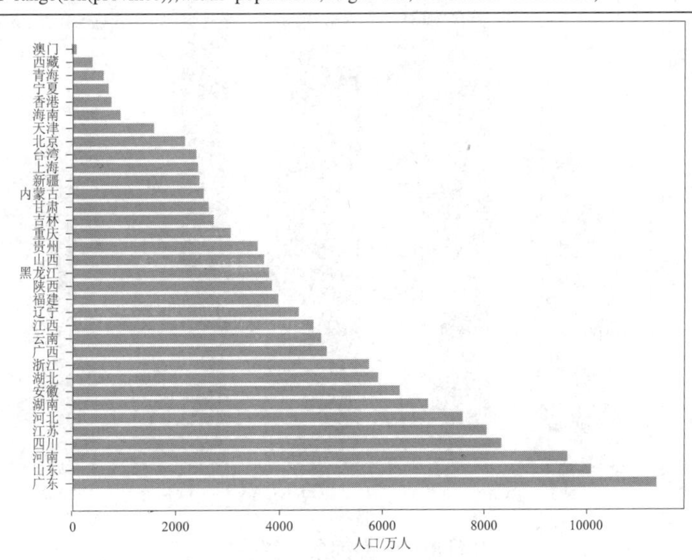

图 8-11　条形图示例

当然，条形图不仅限于对比一组数据，常见的条形图还可以对比多组数据。使用并列条形图，设置好不同系列的位置即可。图 8-12 是 Matplotlib 官方的例子，展示了如何画出并列条形图，代码如下(完整代码请参考 barchart.py)：

```
import matplotlib
import matplotlib.pyplot as plt
import numpy as np
labels = ['G1', 'G2', 'G3', 'G4', 'G5']
men_means = [20, 34, 30, 35, 27]
women_means = [25, 32, 34, 20, 25]
x = np.arange(len(labels))    # the label locations
width = 0.35                  # the width of the bars
fig, ax = plt.subplots()
rects1 = ax.bar(x - width/2, men_means, width, label='Men')
rects2 = ax.bar(x + width/2, women_means, width, label='Women')
# Add some text for labels, title and custom x-axis tick labels, etc.
ax.set_ylabel('Scores')
ax.set_title('Scores by group and gender')
ax.set_xticks(x)
ax.set_xticklabels(labels)
ax.legend()
```

其中，在调用 bar 时 men_means 对应的 x 为 x+width/2，而 women_means 对应的 x 为 x-width/2。由于指定了不同的 x 位置，两组数据可以并排放置。

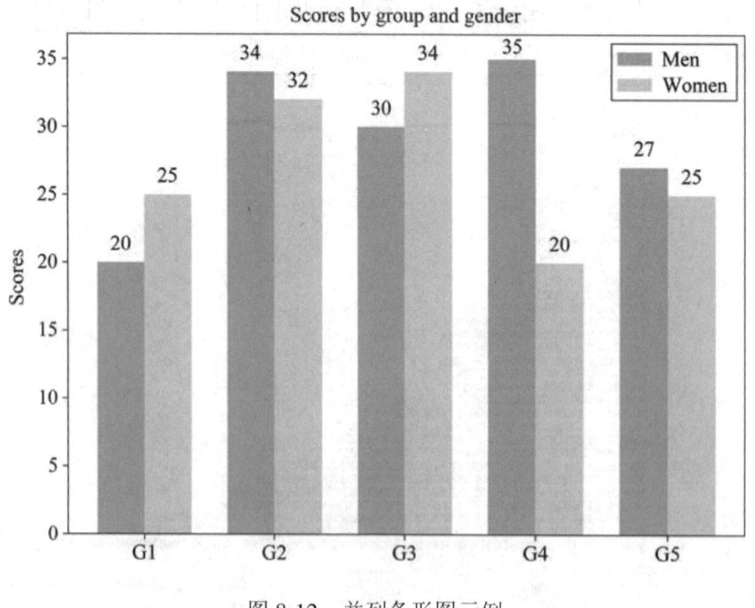

图 8-12　并列条形图示例

垂直堆叠条形图可以用来显示不同类别中各个子类的比例关系。如大学不同专业中男女生比例，垂直并列条形图需要通过 bottom 设置，bottom 的坐标建立在另一个条形图的基础上，代码如下(完整的代码请参考 bar_stacked.py)：

```
import numpy as np
import matplotlib.pyplot as plt
N = 5
menMeans = (20, 35, 30, 35, 27)
womenMeans = (25, 32, 34, 20, 25)
menStd = (2, 3, 4, 1, 2)
womenStd = (3, 5, 2, 3, 3)
ind = np.arange(N)    # the x locations for the groups
width = 0.35          # the width of the bars: can also be len(x) sequence
p1 = plt.bar(ind, menMeans, width, yerr=menStd)
p2 = plt.bar(ind, womenMeans, width,
             bottom=menMeans, yerr=womenStd)
plt.ylabel('Scores')
plt.title('Scores by group and gender')
plt.xticks(ind, ('G1', 'G2', 'G3', 'G4', 'G5'))
plt.yticks(np.arange(0, 81, 10))
plt.legend((p1[0], p2[0]), ('Men', 'Women'))
plt.show()
```

垂直并列条形图需要通过 bottom 设置，bottom 的坐标是建立在另一个条形图基础上的。例子中画 womenMeans 时，指定的 bottom 为 menMeans，即女生的数据在男生的上方，如图 8-13 所示。

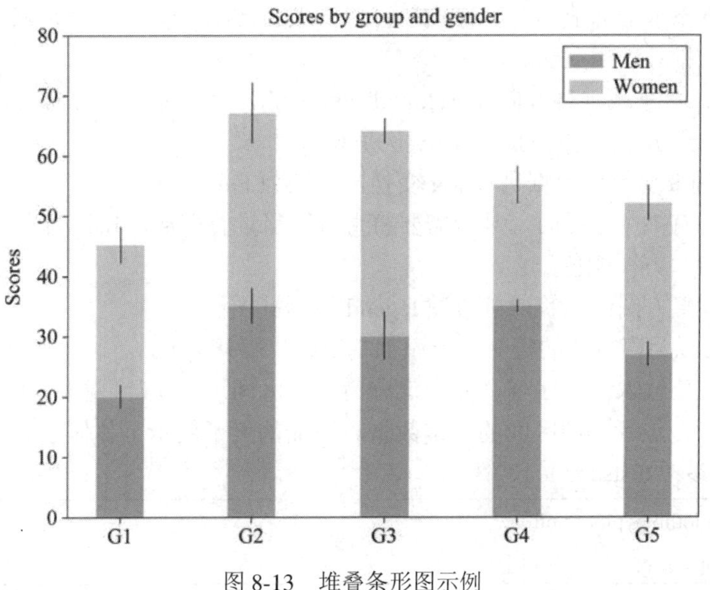

图 8-13　堆叠条形图示例

8.3.4 直方图

直方图(Histogram)由一系列高度不等的纵向条纹或线段表示数据分布的情况。一般用横轴表示数据类型，纵轴表示分布情况。直方图是数值数据分布的精确图形表示。这是一个连续变量(定量变量)的概率分布的估计，并且被卡尔·皮尔逊(Karl Pearson)首先引入。它是一种特殊的条形图。条形图中的数据一般是独立的，表示数据的矩形条之间一般有空白。而直方图一般用于统计不同区间的数据分布，表示数据的矩形条之间一般是连续的。

直方图的定义如下：

```
def hist(x, bins=None, range=None, normed=False, weights=None, cumulative=False,
         bottom=None, histtype='bar', align='mid', orientation='vertical',
         rwidth=None, log=False, color=None, label=None, stacked=False,
         hold=None, data=None, **kwargs):
```

主要参数说明：

x：数据集，最终的直方图将对数据集进行统计。

bins：指定直方图条形的个数。

range：显示的区间。

normed：标准化，是否将直方图的频数转换成频率。

density：显示的是频数统计结果，默认为 False。若结果为 True，则显示频率统计结果。这里需要注意，频率统计结果 = 区间数目 / (总数 × 区间宽度)，和 normed 效果一致，官方推荐使用 density。

histtype：指定直方图的类型，可选{'bar', 'barstacked', 'step', 'stepfilled'}之一，默认为 bar，推荐使用默认配置，step 使用的是梯状，stepfilled 则会对梯状内部进行填充，效果与 bar 类似。

align：设置条形边界值的对齐方式，可选{'left', 'mid', 'right'}之一，默认为'mid'，会有部分空白区域，推荐使用默认选项。

orientation：水平或垂直方向['horizontal','vertical']，默认为垂直方向。

rwidth：柱子与柱子之间的距离，默认是 0。

log：是否需要对绘图数据进行 log 变换，默认为 False。

stacked：当有多个数据时，是否需要将直方图呈堆叠摆放，默认为水平摆放。

color：设置直方图颜色。

label：设置直方图的标签，可通过 legend 展示其图例。

bottom：可以为直方图的每个条形添加基准线，默认为 0。

hist 函数主要输入一个序列，并指定分为几个区间进行统计，按照在每个区间内的数据数量绘制图形，展示不同区间的数据数量。下面的例子展示了如何绘制直方图，代码如下(完整代码可参考 histsample.py)：

```
import matplotlib.pyplot as plt
import numpy as np
```

```
N_points = 100000
n_bins = 20
# Generate a normal distribution, center at x=0 and y=5
x = np.random.randn(N_points)
y = .4 * x + np.random.randn(100000) + 5
fig, axs = plt.subplots(1, 2, sharey=True, tight_layout=True)
# We can set the number of bins with the `bins` kwarg
axs[0].hist(x, bins=n_bins)
axs[1].hist(y, bins=n_bins)
plt.show()
```

程序运行结果如图 8-14 所示。

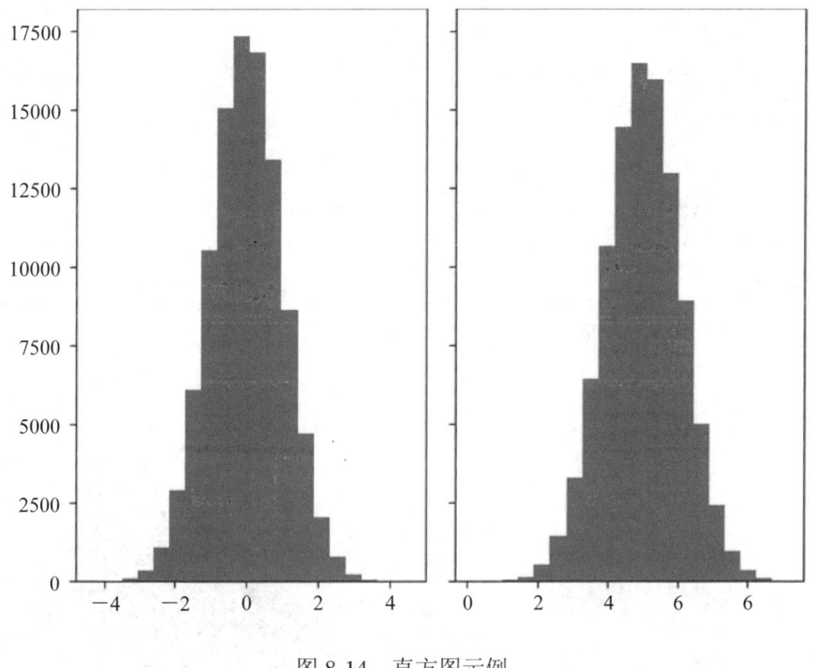

图 8-14 直方图示例

8.3.5 面积图

面积图可用于绘制随时间发生的变化量，用于引起人们对总值趋势的关注。通过显示所绘制的值的总和，面积图还可以显示部分与整体的关系。使用 plt.stackplot 函数可绘制面积图。从函数名称也可以看出，面积图和折线图有些类似。从图的表现形式来看，面积图就像是在不同折线间填充了颜色，它的定义如下：

```
def stackplot(x, *args, **kwargs):
```

主要参数说明：

x：指定面积图的 x 轴数据。

*args：可变参数，可以接受任意多的 y 轴数据，即各个拆分的数据对象。

**kargs：关键字参数，可以通过传递其他参数来修饰面积图，如标签、颜色，其用法与之前的 labels、colors 用法一致。

下面来自官网的例子展示了如何绘制面积图，代码如下(完整代码请参考 stackplot_demo.py)：

```
import numpy as np
import matplotlib.pyplot as plt
x = [1, 2, 3, 4, 5]
y1 = [1, 1, 2, 3, 5]
y2 = [0, 4, 2, 6, 8]
y3 = [1, 3, 5, 7, 9]
y = np.vstack([y1, y2, y3])
labels = ["Fibonacci ", "Evens", "Odds"]
fig, ax = plt.subplots()
ax.stackplot(x, y1, y2, y3, labels=labels)
ax.legend(loc='upper left')
plt.show()
fig, ax = plt.subplots()
ax.stackplot(x, y)
plt.show()
```

程序运行结果如图 8-15 所示。

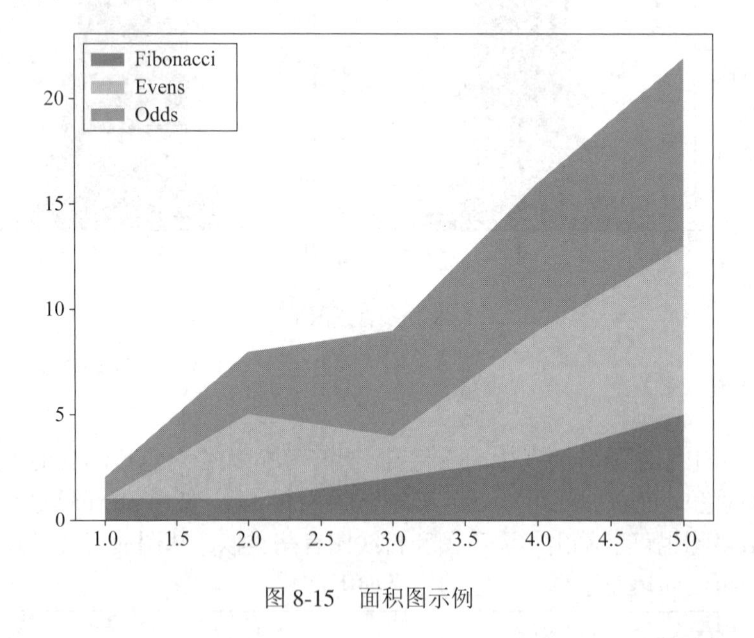

图 8-15　面积图示例

8.3.6 饼图

饼图常用来对数据的比例进行展示，比如大学中来自不同省份学生的比例，每月家庭开支中各项内容所占比例。

一般通过 pie 函数来画饼图，语法如下：

```
def pie(x, explode=None, labels=None, colors=None, autopct=None, pctdistance=0.6, shadow=False, labeldistance=1.1, startangle=None, radius=None, counterclock=True, wedgeprops=None, textprops=None, center=(0, 0), frame=False, hold=None, data=None):
```

主要参数说明：

x：(每一块)的比例，如果 sum(x) > 1，则会使用 sum(x)归一化。

labels：(每一块)饼图外侧显示的说明文字。

explode：(每一块)离开中心的距离。

startangle：起始绘制角度。默认是从 x 轴正方向逆时针画起的，如设定=90，则从 y 轴正方向画起。

shadow：在饼图下面画一个阴影。默认值为 False，即不画阴影。

labeldistance：label 标记的绘制位置，相对于半径的比例。默认值为 1.1，如<1 则饼图绘制在饼图内侧。

autopct：使用指定的格式显示百分比，如'%1.1f'指定显示格式为小数点后保留一位小数。

pctdistance：类似于 labeldistance，指定 autopct 的位置刻度，默认值为 0.6。

radius：控制饼图半径，默认值为 1。

counterclock：指定指针方向，为布尔值，是可选参数，默认为 True，即逆时针。将值改为 False 即可改为顺时针。

wedgeprops：为字典类型，是可选参数，默认值为 None。将参数字典传递给 wedge 对象用来画一个饼图。例如：wedgeprops={'linewidth':3}设置 wedge 线宽为 3。

textprops：用于控制饼图中文本属性，可设置字体大小、颜色标签(labels)和比例等内容。其为字典类型，是可选参数，默认值为 None。

center：为浮点类型的列表，是可选参数，默认值为(0,0)，即图标中心位置。

frame：为布尔类型，是可选参数，默认值为 False。如果是 True，则绘制带有表的轴框架。

以下举例说明如何使用 pie 函数画出饼图，代码如下(完整代码可参考 piesample.py)：

```
import matplotlib.pyplot as plt
plt.rcParams['font.sans-serif']=['SimHei'] #用来正常显示中文标签
labels = ['衣服','饮食','房贷','交通','育儿','娱乐','其他']
sizes = [5,15,50,5,10,5,10]
explode = (0,0,0.1,0,0,0,0)
plt.pie(sizes,explode=explode,labels=labels,autopct='%1.1f%%',shadow=False,startangle=150)
plt.title("饼图示例-2019 年上半年家庭支出")
plt.axis('equal')#将饼图显示为正圆形
plt.show()
```

程序运行结果如图 8-16 所示。

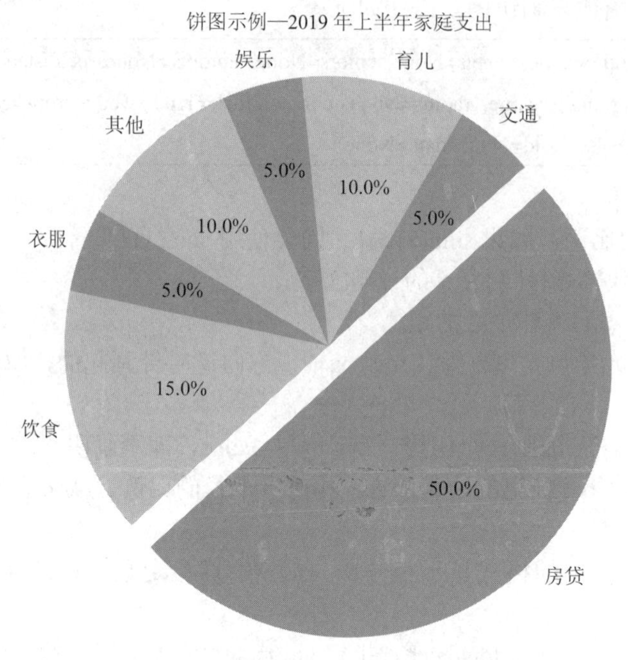

图 8-16　饼图示例——家庭开支分类

注意：pie 函数默认绘制形状为椭圆形，需自行设置坐标轴模式(plt.axis('equal'))来将绘图显示为圆形。pie 函数绘图时默认是从 x 正半轴开始逆时针方向绘制，当 x 向量所有元素之和小于 1 时，画图会正常进行，但饼图会有缺口；当 x 向量所有元素之和大于 1 时，将按各元素百分比进行绘制。

8.3.7　箱形图

箱形图又称为盒须图、盒式图、盒状图或箱线图，是一种用来显示一组数据分布情况的统计图，因其形状如箱子而得名。它由五个数值点组成：

(1) 下边缘(Q1)，表示最小值；

(2) 下四分位数(Q2)，又称“第一四分位数”，等于该样本中所有数值由小到大排列后第 25%的数字；

(3) 中位数(Q3)，又称“第二四分位数”，等于该样本中所有数值由小到大排列后第 50%的数字；

(4) 上四分位数(Q4)，又称“第三四分位数”，等于该样本中所有数值由小到大排列后第 75%的数字；

(5) 上边缘(Q5)，表示最大值。

Q2 和 Q4 之间的差距又称为四分位间距，在图中用矩形表示，最大值、最小值和该矩形之间用直线连接。第三四分位数与第一四分位数的差距又称四分位间距。boxplot 方法只适用于 DataFrame，Series 对象没有此方法。boxplot 方法语法如下：

```
DataFrame.boxplot(column=None, by=None, ax=None, fontsize=None, rot=0, grid=True, figsize=None, layout=None, return_type=None, **kwds)
```

主要参数说明：

column：默认为 None，输入为 str 或由 str 构成的 list，其作用是指定要进行箱形图分析的列。

by：默认为 None，输入为 str 或由 str 构成的 list。其作用为 Pandas 的 group by，通过指定 by='columns'，可进行多组合箱形图分析。

ax：matplotlib.axes.Axes 的对象，没有太大作用。

fontsize：箱形图坐标轴字体大小。

rot：箱形图坐标轴旋转角度。

grid：箱形图网格线是否显示。

figsize：箱形图窗口尺寸大小。

layout：必须配合 by 一起使用，类似于 subplot 的画布分区域功能。

return_type：指定返回对象的类型，默认为 None，可输入的参数为 ' axes'、'dict'、'both'，当与 by 一起使用时，返回的对象为 series 或 array(for return_type = None)。

返回结果说明：当指定 return_type='dict' 时，其结果值为一个字典，字典索引为固定的 'whiskers'、'caps'、'boxes'、'fliers'、'means'。

下面利用各国的消费来举例说明箱形图的使用，其代码如下(完整代码可参考 box-sample.py)：

```
import pandas as pd
import matplotlib.pyplot as plt
plt.rcParams['font.sans-serif']=['SimHei']     #用来正常显示中文标签
data = {
   '中国': [1000, 1200, 1300, 1400, 1500, 1600, 1700, 1800, 1900, 2500],
   '美国': [1200, 1300, 1400, 1500, 1600, 1700, 1800, 1900, 2000, 2100],
   '英国': [1000, 1200, 1300, 1400, 1500, 1600, 1700, 1800, 1900, 2000],
   "俄罗斯": [800, 1000, 1200, 1300, 1400, 1500, 1600, 1700, 1800, 1900]
}
df = pd.DataFrame(data)
df.plot.box(title="各国月消费金额对比")
plt.grid(linestyle="--", alpha=0.3)
plt.show()
```

程序运行结果如图 8-17 所示。其中，中国消费金额为 2500 的数据点偏离其他数据过多，属于异常值，在图中用空心圆表示。

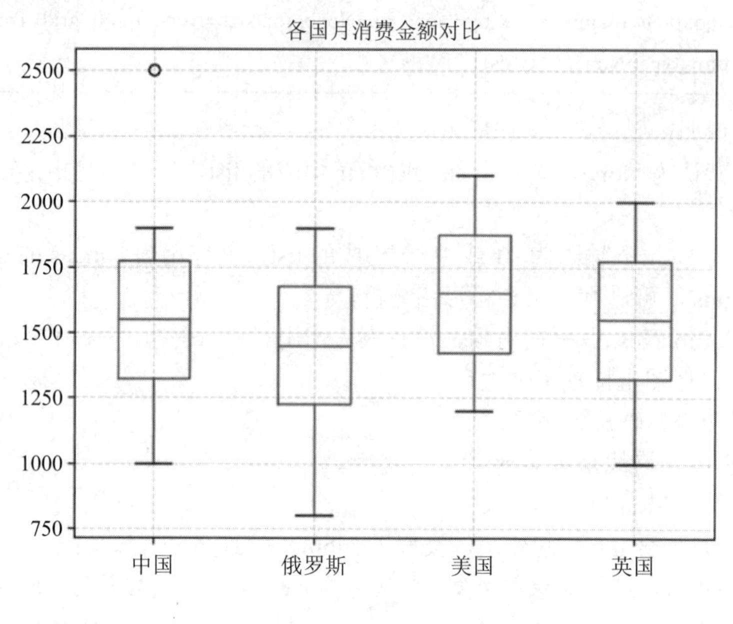

图 8-17　各国的消费

8.4 进阶功能

8.4.1 子图

很多时候，需要从不同的角度对比和分析数据。这可以通过将多个图放置在一起进行对比。Matplotlib 中通过子图 subplot 的概念实现这一功能。

通过 plt.axes 函数可以创建基本子图，默认情况下它会创建一个标准的坐标轴，并填满整张图。但是可以通过参数指定子图的位置和大小。这个函数的参数是个列表形式，有四个值，从前往后，分别是子图左下角基点的 x 和 y 坐标以及子图的宽度和高度，数值的取值范围是 0～1，画布左下角是(0，0)，画布右上角是(1，1)。其代码如下(完整代码可参考 bascisubplot.py)：

```
import matplotlib.pyplot as plt
#ax1 = plt.axes([0,0,1,1])          #布满整个画布，没有坐标轴
ax1 = plt.axes()                    #使用默认配置，布满整个画布并画上坐标轴
plt.grid()
ax2 = plt.axes([0.4,0.4,0.2,0.2])   #在画布中间绘制一个子图
plt.show()
```

程序运行结果如图 8-18 所示。

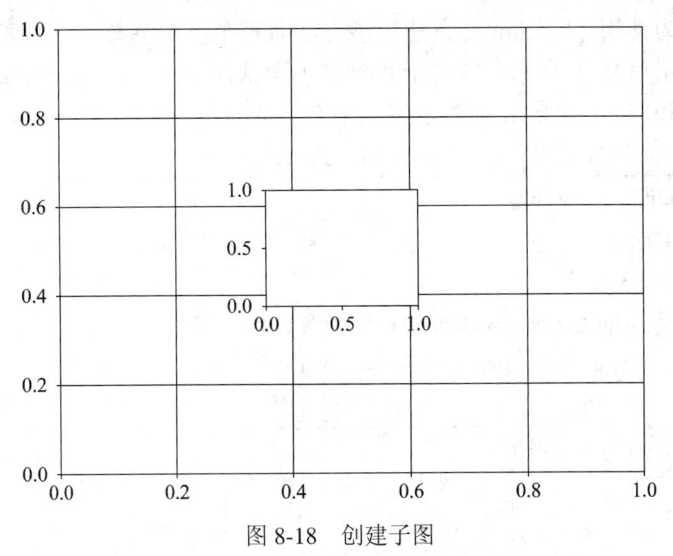

图 8-18　创建子图

上面是 Matlab 接口的风格，面向对象画图接口中有类似的 fig.add_axes()方法可以增加新的子图。下面的例子在两个子图里显示了 sin 和 cos 的变化趋势，其代码发下(完整代码可参考 bascisubplot2.py)：

```
import matplotlib.pyplot as plt
import numpy as np
fig = plt.figure()
ax1 = fig.add_axes([0.1,0.5,0.8,0.4],xticklabels=[],ylim=(-1.2,1.2))
ax2 = fig.add_axes([0.1,0.1,0.8,0.4],ylim=(-1.2,1.2))
x = np.linspace(0,10)
ax1.plot(np.sin(x))
ax2.plot(np.cos(x))
plt.show()
```

显示结果如图 8-19 所示。

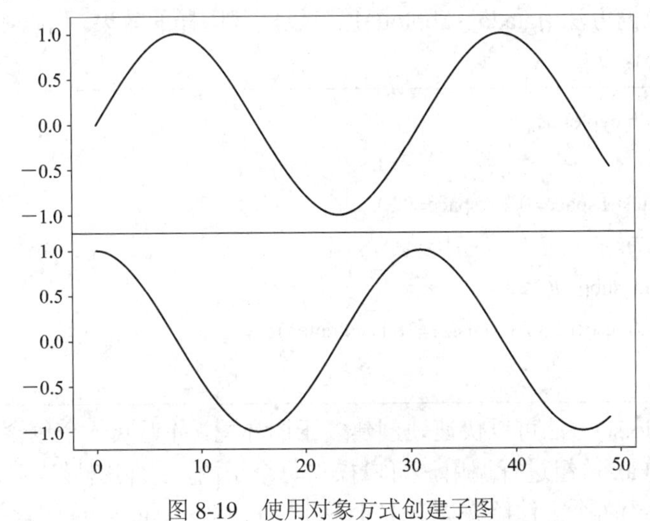

图 8-19　使用对象方式创建子图

第二种方式为使用 plt.subplot 方法，该方法有三个整数参数，分别表示行数、列数和子图索引值。索引值从 1 开始，从左上角到右下角依次自增。plt.subplots_adjust 方法可以指定子图的坐标和间距，参数分别为子图上下左右的坐标，以及间距(wspace)和上下的间距(hspace)。其代码如下(完整代码参考 subplot\subplot.py)：

```
import matplotlib.pyplot as plt
for i in range(1,7):
    plt.subplot(2,3,i)
    plt.subplots_adjust(wspace=0.3, hspace=0.2)#调整子图间距
    plt.text(0.5,0.5,str((2,3,i)),fontsize=16,ha='center')
plt.show()
```

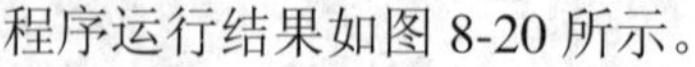
程序运行结果如图 8-20 所示。

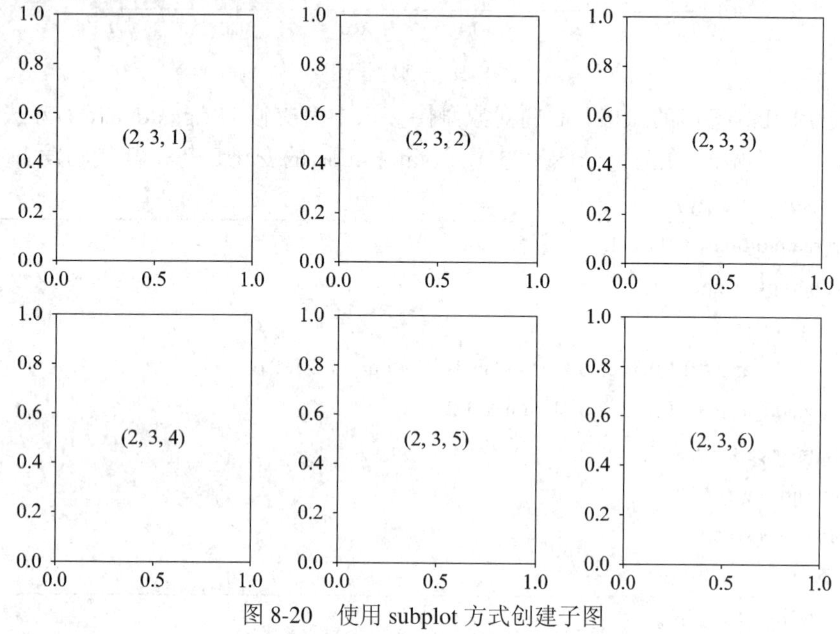

图 8-20 使用 subplot 方式创建子图

使用面向对象的方法 fig.add_subplot()也可以实现同样的效果，代码如下(完整代码参考 subplot\subplot2.py)：

```
import matplotlib.pyplot as plt
fig = plt.figure()
fig.subplots_adjust(hspace=0.2,wspace=0.3)
for i in range(1,7):
    ax = fig.add_subplot(2,3,i)
    ax.text(0.5,0.5,str((2,3,i)),fontsize=16,ha='center')
plt.show()
```

使用 plt. subplots()方法可以快速地创建多子图环境，并返回一个包含子图的 NumPy 数组。通过对返回的 ax 数组进行调用，可以操作每个子图，绘制图形。但是需要注意的是，subplot()和 subplots()两个方法除在方法名上差个字母 s 外，subplots 的索引是从 0 开始的。

另外 subplots()方法还可以通过两个布尔型参数 sharex 和 sharey，指定是否只显示最外侧的 x 或 y 轴的标签。下面的例子同样实现图 8-19 的效果，代码如下(完整代码参考 subplot\subplot3.py)：

```
import matplotlib.pyplot as plt
fig,axs = plt.subplots(2,3)
fig.subplots_adjust(hspace=0.2,wspace=0.3)
for i in range(2):
    for j in range(3):
        axs[i,j].text(0.5,0.5,str((2,3,i)),fontsize=16,ha='center')
plt.show()
```

对于不规则的子图，可以使用复杂网格的方式进行组织。复杂网格首先指定一个多行多列的网格，然后每个子图占用相邻的一个或多个网格绘制，代码如下(完整代码参考 subplot\gridspec.py)：

```
import matplotlib.pyplot as plt
grid = plt.GridSpec(2,3,wspace=0.3,hspace=0.2)      #生成两行三列的网格
plt.subplot(grid[0,0])                               #将 0,0 的位置使用
plt.text(0.5,0.5,"[0,0]",fontsize=16,ha='center')
plt.subplot(grid[0,1])                               #将 0,1 的位置使用
plt.text(0.5,0.5,"[0,1]",fontsize=16,ha='center')
plt.subplot(grid[1,:2])                              #使用 1,1-2 的位置
plt.text(0.5,0.5,"[1,0-1]",fontsize=16,ha='center')
plt.subplot(grid[:2,2])                              #使用 1-2,2 的位置
plt.text(0.5,0.5,"[0-1,2]",fontsize=16,ha='center')
plt.show()
```

程序运行结果如图 8-21 所示。

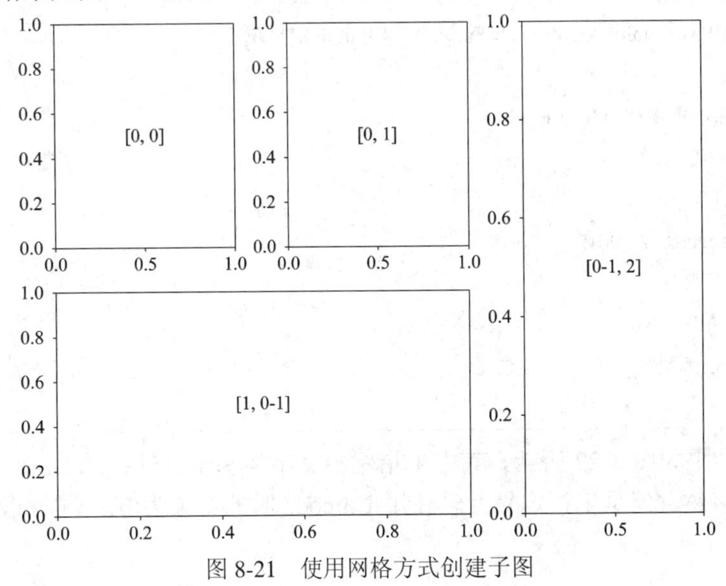

图 8-21 使用网格方式创建子图

8.4.2 中文显示

Matplotlib 绘制图像的时候如指定了中文的坐标轴标签或标题，则显示的时候中文字符会显示为小方格子。造成这个现象的原因是 Matplotlib 库的配置信息里面没有中文字体的相关信息。通过修改 Matplotlibrc 配置文件可设置字体相关参数。但是更常用的方法是在程序中动态设置字体参数。下面的两种方式都可以达到同样的目的。

通过 pyplot 进行设置：

```
import matplotlib.pyplot as plt
plt.rcParams['font.sans-serif']=['SimHei']        #指定默认字体正确显示中文
plt.rcParams['axes.unicode_minus']=False      #用来正常显示负号
```

通过 pylab 进行设置：

```
from pylab import mpl
mpl.rcParams['font.sans-serif']=['SimHei']        #指定默认字体正确显示中文
mpl.rcParams['axes.unicode_minus']=False      #用来正常显示负号
```

具体支持哪些字体，可以通过 font_manager.py 文件进行查看。FontManager 类在初始化时，会遍历 plt.rcParams['datapath']目录下的 fonts 子目录，并将其中的字体加入可用字体列表。下面列出了一些常用的指定字体：

黑体 SimHei　　仿宋 FangSong　　楷体 KaiTi
微软雅黑 Microsoft YaHei　　微软正黑体 Microsoft JhengHei

下面的程序在 hello.py 的基础上修改了中文的坐标轴标签和标题(完整代码参考 chinesechar.py)：

```
import matplotlib.pyplot as plt
import math
plt.rcParams['font.sans-serif']=['SimHei']        #用来正常显示中文标签
plt.rcParams['axes.unicode_minus']=False      #用来正常显示负号
x=range(721)
y=[math.sin(i*3.14/180) for i in x]
plt.axis([0,720,-1.1,1.1])
plt.plot(x,y,'b')
plt.xticks(range(0,721,90))
plt.xlabel("度数")
plt.ylabel("正弦值(sin)")
plt.title("正弦函数")
plt.show()
```

程序运行结果如图 8-22 所示，其中未指定中文字体和坐标轴使用 Unicode 时的结果为(a)；指定中文字体，但是未指定坐标轴使用 Unicode 时的结果为(b)；同时指定两个参数显示的结果为(c)。

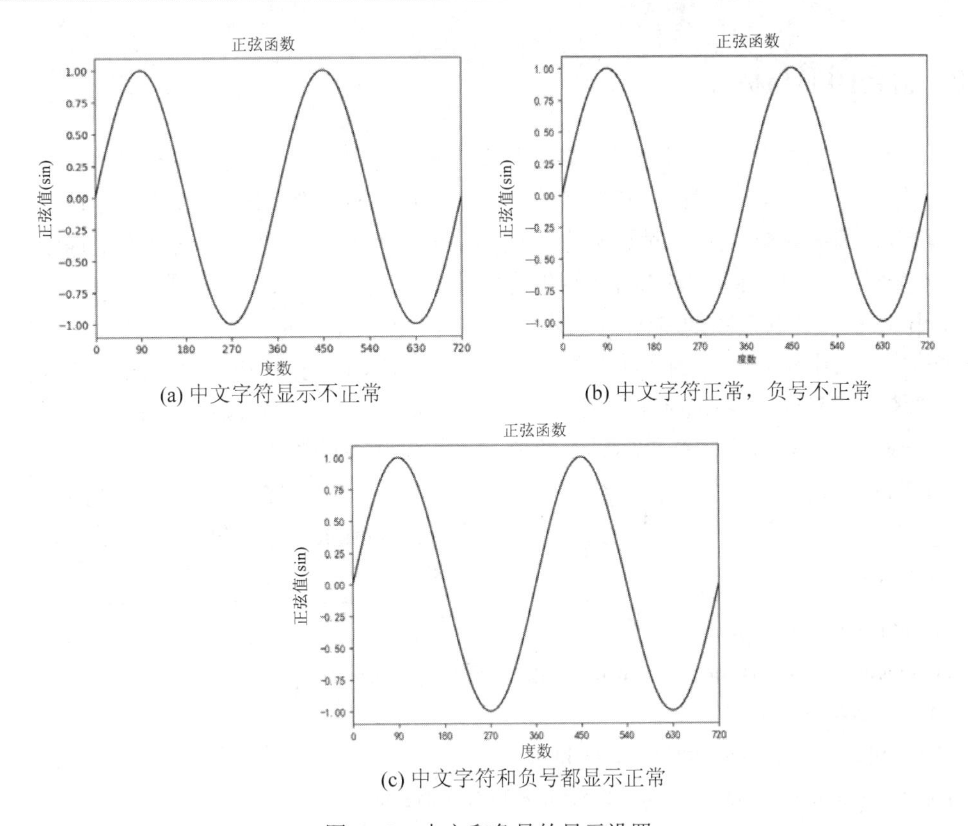

(a) 中文字符显示不正常　(b) 中文字符正常，负号不正常

(c) 中文字符和负号都显示正常

图 8-22　中文和负号的显示设置

除了使用 Matplotlib 已支持的字体外，也可以使用字体管理器 font_manager 从文件中读取系统的字体文件，代码如下(完整代码参考 chinesechar2.py)：

```
from matplotlib.font_manager import FontProperties
font = FontProperties(fname=r"C:\\WINDOWS\\Fonts\\STXINGKA.TTF", size=14)
plt.title("正弦函数",fontproperties=font)
```

程序运行结果如图 8-23 所示，标题使用了从字体文件读取的字体-华文行楷。两个坐标轴的标签仍使用了黑体。利用这种方法，可以在一幅图中同时使用多种字体。

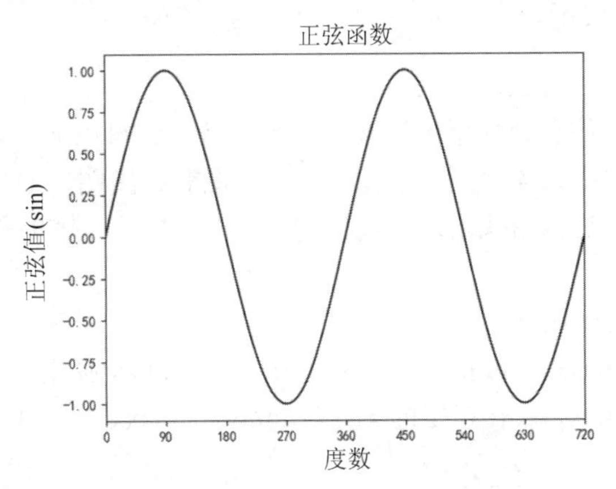

图 8-23　通过字体文件设置字体

8.4.3 组合图形与标注

折线图、条形图都可以同时展示多个数据序列。但是当图表中不同数据序列的数字变化很大，或表示不同含义时(如成交量和变化率)，可以选择增加一个次要坐标轴。如使用条形图结合主要坐标轴展示几种商品在不同月份的成交量，用折线图结合次坐标轴展示变化率。次坐标轴在显示柱形图和折线图组合的图表中表现非常好。

Matplotlib 中可以在图的右侧创建第二个 y 轴作为次坐标轴，也可以在图的上边创建第二个 x 轴作为次坐标轴。一般的用法是建立第二个 y 轴。首先调用 subplots()函数创建子图，在获取的第一个坐标轴 Axes 上画主坐标轴相关的数据，然后调用 twinx()函数生成镜像的 y 轴次坐标轴，在获取的第二个坐标轴上绘制次坐标轴相关的数据。

下面的示例代码使用主坐标轴绘制了陕西省 2010 年至 2018 年的出生率和出生人口，数据来源为陕西省统计局[1]。完整的代码参考 complexsample1.py。图 8-24 显示了次坐标轴的展示效果。

```
import matplotlib.pyplot as plt
plt.rcParams['font.sans-serif']=['SimHei'] #用来正常显示中文标签
#数据来自陕西省统计局
#http://tjj.shaanxi.gov.cn/126/111/19566.html
population=[36.34,36.45,37.93,37.62,38.18,38.22,40.46,42.48,41.08]
year=range(2010,2019)
growth=[9.73,9.75,10.12,10.01,10.13,10.1,10.64,11.11,10.67]
fig,ax1=plt.subplots()
ax1.bar(year,population,width=0.5,label="出生人口(万人)")
ax1.set_ylim([33.00,44.00])
ax1.set_yticks(range(33,44))
ax2=ax1.twinx()   #绘制 y 轴的次坐标轴
ax2.plot(year,growth,"r",label="出生率(%)")
ax2.set_ylim([9.00,11.5])
plt.show()
```

图可以表达丰富的信息，除了展示基本的数据外，还可以通过辅助线、数据标签、图例突出要表现的主题。图 8-24 仅画出了基本的条形图和折线图，只能看到数据变化的趋势，看不到具体的数值。通过网格或增加横线(或竖线)可以得到相对准确的估计。Matplotlib 中辅助线相关的函数包括：

(1) grid()：显示网格线。

(2) hlines(y,minx,maxx)：在指定的 y 处从 minx 到 maxx 画横线。

(3) vlines(x,miny,maxy)：在指定的 x 处从 miny 到 maxx 画竖线。

---

① http://tjj.shaanxi.gov.cn/126/111/19566.html。

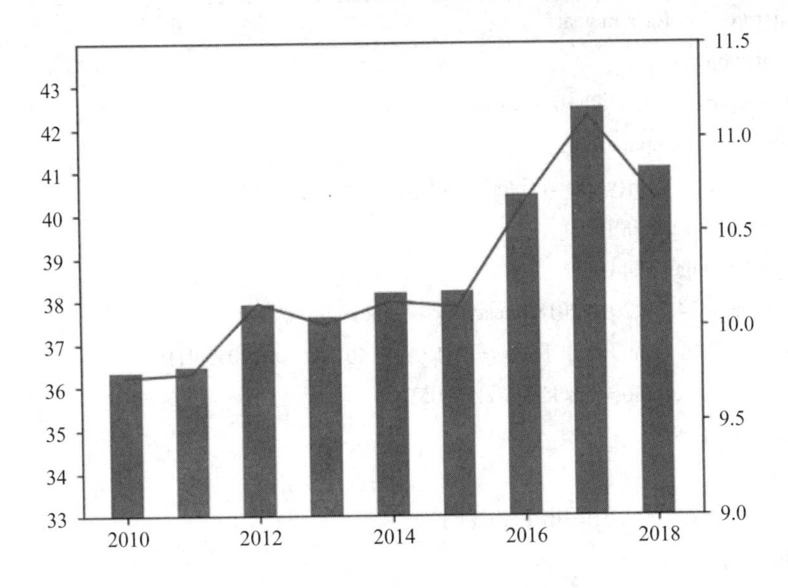

图 8-24　次坐标轴示例

通过标注可以展示更丰富的信息。Matplotlib 中标注相关的函数包括：

(1) title()：为 Axes 对象添加标题。

(2) xlabel()：为 X 轴添加标签。

(3) ylabel()：为 Y 轴添加标签。

(4) xticks()：设置 X 轴的刻度。

(5) yticks()：设置 Y 轴的刻度。

(6) text()：在 Axes 对象的任意位置添加文字。

(7) legend()：为 Axes 对象添加图例。

(8) figtext()：在 Figure 对象的任意位置添加文字。

(9) suptitle()：为 Figgure 对象添加中心化的标题。

(10) annotate()：为 Axes 对象添加注释(箭头可选)。

函数的详细参数可以参考 Matplotlib 的 API 帮助。

下面的示例代码在图 8-24 的基础上增加了标题(title 函数)、横线(hlines 函数)、数据标注(text 函数)、注解(annotate 函数)，并修改了 x 轴的显示方式(xticks)。完整的代码参考 complexsample2.py。图 8-25 是增加了标注的展示效果。

```
import matplotlib.pyplot as plt
plt.rcParams['font.sans-serif']=['SimHei']        #用来正常显示中文标签
#数据来自陕西省统计局
#http://tjj.shaanxi.gov.cn/126/111/19566.html
population=[36.34,36.45,37.93,37.62,38.18,38.22,40.46,42.48,41.08]
year=range(2010,2019)
growth=[9.73,9.75,10.12,10.01,10.13,10.1,10.64,11.11,10.67]
```

```
marker=[str(x)+'年' for x in year]
fig,ax1=plt.subplots()
ax1.bar(year,population,width=0.5,label="出生人口(万人)")
for x, y in zip(year, population):
        plt.text(x, y, str(y), ha='center', va='bottom', fontsize=10.5)
ax1.set_ylim([33.00,44.00])
ax1.set_yticks(range(33,44))
ax1.hlines(range(34,44),2010,2018,linestyle="--",linewidth=0.5)
ax1.annotate("2016.1.1\n 开放二胎",xy=(2015.8,40.46),xytext=(2013,41),
arrowprops=dict(facecolor='black', shrink=0.05))
ax1.legend(loc=1)
ax2=ax1.twinx()
ax2.plot(year,growth,"r",label="出生率(%)")
for x, y in zip(year, growth):
        plt.text(x+0.5, y-0.1, str(y), ha='center', va='bottom', fontsize=10.5)
ax2.set_ylim([9.00,12])
ax2.legend(loc=2)
plt.xticks(year,marker)
plt.title("2010-2018 年陕西省出生率及出生人口")
plt.show()
```

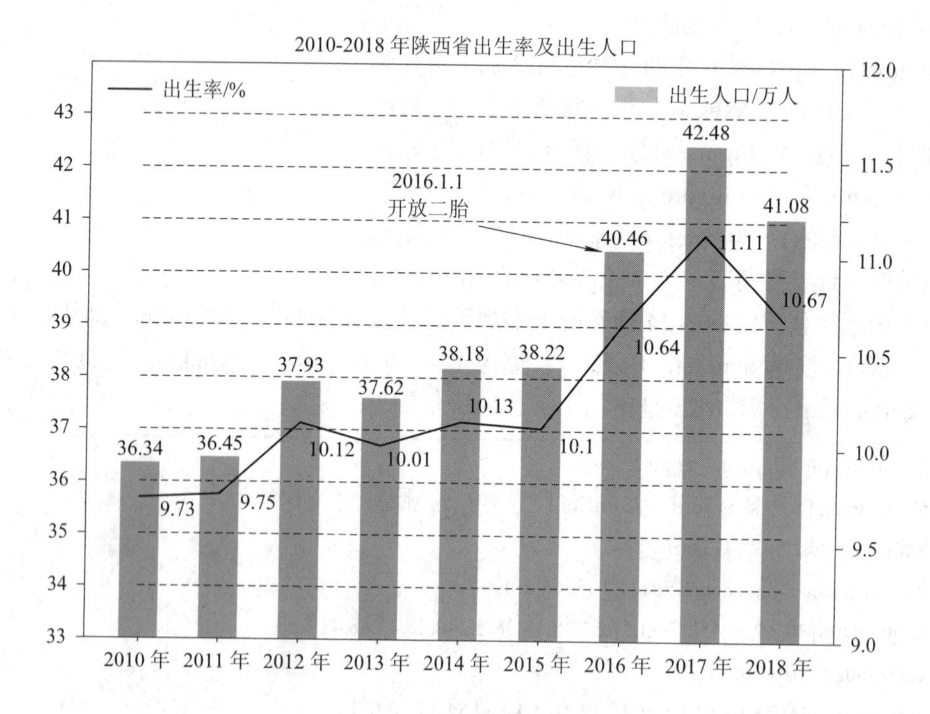

图 8-25　信息标注示例

8.5　如何画出更好的图

数据可视化是展示数据分析结果的最终环节。使用数据画出图表容易，但是通过图表清晰表达观点并非易事，它绝非一朝一夕之功，但也并不是无规律可循。首先要充分理解数据分析的目的，比如商业目的或要支持什么结论；其次是灵活选择图表，并调节图表坐标系以合适的形式进行可视化展示；最后从图表数据的分析中发现问题，确认是否表达了数据要表达的观点，是否重点突出，一目了然。数据可视化需要经过多次重复迭代的过程，不断优化图表设计元素。在设计的过程中，也不要追求图表效果而将图表画的过于复杂，从而使他人难以看出意图。

在图表的设计中，也有一些小技巧。在图表中要突出主次和重点。图表的实线、虚线的选择都要围绕主题，重要的用实线或深颜色，次要的用虚线或浅颜色。另外，数据序列的排列顺序也要有一定的理由。比如多种方案的性能对比，可以按方案提出的时间排序，也可以按方案的设计思想分类排序。使用数据标签可以清楚展示具体数据，是否需要数据标签取决于数据的数量以及读者是否关心具体数据。有时候文字注释和说明可以突出图表的目的和主题。

在一个图表中不要使用太多的颜色。论文中的图表也要考虑使用黑白打印机时的效果，能通过灰度、线型和标注形状区分数据序列的最好不要过于依赖颜色。颜色的选择要保持一致，比如在图表 1 中红色表示方案 1，在其他的图中也用红色表示同一方案。一篇文章中所有的图表风格要保持统一，包括配色、字体字号、箭头等。

练　习　题

1. 常见的图表类型有哪些？其函数分别是什么？在下列场景中，适用于条形图、饼图、箱线图、散点图和气泡图的分别是哪几项？

(a) 不同尺寸的卫衣数量。

(b) 实验室指出的百分比。

(c) 过去 20 年世界人口的变化。

(d) 热门专业录取情况。

(e) 识别数据中的离群点。

(f) 确定数据是左偏还是右偏。

(g) 男性与女性人群中不同年龄段得皮肤病的可能性。

(h) 不同大洲的平均寿命和人均国内生产总值。

2. 写出图中序号对应的图表相关术语。

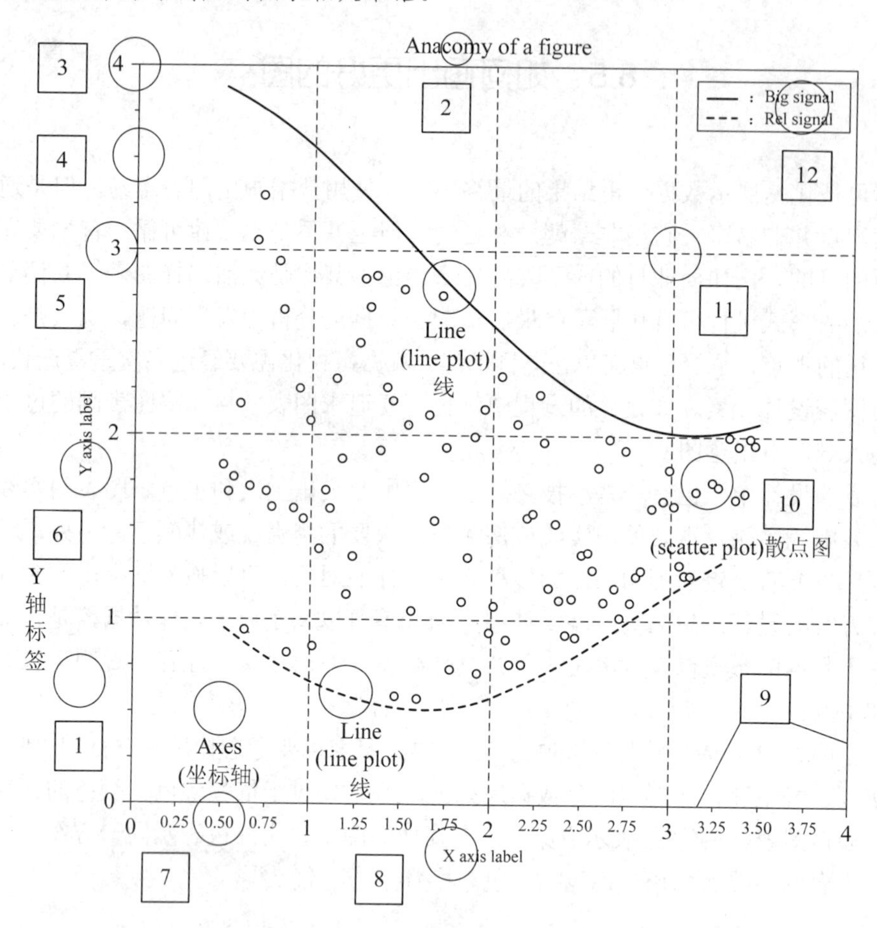

3. 根据需要表达的主题将图可分为比较、分布、构成、联系四类。气泡图和散点图经常用于研究不同变量间的联系，那么它们的主要区别是什么？对于比较类别来说，什么时候用柱状图，什么时候用曲线图？构成类别的多周期中，要表现相对和绝对差异应选择哪种图表？分布类别中，对于不同变量分别使用哪类图表？

4. 描述从数据到图表的制作过程。

5. 不同品种的奶山羊在不同的时间段，产奶量是不一样的。某动物研究所研究 6 种不同品种的奶山羊在产奶期的平均产奶量，得到如表 8-10 所示的数据。

表 8-10　习题 5 的表

品　种	崂山奶山羊	西农奶山羊	关中奶山羊	成都麻羊	莎能奶山羊	吐根堡山羊
产奶量/公斤	450	899	552	179	1023	1100

分别用饼图、条形图和折线图描述以上数据，并说明各类型图侧重描述什么内容。

6. 现有 40 部电影，其时长分别为 time =[131, 98, 125, 131, 124, 139, 131, 117, 128, 108, 135, 138, 131, 102, 107, 114, 119, 128, 121, 142, 114, 130, 127, 91, 103, 140, 138, 141, 144, 147,

131, 145, 138, 150, 133, 123, 145, 145, 125, 128]，数据参考 data/filmzhifang.csv。设组距为 2，绘制电影时长与电影数量分布直方图。

7. 以下是 1 ~ 8 月不同运输方式的物流运输量(单位: 万吨)，数据参考 data/transport.csv，绘制折线图。

	Jan	Feb	Mar	Api	May	Jun	Jul	Aug
铁路	31058	28121	32185	30133	30304	29934	31002	31590
公路	255802	179276	285446	309576	319713	320028	319809	331077
水运	52244	46482	50688	54728	55813	59045	57253	57583

8. 第 7 题中折线图能够反映各个渠道的运输量随月份的波动趋势，但无法观察到 1 月份到 8 月份的各自总量，绘制面积图展现总量。

9. 使用柱状图对比不同电影首日和首周的票房，数据如表 8-11 所示(参考 data/film.csv)。

表 8-11　习题 9 的表

影片名	雷神 3：诸神黄昏	正义联盟	寻梦环游记
首日票房	10587.6	10062.5	1275.7
首周票房	36224.9	34479.6	11830

10. 根据中国天气官网数据显示，西安市未来 15 天的天气情况如表 8-12 所示(单位: ℃)，数据参考 data/weather.csv。

表 8-12　习题 10 的表

2019-12-17	高温：10	低温：0	2019-12-25	高温：7	低温：0
2019-12-18	高温：9	低温：–1	2019-12-26	高温：4	低温：–2
2019-12-19	高温：9	低温：–2	2019-12-27	高温：4	低温：–2
2019-12-20	高温：6	低温：–2	2019-12-28	高温：5	低温：–1
2019-12-21	高温：8	低温：–3	2019-12-29	高温：8	低温：0
2019-12-22	高温：10	低温：–1	2019-12-30	高温：7	低温：–1
2019-12-23	高温：10	低温：0	2019-12-31	高温：5	低温：–3
2019-12-24	高温：8	低温：2			

绘制折线图，分别表示最高气温和最低气温。

11. 在同一个图中，绘制正弦函数和余弦函数，设置正弦函数曲线的颜色为蓝色，线型为实线，线宽为 2.5 mm；余弦函数曲线的颜色为红色，线型为实线，线宽为 2.5 mm。在正弦函数曲线上找出 x=(2π/3)的位置，并作出与 x 轴垂直的虚线，线条颜色为蓝色，线宽设置为 1.5 mm，用绘制散点图的方法标注这个点的位置，设置点大小为 50，设置相应的点颜色，并使用箭头指出；在余弦函数曲线上找出 x = –π 的位置，并作出与 x 轴垂直的虚线，线条颜色为红色，线宽设置为 1.5 mm，用箭头标注点的位置。

12. 创建子图，分别绘制正弦函数、余弦函数和正切函数，标注刻度。

13. 在网络 1 与网络 2 中读取文件的性能对比数据如表 8-13 所示。

表 8-13　习题 13 的表

文件大小/MB		128	256	512	1024	2047
读取文件耗时/ms	网络 1	338.4	584.4	1088.2	2134	4113
	网络 2	62.2	112.2	212.4	418	809
性能提升倍数		5.44	5.21	5.12	5.11	5.08

在同一图中，利用条形图对比网络 1 与网络 2 读取文件的耗时情况，用折线图表示网络 1 的性能提升倍数。(提示：双纵坐标)

参 考 文 献

[1] Python3.6 官方文档. https://docs.python.org/3.6/.
[2] Requests 2.22.0 官方文档. https://2.python-requests.org/en/master/.
[3] Selenium 官方文档. https://selenium.dev/documentation/en/.
[4] Scrapy 官方文档. https://docs.scrapy.org/en/latest/.
[5] W3C 官方文档. https://www.w3school.com.cn/json/json_syntax.asp.
[6] pandas 官方文档. https://pandas.pydata.org/pandas-docs/stable/user_guide.
[7] sqlalchemy 官网. https://www.sqlalchemy.org//core.
[8] MongoDB 官方文档. https://docs.mongodb.com/manual/reference/method/.
[9] MongoDB 中文社区. http://www.mongoing.com/mongodb-advanced-pattern-design.
[10] Numpy 开发者手册. https://numpy.org/devdocs/reference.
[11] scipy 官网. https://docs.scipy.org/doc/numpy-1.13.0/reference/generated/numpy.split.html.
[12] NumPy.linalg 官网. https://docs.scipy.org/doc/numpy-1.15.1/reference/routines.linalg.html.
[13] Scikit-learn 官方文档. https://scikit-learn.org/stable/.
[14] Scikit-learn 官方文档中文版. https://sklearn.apachecn.org/docs/0.21.3.
[15] Andrew Abela. 图表类型选择指南. https://extremepresentation.com/design/7-charts/.
[16] matplotlib 官方网站. https://matplotlib.org/gallery/index.html.
[17] matplotlib API 参考手册. https://matplotlib.org/api/.
[18] http://www.dba.cn/book/python3/FangWenShuJuKu/ShiYongSQLALCHEMY.html.
[19] https://www.cnblogs.com/mengqingjian/articles/8521512.html.
[20] http://api.mongodb.com/python/current/api/pymongo/collection.html.
[21] 崔庆才. Python3 网络爬虫开发实战[M]. 北京：人民邮电出版社，2018.
[22] 余本国. 基于 Python 的大数据分析基础及实战[M]. 北京：中国水利水电出版社，2018.
[23] 零一，韩要宾，黄园园. Python3 爬虫、数据清洗与可视化实战[M]. 北京：电子工业出版社，2018.
[24] JARMUL K，LAWSON R. 用 Python 写网络爬虫[M]. 北京：人民邮电出版社，2018.
[25] 谢乾坤. Python 爬虫开发从入门到实践[M]. 北京：人民邮电出版社，2018.
[26] MCKINNEY W. 利用 Python 进行数据分析[M]. 徐敬以，译. 北京：机械工业出版社，2018.
[27] LUTZ M. Python 学习手册[M]. 李军，刘红伟，译. 北京：机械工业出版社，2011.
[28] https://blog.csdn.net/qq_41562377/article/details/90203805.
[29] https://blog.csdn.net/u010801439/article/details/80052677.
[30] https://www.jb51.net/article/137722.htm.
[31] 周志华. 机器学习[M]. 北京：清华大学出版社，2016.

[32] 杰克·万托布拉斯. Python 数据科学手册[M]. 陶俊杰，陈小莉，译. 北京：人民邮电出版社，2018.

[33] 范淼，李超. Python 机器学习及实践：从零开始通往 Kaggle 竞赛之路[M]. 北京：清华大学出版社，2019.

[34] 韩家炜，坎伯. 数据挖掘：概念与技术[M]. 机械工业出版社，2012.

[35] 中国国家统计局2019年各省份人口数据. http://www.mnw.cn/news/shehui/726472.html.

[36] 刘大成. Python 数据可视化之 matplotlib 实践[M]. 北京：电子工业出版社，2018.

[37] 伊戈尔·米洛瓦诺维奇等. Python 数据可视化编程实战[M]. 2 版. 颛清山，译. 北京：人民邮电出版社，2018.

[38] 科斯·拉曼. Python 数据可视化[M]. 程豪，译. 北京：机械工业出版社，2017.